青少年科普阅读丛书

李雨民　陈　洪　著

诺贝尔奖和诺贝尔奖学

——生命科学诺贝尔奖50年评介与思考

（第二版）

上海科学技术出版社

内 容 提 要

本书在总结50年来诺贝尔生命科学奖项(生理学或医学奖及有关生命科学的化学奖)的基础上,系统介绍了各奖项内容及奖项之间的联系,并就其方法论、与科学哲学的关系、获奖的科学环境和历史人文背景、奖项的定量研究、有关学科的交叉,以及在我国自己国土上取得的科研成果尚未得奖的原因等进行了探讨,提出有必要将诺贝尔奖作为一门学问来研究,使其成为一门学科。

图书在版编目(CIP)数据

诺贝尔奖和诺贝尔奖学:生命科学诺贝尔奖50年评介与思考/李雨民,陈洪著.—2版.—上海:上海科学技术出版社,2011.12(2019.4重印)
(青少年科普阅读丛书)
ISBN 978-7-5478-1128-3

Ⅰ.①诺… Ⅱ.①李… ②陈… Ⅲ.①诺贝尔奖—青年读物②诺贝尔奖—少年读物 Ⅳ.①G321.2-49

中国版本图书馆CIP数据核字(2012)第006102号

责任编辑 濮紫兰 季英明 唐继荣
封面设计 戚永昌

上海世纪出版股份有限公司
上 海 科 学 技 术 出 版 社 出版、发行
(上海钦州南路71号 邮政编码200235)
新华书店上海发行所经销
三河市元兴印务有限公司印刷
开本 690×980 1/16 印张:15
字数:230千字
2011年12月第2版 2019年4月第9次印刷
ISBN 978-7-5478-1128-3/N·15
定价:42.00元

序

生物是生命的存在形态。对于生命的兴趣，可能在人类远古时期，尤其是进入文明时期之后就产生了，并且一直是宗教和哲学的势力范围。只是到了近代，科学才涉足这一领域。近年来，几乎自然科学的所有学科都参与了与生物、生命有关的课题研究，其中不乏一些很有前景的"理论"。

生命系统比物理系统、化学系统更复杂，虽然人类对它的认识有了飞速的进步，但总体来说，我们现有的知识还是相当有限的，距离认识大到生命起源小到生理过程的机制还十分遥远。然而，由于人类的好奇心、认识自身的强烈欲望和功利主义的推动，这一研究的投入越来越大，研究人员越来越多，其成果也越来越受到人们的关注。

由于生物的复杂性，目前对它进行定量研究很困难，因此，现有的生物学的理论基本都是定性的，其中最有名的当属达尔文的"进化论"和沃森-克里克的"DNA 双螺旋"模型。"进化论"提出的"物竞天择"，指出了生物形态变化产生的原因(环境适应)，属于个体层次的研究；"DNA 双螺旋"模型揭示了生物遗传的机理，属于分子层次的研究。

20 世纪 50 年代以后，人们企图通过生物大分子层面的研究，对生命的奥秘进行探索，这一趋势在诺贝尔生理学或医学奖中得到了充分的体现。这些研究成果包括：DNA、分子生物学与分子遗传学研究；免疫学及分子机理研究；细胞生物学、细胞信号转导研究；新陈代谢产物分子的发现及其调节机制研究和与人类疾病有关的仪器、药物、机制的研究。本书在总结 50 年来诺贝尔生理学或医学奖成果及有关生命科学化学奖的基础上，对其方法论也进行了探讨。

本书作者的专业是分子生物学、生物物理和生物化学，理解专业内的成果不很困难，然而要把这些内容组织起来，并挖掘其中的联系和方法论在研究中的作用，也费了很大气力。对于书中的错误和不足，希望得到广大读者的批评、赐教。

本书可以作为高等院校相关专业教学的辅助读物，也可以作为相关研究人员和工程技术人员的参考书。对于生命科学有兴趣的读者也可以从中得到很多有价值的信息。

本书由中国医学科学院放射医学研究所资助出版,作者在此表示诚挚的感谢。

作者,2011 年 12 月于上海

目 录

第1篇 诺贝尔生理学或医学奖简介

第2篇 诺贝尔生理学或医学奖50年奖项评介

第1篇

诺贝尔生理学或医学奖简介

瑞典化学家艾尔弗雷德·伯恩哈德·诺贝尔(Alfred Bernhard Nobel,1833—1896)一生有许多发明和专利,经营油田和炸药企业,积累了巨大财富。他逝世时将遗产的大部分建立了一项基金,每年以其利息作为奖金,奖给前一年在物理学、化学、生理学或医学、文学及和平方面对人类作出巨大贡献的人士,即诺贝尔奖的各种奖项。

1895年11月27日诺贝尔在巴黎签署了他的遗嘱:"……将我所有的剩余财产,由我的遗嘱执行人进行有价证券投资并建立一项基金,所获利息作为奖金,每年分发给那些在前一年做出最有益于人类的工作的人。上述奖金平均分为五部分:① 奖给在物理学方面有最重要发现或发明的人;② 奖给在化学方面有最重要发现或新改进的人;③ 奖给在生理学或医学领域有最重要发现的人;④ 奖给在文学方面表现出了理想主义的倾向并有最优秀作品的人;⑤ 奖给为国与国之间的友好、废除使用武力作出贡献的人。……"11个月以后,诺贝尔在他的意大利圣莱莫寓所逝世。1900年6月29日瑞典政府批准了诺贝尔基金条例和诺贝尔奖金执行机构的组成。诺贝尔奖包括物理学、化学、生理学或医学、文学及国际和平促进奖,从1901年开始,按规定程序每年颁发。1969年,诺贝尔奖新设了第6个奖——诺贝尔经济学奖,由瑞典国家银行提供资金。

获奖者名单在每年的10月上旬公布,授奖仪式于诺贝尔的逝世日12月10日在斯德哥尔摩音乐厅举行。瑞典国王亲自出席大会并授奖。授奖仪式后,还要在市政大厅举行晚宴和舞会。诺贝尔和平奖的仪式也和其他奖在同一时间在挪威的奥斯陆大学讲演厅中举行。诺贝尔奖获得者在授奖仪式上接受奖状、金质奖章和奖金支票,还要在晚宴上作3分钟的即席演讲。

诺贝尔生理学或医学奖遴选标准

诺贝尔生理学或医学奖由卡罗琳斯卡学院诺贝尔奖评定委员会颁发。根据诺贝尔的遗嘱,"……上述奖金平均分为五部分:……③ 奖给在生理学或医学领域有最重要发现的人……这项生理学或医学奖金应由斯德哥尔摩的卡罗琳斯卡学院(Carolinska Institute in Stockholm)颁发"。按照诺贝尔在1895年所指定的,所谓生理学或医学所包括的范畴乃是当今大多数生物学领域,或者就是指生物学或医学和临床医学。事实上,近年来已经将颁奖的范围扩大了。例如1973

年弗里施(德,Karl von Frisch)、洛伦茨(奥,Konrad Lorenz)和廷伯根(英,Nikolaas Tinbergen)由于"对有关个体和社会的行为模式的逻辑推理和组织方面的发现"而获奖,可以认为是行为学方面的奖项;1979年科马克(美,Allan M Cormack)和豪恩斯费尔德(英,Godfrey N. Hounsfield)的"CT - X射线断层摄影"可以归类于应用物理学;而1983年麦克林托克(美,Barbara McClintock)"移动遗传因子(基因)的发现"应该归类于植物遗传学。

很明显,基础科学研究要比临床医学更容易做出发现,而临床医学"对人类具有最大的贡献"则远远大于基础研究。所谓发现是指一项研究成果使人类对自然界的认知具有突出的、意义重大的新进展,而不是原有知识的积累。例如,DNA双螺旋模型的确立,就已经成为现代生命科学以及我们对生命认识的基础。2006年诺贝尔生理学或医学奖授予"RNA-干扰,双链RNA对基因的抑制",这是在遗传信息传递过程的控制中的一个基本的机制,作为一种基因功能和运行的研究方法,"RNA-干扰"已经被广泛应用于基础科学,它可能在将来产生新的治疗方法。2005年诺贝尔生理学或医学奖授予澳大利亚学者病理学家沃伦(Robin Warren)和内科医生马歇尔(Barry Marshall),表彰他们发现胃和十二指肠幽门螺杆菌(*Helicobacter pylori*,HP)感染是消化性溃疡病(胃炎、胃和十二指肠溃疡)的病因,并使这种疾病从原先的病因不明、难以治愈的慢性病,变成了一种采用短疗程的抗生素和胃酸分泌抑制剂就可治愈的疾病。2004年诺贝尔生理学或医学奖授予美国学者巴克(Linda Buck)和阿克塞尔(Richard Axel),因为他们揭示了嗅觉产生的分子机制、基因编码和信号的大脑皮层定位,在研究嗅觉系统生理机制方面做出了很多突破性的工作。

诺贝尔三个科学奖项只颁发给那些在科学上具有高度创造性的、获得突破性研究成果的科学家。这也是诺贝尔奖受到国际科学界、各国政府和人民极大关注的重要原因。

实际上,遗嘱中的"……那些在前一年做出……的工作……"的规定几乎是不可能严格执行的。因为,首先科学发现通过媒体公布于众需要相当长时间,同时科学发现更需要在其他学者验证后才能被普遍接受。为解决这个问题,颁奖机关注重实际,对所谓"前一年"的解释是:"前一年"这三个字,不一定局限于只考虑在那个时间之内所做出的成就,也包括那些重要性直到一年前还没有显露出来的成就。有两个例子可以很好地说明这种机动性的重要作用:麦克林托克在1944

年首先完成了关于移动遗传因子的研究，当时科学界还不能完全理解这一项重大科学发现的意义。以后，1953 年沃森（美，James Wotson）和克里克（英，Francis Crick）建立 DNA 分子模型，霍利（美，Robert W Holley）、科勒拉（美，Har Gobind Khorana）和尼伦伯格（美，Marshall W Nirenberg）60 年代解译了 DNA 分子的遗传密码子，再以后，科学界也发现了细菌、昆虫乃至人类的 DNA 都具有基因的移动现象，这才认识到移动遗传因子研究的重大意义，并于 1983 年给这位女科学家颁奖，已经时隔 39 年。而劳斯（美，Peyton Rous，1879—1970）1916 年发现鸡肉瘤病毒，在其他物种中也证实病毒的致癌现象，构建了生物致癌的理论基础，终于在作出发现以后 50 年的 1966 年获奖，时年已87 岁。

要说明诺贝尔生理学或医学奖的时间性，还不得不提出另外一个例子。尼科尔（法，Charles Nicolle）因发现体虱是斑疹伤寒的传染源，简单的灭虱即可有效地消灭这种传染病，在第一次世界大战期间拯救了无数人的生命，从而获得了 1928 年的生理学或医学奖。而穆勒（瑞士，Paul Hermann Müller）由于发明了一种有效的杀虫剂，双对氯苯基三氯乙烷（Dichlorodiphenyltrichloroethane，DDT），不但可用以灭虱，控制斑疹伤寒的流行，还是一些其他昆虫传播的疾病如疟疾的有效控制手段。世界卫生组织（WHO）估计，在 DDT 使用期间，大约挽救了 2 500 万人的生命，因此穆勒获得了 1948 年的生理学或医学奖。后来因为发现 DDT 具有生物蓄积作用，对环境造成污染，尤其是影响鱼类和鸟类的繁殖，逐渐被各国明令禁止使用。但是在其获奖期间，给人类造福的效果还是显而易见的，这和明知 DDT 会造成生态环境破坏，仍然滥用这类杀虫剂根本不可同日而语。

诺贝尔基金委员会对于每个奖项获奖者的名额也进行了详细的规定，规定如下：一笔奖金，或者完全发给一个人，或者最多在两种成果之间平分，不能分为三份以上；三人（实际上从未多于三人）联合分享的分配是：一个人获得二分之一，另外二人各得四分之一；或是各得三分之一。

诺贝尔生理学或医学奖的颁发机构
——卡罗琳斯卡学院

卡罗琳斯卡学院（Karolinska Institutet，KI）是欧洲乃至世界一流的医科大学，也是瑞典皇家医学科学院所在地。按照诺贝尔遗嘱，卡罗琳斯卡学院作为颁发诺贝尔生理学或医学奖的机构。1901 年学院共有 19 名教授，组成了评定委员会，学院的院长作为三名执行委员会的主席。执行委员会的第一任秘书 Göran Liljestrand 于 1918 年当选，在位 42 年，这期间诺贝尔生理学或医学奖的威望不断提高，学院的规模也在扩大，具有教授职务的人不可能尽数包括，1977 年成立了诺贝尔学会(The Nobel Assembly)。

诺贝尔学会虽然属于卡罗琳斯卡学院，但是在法律和财政上却是完全独立于学院和政府，所有预算全部来自诺贝尔基金。诺贝尔学会经过几次变化，自 1977 年开始，学会由 50 名成员组成，来自学院的全职教授，65 岁退休后，新成员由学会挑选；学会主席由学会成员每年选举，最长任期不超过 3 年。

诺贝尔委员会(The Nobel Committee)是诺贝尔学会的执行机构，由 5 名执行委员和 1 名执行秘书组成，为保证执行委员得到不断更新并保持委员会的连续性，每个委员可以有 3＋3 年的连选连任期限，秘书的选任时间不能超过四个 3 年的任期。

在五位执行委员审查当年获奖者候选人提名后，委员会还要增加 10 名特别委员参加以后九个月的遴选工作，以保证委员会在专业上的评价审理。特别委员不要求一定是诺贝尔学会成员。

每年学会和委员会之间要举行多次会议来讨论候选人的提名以及他们科学发现的意义，因此一旦形成提名最后决议，所有学会成员就会了解到当年奖项的候选人情况。

诺贝尔生理学或医学奖的提名和遴选过程

诺贝尔生理学或医学奖的提名，仅在受到邀请后才能进行。诺贝尔委员会向那些具有资质的学者发出保密的表格，请他们提名诺贝尔生理学或医学奖的候选人。被提名者及其他有关信息 50 年后才能公开。我们现在可以查到埃弗里(美，Oswald T Avery, 1877—1955)的被提名资料。埃弗里在 1944 年证实，不具有致病能力的光滑型肺炎双球菌在“转化因子”的作用下，能够转化成为具有致病能力的荚膜型肺炎双球菌，这个过程中的转化因子就是 DNA，从而证明了 DNA 是遗传信息的载体物质。科学界常常为他的发现未能获奖感到惋惜。

下列人员有权提名诺贝尔生理学或医学奖候选人：

(1) 斯德哥尔摩卡罗琳斯卡学院诺贝尔学会成员；

(2) 瑞典皇家科学院医学部的瑞典籍或外籍成员；

(3) 历届诺贝尔生理学或医学奖得主；

(4) 非卡罗琳斯卡学院诺贝尔学会成员的其他诺贝尔委员会成员；

(5) 具有瑞典大学及研究所教授职务的医学系系务成员以及丹麦、芬兰、冰岛和挪威相应的各大学及研究所具有教授职务的医学系系务成员；

(6) 卡罗琳斯卡学院诺贝尔学会根据世界各国的学术中心相应的分配名额，从 6 所以上医学院校选择提名人选；

(7) 其他卡罗琳斯卡学院诺贝尔学会认为合适的医学从业人员。

每年 5 月底，根据执行委员会的建议，学会进行上述第(6)、(7)条人员的选择任命。

每年 9 月，诺贝尔委员会向世界各个大学或研究所大约3 000名有权提名诺贝尔生理学或医学奖候选人的教授发出邀请书，征求推荐诺贝尔生理学或医学奖候选人。推荐的名单必须是书面的，并且要附上能够说明获奖理由的已经发表过的材料。次年 1 月底前，所有的提名均应到达委员会，2 月截止提名工作，经过委员会初筛，得到最初的候选人。3—5 月，委员会将那些最初的候选人提交给临时指定的有关专家，以评审那些候选人的工作。7—8 月，委员会撰写报告。9 月，委员会将报告及最终候选人推荐提交给诺贝尔学会，经过几次会议讨论，根据诺贝尔委员会推荐候选人，最后在 10 月初，由全体诺贝尔学会成员无记名投票表决，获得简单多数票的候选人即为获奖者，随即公布获奖名单。12 月 10 日举行授奖仪式，由瑞典国王颁奖。

与生命科学有关的诺贝尔化学奖

应该说已经颁发的奖项到底属于物理、化学或是生理学或医学领域，并不能严格地加以区分。正如伦琴(德，Wilhelm Conrad Röntgen，1845—1923)获得的是物理学奖，但是他的发现对于化学和医学都是非常重要的。薛定谔(奥，Erwin Schroedinger，1887—1961，1933 年物理奖得主)和波尔在物理学方面的建树和对生命的解释，使得生物学家得到在原子和分子水平上认识生命的启示，从而建立了分子生物学。在20世纪的最后25年里，有三分之一以上的诺贝尔化学奖颁给了生物化学、分子生物学领域的研究成果；而在2001年以后的六年里，除了2005年颁发给“有机换位合成法”外，全部的化学奖都颁给药物化学、生物大分子结构、细胞生物学和分子生物学领域的成果，化学家已经开始从以自然物质为研究对象朝着研究人和生命体转变，很多诺贝尔化学奖得主的工作都获得了生理学或医学奖。现将化学奖颁给生物学领域研究成果的奖项，列举如下。

1939年柏林大学的布特南特（德，Adolf Butenandt，1903—1995）性激素方面的工作；

1943年斯德哥尔摩大学的赫维西（匈牙利，George de Hevesy，1885—1966）同位素示踪在化学研究方面的应用；

1957年剑桥大学的托德（英，Alexander R Todd A，1907—1997）对核酸和核苷酸辅酶的研究，确定由磷酸连接核糖而形成核酸链；

1958年英国医学研究委员会（MRC）分子生物学实验室（原卡文迪什实验室）的桑格（英，Frederick Sanger，1918— ）确定胰岛素结构（1980年因建立DNA测序方法，第二次获化学奖）；

1962年MRC分子生物学实验室的肯德鲁（英，John Cowdery Kendrew，1917—1997）和佩鲁兹（英，Max Ferdinand Perutz，1914—2002）血红蛋白和肌球蛋白结构的研究；

1964年牛津大学的霍奇金（英，Dorothy Crowfoot Hodgkin，1910—1994）用X射线衍射法确定青霉素、维生素B_{12}等生物分子结构；

1977年比利时莱博尔大学的普里戈金（生于俄国，Ilya Prigogine，1917—2003）对于非平衡态热力学，特别是对耗散结构理论的贡献；

1978年格林研究所的米切尔（英，Peter D Mitchell，1920—1992）以化学渗透理论阐明ATP氧化磷酸化及光合作用；

1980年斯坦福大学的伯格（美，Paul Berg，1926— ）发明DNA重组方法；MRC分子生物学实验室的桑格（英，1958年曾获化学奖）和哈佛大学的吉尔伯特（美，Walter Gilbert，1932— ）的DNA测序方法；

1982年MRC分子生物学实验室的克卢格（英、拉脱维亚，Aaron Klug，1926— ）建立晶体电子显微镜技术测定核酸-蛋白质复合体的结构；

1988年得克萨斯大学西南医学中心的戴森霍弗（德，Johann

Deisenhofer,1943—)和德国马克斯·普朗克研究所(生物化学、生物物理)的休伯(Robert Huber, 1937—)、米歇尔(Hartmut Michel, 1948—)由于确定了细菌的光合作用反应中心的三维结构而获得化学奖;

1989 年耶鲁大学的奥尔特曼(加、美,Sidney Altman,1939—)和科罗拉多大学的切赫(美,Thomas R Cech,1947—)发现 RNA 催化特性的研究;

1993 年加州拉豪亚 PE - Centus 公司的穆利斯(美,Kary B Mullis,1944—)建立 PCR 方法、加拿大大不列颠哥伦比亚大学的史密斯(加、英,Michael Smith,1932—2000)建立寡核苷酸点突变方法以及对蛋白质的研究;

1997 年洛杉矶加州大学的博耶(美,Paul D Boyer,1918—)和 MRC 分子生物学实验室的沃克(英,John E Walker,1941—)发现腺苷三磷酸(ATP)合成的酶学机制、奥尔胡斯大学的斯科(丹麦,Jens C Skou,1918—)发现钠-钾离子转移酶(ATPase);

2001 年加州拉豪亚斯科瑞珀斯研究所的夏普勒斯(美,Sharpless KB,1941—)在“手性催化氧化反应”领域取得成就、圣路易蒙森托公司的诺尔斯(美,William S Knowles,1917—)和名古屋大学的野依良治(日,Ryoji Noyori,1938—)在“手性催化氢化反应”领域的贡献,他们发现可以使用催化剂来对手性分子进行氢化、氧化反应,以获得具有所需手性形态的最终产物,并且完善了用于反应的手性催化剂的工艺,手性催化反应促进治疗心脏疾病和帕金森病的药物的研制;

2002 年弗吉尼亚联邦大学的芬恩(美,John B Fenn,1917—)和岛津制作所的田中耕一(日,Koichi Tanaka,1959—)创建生物大分子的质谱分析方法、瑞士联邦理工学院维特里希(瑞士,Kurt Wüthrich,1938—)应用核磁共振谱测定生物大分子三维结构,在生物大分子研究领域取得了重要贡献;

2003 年琼斯霍普金斯大学医学院的阿格雷(美,Peter Agre, 1949—)和洛克菲勒大学的麦金农(美,Roderick MacKinnon, 1956—),在细胞质膜水、离子通道方面做出了开创性研究和贡献;

2004 年以色列理工学院的切哈诺沃(以,Aaron Ciechanover, 1947—)和赫什科(以、匈,Avram Hershko,1937—)、尔维恩加州大学的罗斯(美,Irwin Rose,1926—)发现由遍在蛋白(ubiquitin)介导的蛋白质降解,即细胞对无用蛋白质的“废物处理”过程;

2006 年斯坦福大学的科恩伯格(美,Roger D Kornberg,1947—)对真核细胞 RNA 转录分子机理的研究。

为此,每年春季,诺贝尔生理学或医学和化学委员会要举行联合会,互通情报,保证一项科学发现的提名不会同时出现在两个领域。

对于诺贝尔生理学或医学奖的舆论批评

对于诺贝尔生理学或医学奖的舆论批评主要有两个方面。

一个方面是忽略了女科学家的贡献。到目前为止,在 189 位获奖者中,只有六位女性科学家戴上了诺贝尔奖的桂冠,只占获奖总人数的 3%。

另一个对诺贝尔生理学或医学奖的批评,应该说是该奖项的一个疏漏。埃弗里和他领导的研究小组经过多年的研究,终于在 1944 年证实,在不具有致病能力的光滑型肺炎双球菌转化成为具有致病能力的荚膜型肺炎双球菌过程中,所谓的“转化因子”就是 DNA,DNA 是遗传信息的载体物质。这是 20 世纪生物科学的一个重大发现,也是现代生物学的基础。但是那时很多人认为,组成 DNA 的成分只有四种碱基,作为如此丰富多彩的大自然生物界遗传信息的载体物质是难以想象的。科学家们更钟情于蛋白质,因为在生物界不同个体之间,蛋白质的多样性和具体差异是广泛存在的,从而把遗传作用归因于蛋白质。此后,建立 DNA 分子结构模型的科学家在 1962 年获得了诺贝尔奖,阐述 DNA 生物合成机理的科学家在 1959 年获得了诺贝尔奖,发明 DNA 重组方法(1980 年)和 DNA 复制技术(DNA 聚合酶链反应,PCR)的科学家也获得了诺贝尔奖(1993 年)。可是,发现或确定 DNA 是遗传信息的载体物质的科学家始终没有被授予诺贝尔奖。埃弗里完成这项惊世之作时已经 67 岁,时间确是无情,尽管埃弗里得到多次生理学或医学奖提名(现在可以查到 1951 年以前对他的提名情况),但是当诺贝尔奖委员会认识到他的发现之伟大时,他已经谢世了。

常被提到的诺贝尔生理学或医学奖的错误颁发

1923 年,生理学或医学奖授予了加拿大的班廷(Frederick Grant

Banting,1891—1941)和苏格兰的麦克劳德(John James Richard Macleod,1876—1935),表彰他们对胰岛素的发现和有关研究。颁奖后不久,科学家们提出了异议。因为在进行胰岛素实验时,麦克劳德根本就不在现场,他只是系主任和研究室创建人。同时,诺贝尔奖把班廷的真正合作者贝斯特(Charles Bersdt)排除在外,显然有失公平。

1926 年生理学或医学奖授予了丹麦的菲比格(Johannes Fibiger,1867—1928),由于他用在蟑螂消化道发育成为幼虫的寄生虫 *Spiroptera neoplastica* 饲喂小鼠,引起大多数小鼠胃癌,以肯定他发现了致癌寄生虫。这早已是公认的错误。其实,那个时代对于癌的发生所知甚少,直到 40 年以后,由于对遗传密码、突变、肿瘤病毒以及其他与癌有关的生物机制认识的积累,第二个有关肿瘤的诺贝尔生理学或医学奖才得以颁发(Peyton Rous,1966)。

1949 年生理学或医学奖的另一位获奖人之一、葡萄牙人莫尼兹(Egas Moniz,1874—1955)的贡献是开创了前额脑白质切除手术,在 20 世纪初期用以治疗精神性疾患。但是在手术前,患者需要进行包括穿紧身衣、冰浴等残酷的治疗,术后仍需用电休克手段辅助,导致约一半的患者术后有意识和行动上的障碍,如感情冷漠、行动迟缓、神经紧张、失去方向和时间感等。以后由于神经药理学发展,发现一些有效的药物用以治疗精神性疾患,前额脑白质切除手术被完全废止。

第 2 篇

诺贝尔生理学或医学奖
50 年奖项评介

人只不过是一根苇草，是自然界最脆弱的东西；但他是一根能思想的苇草。用不着整个宇宙都拿起武器才能毁灭他，一口气、一滴水就足以致他于死命了。然而，纵使宇宙毁灭了他，人却依然比置其于死命的东西要高贵得多；因为他知道自己要死亡，以及宇宙对他所有的优势，而宇宙对此却是一无所知。因而我们全部的尊严就在于思想。正是由于它而不是由于我们所无法填充的时间和空间，我们才必须提高自己。因此，我们要努力好好地思想，这就是道德原则。

——帕斯卡

本书仅列出50年来诺贝尔生理学或医学奖的得奖项目，包括国别、获奖者进行主要研究工作时所在的工作机构、获奖者姓名、获奖内容，列于表0.1。

表0.1　1958—2007年诺贝尔生理学或医学奖获奖项目情况

年份	国别	主要研究工作所在的工作机构	获奖者姓名	发现或成果
2007	美	犹他大学	卡佩基(Capecchi MR)	小鼠胚胎干细胞中引入特异性基因修饰，靶向基因技术的建立
	美	北卡罗来纳大学	史密西斯(Smithies O)	
	英	卡的夫大学	埃文斯(Evans MJ)	
2006	美	斯坦福大学医学院	法尔(Fire AZ)	双链RNA对基因表达的抑制及其机制
	美	马萨诸塞大学医学院	梅洛(Mello CC)	
2005	澳	西澳大利亚大学医学中心	马歇尔(Marshall BJ)	发现溃疡病病因幽门螺杆菌
	澳	西澳大利亚大学医学中心	沃伦(Warren JR)	
2004	美	哥伦比亚大学	阿克塞尔(Axel R)	嗅觉的分子机理
	美	弗瑞德-哈钦森癌症研究所	巴克(女)(Buck LB)	
2003	美	伊利诺伊大学	劳特布(Lauterbur PC)	核磁共振成像
	英	诺丁汉大学物理天文学院	曼斯菲尔德(Mansfield P)	
2002	美	加州伯克利分子科学研究所	布伦纳(Brenner S)	细胞凋亡及其分子机制
	美	麻省理工学院	霍维茨(Horvitz HR)	
	英	MRC分子生物实验室	苏尔斯顿(Sulston JE)	

续 表

年份	国别	主要研究工作所在的工作机构	获奖者姓名	发现或成果
2001	美	弗雷德·哈钦森癌症研究所	哈特韦尔(Hartwell LH)	细胞周期及其分子机制
	英	帝国癌症研究基金会(ICRF)	亨特(Hunt T)	
	英	帝国癌症研究基金会(ICRF)	努尔斯(Nurse P)	
2000	瑞典	歌德堡大学	卡尔森(Carlsson A)	神经系统信号转导,多巴胺代谢,学习记忆的化学基础
	美	洛克菲勒大学	格林加德(Greengard P)	
	美	哥伦比亚大学	坎德尔(Kandel ER)	
1999	美	洛克菲勒大学霍华德·休斯医学研究所(HHMI)	布洛贝尔(Blobel G)	发现控制蛋白质转运定位的固有信号
1998	美	纽约州立大学健康科学中心	弗奇戈特(Furchgott RF)	发现心血管系统信号分子 NO 的作用
	美	加州大学医学院(洛杉矶)	伊格纳罗(Ignarro LJ)	
	美	得克萨斯大学休斯敦医学院	穆拉德(Murad F)	
1997	美	加州大学医学院(旧金山)	普鲁西纳(Prusiner SB)	朊蛋白传染致病机理
1996	澳	国立堪培拉大学约翰克汀医学研究院	多尔蒂(Doherty PC)	研究组织相容抗原细胞介导免疫
	瑞士		津克耐格尔(Zinkernagel RM)	
1995	美	加州理工学院	刘易斯(Lewis EB)	胚胎早期发育的遗传控制
	德	马克斯·普朗克研究所	福尔哈德(女)(Volhard CN)	
	美	普林斯顿大学	维绍斯(Wieschaus EF)	
1994	美	得克萨斯大学西南医学中心	吉尔曼(Gilman AG)	G 蛋白及其信号转导作用
	美	国家卫生研究院环境卫生所	罗德贝尔(Rodbell M)	
1993	美	冷泉港实验室(现 NEL 公司)	罗伯茨(Roberts RJ)	发现断裂基因、真核细胞 mRNA 转录的剪接
	美	麻省理工学院	夏普(Sharp PA)	

续　表

年份	国别	主要研究工作所在的工作机构	获奖者姓名	发现或成果
1992	美	华盛顿大学(西雅图)	费希尔(Fischer EH)	发现可逆蛋白质磷酸化过程及其机制
	美	华盛顿大学(西雅图)	克雷布斯(Krebs EG)	
1991	德	马克斯·普朗克研究所(哥廷根)	内尔 (Neher E)	发现细胞质膜上单离子通道
	德	马克斯·普朗克研究所(海德堡)	扎克曼(Sakmann B)	
1990	美	伯明翰妇科医院	默里(Murray JE)	细胞和器官移植
	美	弗瑞德-哈钦森癌症研究所	托马斯(Thomas ED)	
1989	美	旧金山加州大学(UCSF)医学院	毕晓普(Bishop JM)	发现逆转录病毒癌基因
	美		瓦尔姆斯(Varmus HE)	
1988	英	伦敦大学国王学院医学院	布莱克(Black JW)	开发一系列治疗心脏病、溃疡、痛风、白血病药物
	美	威尔康(Wellcome)药厂	希钦斯(Hitchings GH)	
	美	三角科技园区	埃利翁(女)(Elion GB)	
1987	美(日)	瑞士巴塞尔研究所(MIT 癌症研究中心)	利根川进(Tonegawa S)	抗体多样性遗传原理
1986	意(美)	圣路易华盛顿大学(意大利细胞生物学研究所)	蒙塔尔奇尼(女)(Montalcini R)	神经、上皮生长因子的发现与研究
	美	圣路易华盛顿大学(范德比尔特大学)	科恩(Cohen S)	
1985	美	得克萨斯大学西南医学中心	布朗(Brown MS)	胆固醇调节机制
	美	得克萨斯大学西南医学中心	戈尔茨坦(Goldstein JS)	
1984	丹麦	瑞士巴塞尔研究所	耶纳(Jerne NK)	免疫特异性,免疫应答的发育和调节理论,单克隆抗体的研制
	德	瑞士巴塞尔研究所	克勒(Köhler GJF)	
	英	MRC 分子生物实验室	米尔斯坦(Milstein C)	
1983	美	冷泉港实验室	麦克林托克(McClintock B)	发现移动基因

续 表

年份	国别	主要研究工作所在的工作机构	获奖者姓名	发现或成果
1982	瑞典	卡罗琳斯卡学院	伯格斯特龙(Bergström SK)	前列腺素的发现及其研究
	瑞典		萨米尔松(Samuelsson BI)	
	英	伦敦大学药理系(现威尔康药厂)	文(Vane JR)	
1981	美	加州理工学院	斯佩里(Sperry RW)	大脑半球分工
	美	哈佛医学院	休伯尔(Hubel DH)	视觉系统信息研究
	瑞典	哈佛医学院	维厄瑟尔(Wiesel TN)	
1980	美(委)	哈佛医学院	贝纳塞拉夫(Benacerraf B)	细胞表面调节免疫反应遗传结构研究
	美	杰克逊实验室	斯内尔(Snell GD)	
	法	巴黎大学	多塞(Dausset J)	
1979	美	塔夫茨大学物理学院	科马克(Cormak AM)	X射线计算机断层(CT)扫描仪
	英	伦敦电磁干扰中心研究实验室	豪恩斯菲尔德(Hounsfield GN)	
1978	瑞士	巴塞尔大学医学中心	阿尔伯(Arber W)	限制性内切酶的发现及应用研究
	美	约翰斯-霍普金斯大学医学院	内森斯(Nathans D)	
	美		史密斯(Smith HO)	
1977	美(法)	索尔克研究所	吉耶曼(Guillemin R)	发现下丘脑激素
	美(波)	退伍军人医院,新奥尔良	沙利(Schally AV)	
	美	退伍军人医院,布朗克斯	耶洛(Yalow R)	创建放射免疫分析
1976	美	费城癌症研究所(宾夕法尼亚大学)	布卢姆伯格(Blumberg BS)	发现澳大利亚抗原
	美	国立卫生研究院	盖达塞克(Gajdusek DC)	库鲁病感染的研究
1975	美	麻省理工学院	巴尔的摩(Baltimore D)	DNA/RNA病毒的转化作用
	美(意)	索尔克研究所(现伦敦皇家癌症研究所)	杜尔贝科(Dulbecco R)	
	美	维斯康星大学	特明(Temin HM)	

续 表

年份	国别	主要研究工作所在的工作机构	获奖者姓名	发现或成果
1974	比利时	(美)洛克菲勒大学	克劳德(Claude A)	亚细胞结构和功能的研究
	比利时	(美)洛克菲勒大学	德迪韦(Duve C)	
	美	耶鲁大学医学院	帕拉德(Palade GE)	
1973	德	慕尼黑大学	弗里施(Frisch K)	发现个体及社会性行为模式(比较行为动物学)
	奥地利	布尔德恩·普朗克研究所	洛伦茨(Lorenz K)	
	英	牛津大学	廷伯根(Tinbergen N)	
1972	美	洛克菲勒大学	埃德尔曼(Edelman GM)	抗体的化学结构和功能
	英	牛津大学	波特(Poter RR)	
1971	美		萨瑟兰(Sutherland Jr EW)	发现激素的作用机理
1970	英	伦敦大学	卡茨(Katz B)	发现神经末梢激素类递质及其贮存释放抑制机理
	瑞典	卡罗琳斯卡学院	奥伊勒(Euler U)	
	美	美国国立卫生研究院	阿克塞尔罗德(Axelrod J)	
1969	美(德)	加州理工学院	德尔布吕克(Delbrück M)	发现病毒的复制机制和遗传结构,噬菌体遗传学
	美	卡内基华盛顿研究所(纽约长岛)	赫尔希(Hershey AD)	
	美(意)	印第安纳大学、麻省理工学院	卢里亚(Luria SE)	
1968	美	康奈尔大学	霍利(Holley RW)	揭示氨基酸合成的DNA、RNA 三联密码子
	美(巴)	威斯康星大学	科勒拉(Khorana HG)	
	美	国家卫生研究院	尼伦伯格(Nirenberg MW)	
1967	瑞典	卡罗琳斯卡学院	格拉尼特(Granit R)	视觉的生理和化学机制
	美	洛克菲勒大学	哈特兰(Hartline HK)	
	美	哈佛大学	沃尔德(Wald G)	
1966	美	洛克菲勒大学	劳斯(Rous P)	发现肿瘤病毒
	美	芝加哥大学癌症研究实验室	哈金斯(Huggins CB)	前列腺癌的激素疗法

续 表

年份	国别	主要研究工作所在的工作机构	获奖者姓名	发现或成果
1965	法	巴斯德研究所	雅各布(Jacob F)	基因调节操纵子模型
	法	巴斯德研究所	莫诺(Monod J)	
	法	巴斯德研究所	利沃夫(Lwoff A)	病毒重组
1964	美	哈佛大学	布洛赫(Bloch K)	胆固醇和脂肪酸合成调节机制
	德	马克斯·普朗克研究所(慕尼黑)	吕南 (Lynen F)	
1963	澳	澳大利亚国立堪培拉大学	埃克尔斯(Eccles J)	发现神经兴奋和抑制有关的细胞质膜离子机制
	英	剑桥大学	霍奇金(Hodgkin AL)	
	英	伦敦大学	赫胥黎(Huxley AF)	
1962	美	MRC 分子生物学实验室	沃森(Watson J D)	发现 DNA 的分子结构及遗传信息传递
	英	MRC 分子生物学实验室	克里克(Crick FHC)	
	英	伦敦大学	威尔金斯(Wilkins M)	
1961	美(匈)	哈佛大学心理-声学实验室	贝凯西(Békésy G)	发现耳蜗感音的物理机制
1960	澳	霍尔医学研究所 墨尔本大学	伯内特(Burnet FM)	证实获得性免疫耐受性及克隆选择学说
	英	伦敦大学学院	梅达沃(Medawar P)	
1959	美(西)	纽约大学医学院	奥乔亚(Ochoa S)	RNA 和 DNA 的生物合成机制
	美	华盛顿大学医学院(现斯坦福大学)	科恩伯格(Kornberg A)	
1958	美	斯坦福大学(现加州理工学院)	比德尔(Beadle G)	建立生化遗传学——一个基因一个酶
	美	斯坦福大学(现洛克菲勒医研所)	塔特姆(Tatum E)	
	美	威斯康星大学	莱德伯格(Lederberg J)	建立细菌遗传学

本书将五十年来有关生命科学的诺贝尔奖项(包括生理学或医学奖和化学奖)分为五个领域：① DNA、分子生物学与分子遗传学；②免疫学；③ 细胞生物学、细胞信号转导；④ 神经、感觉及大脑；⑤ 新方法和新的发病机制，介绍各个奖项内容及奖项之间的联系并对它们进行系统的论述。

第 1 章 DNA、分子生物学和分子遗传学

§1.1 DNA 双螺旋三维结构模型的建立

生物体如人体是由细胞组织构成的，细胞由细胞质膜、细胞质和细胞核等组成。细胞核中有一种物质叫染色体，它主要由一些叫做脱氧核糖核酸(DNA)的物质组成。核酸由核苷酸聚合而成。每个核苷酸又由磷酸、核糖和碱基构成。碱基有五种，分别为腺嘌呤(A)、鸟嘌呤(G)、胞嘧啶(C)、胸腺嘧啶(T)和尿嘧啶(U)，DNA 由 A、T、G、C 组成；核糖核酸(RNA)由 A、U、G、C 组成。

自从美国洛克菲勒学院的埃弗里 1944 年确定 DNA 是生命的遗传物质以来，生物学界逐渐接受了这个理念，40 年代后期，查加夫(Chargaff E)发现不同物种 DNA 的碱基组成不同，但其中的腺嘌呤数等于其胸腺嘧啶数(A＝T)，鸟嘌呤数等于胞嘧啶数(G＝C)，因而嘌呤数之和等于嘧啶数之和。

英国剑桥的医学研究委员会(The Medical Research Council, MRC)分子生物学实验室“结构学派”学者如克里克(Crick FHC, 1916—2004)、威尔金斯(Wilkins M, 1916—2004)、富兰克林(Franklin R, 1920—1958)等物理学家开展了对 DNA 晶体 X 射线衍射的研究，那时的 MRC 仍然称为卡文迪许实验室，领导人正是在 1915 年因 X 射线衍射研究晶体结构而获诺贝尔物理学奖的劳伦斯·布拉格(英，Bragg L，1890—1971)。所谓结构学派，就是侧重于应用物理学或化学方法，或称为生物物理或生物物理化学方法，研究生命物质的结构。布拉格的学生阿斯伯里(Asbury W K，1898—1961)首先使用了 X 射线衍射研究生物大分子角蛋白晶体，成为结构学派的创始人，后来因为研究蛋白质结构而获得 1962 年诺贝尔化学奖的肯德鲁(英，Kendrew J，1917—1997)、佩鲁兹(英，Perutz M，1914—2002)都是早期结构学派学者。相对于结构学派，侧重研究遗传信息传递和表达过程的学者们，被称为信息学派，50 年代的代表人物是美国学者如德尔布吕克(Delbrück M，1906—1981)、赫尔希(Hershey A，1908—1997)、卢里亚(Luria SE，1912—1991)、沃森(Watson J，

1928—)等人。

1950年秋，沃森在卢里亚的指导下，完成了“高能X射线对噬菌体增殖作用的研究”论文答辩，获得印第安纳大学动物学博士学位，开始做博士后研究，在哥本哈根的一个微生物实验室进行病毒DNA颗粒感染细菌的实验。次年5月，他随导师到意大利那不勒斯参加会议。在会议上，沃森第一次会见了威尔金斯并仔细了解了他的DNA晶体的X线衍射图，受到了极大的启发和吸引，决定把研究方向从遗传信息的传递、表达，转移到DNA的化学结构上来。1951年10月，沃森在肯德鲁(当时卡文迪什实验室的负责人之一)的安排下，顺利地从哥本哈根到卡文迪什实验室，并且和一位学物理出身的、同样对DNA结构研究怀有强烈兴趣的克里克结成了科学事业上的忠实伙伴。克里克和威尔金斯试图以物理学规律揭示遗传物质DNA的结构，而沃森则是企图解释遗传物质DNA结构和信息传递之间的关系和机制，这真是一对绝好的搭配与结合！根据DNA晶体X射线衍射的清晰图像，他们确认DNA一定是螺旋结构，而且分析得出了螺旋参数，计算了碱基配对的能量，终于在1953年2月建立了正确的DNA双螺旋三维结构模型，称为沃森-克里克模型[1]。这是一个右手上升螺旋，磷酸根在螺旋的外侧构成两条多核苷酸单链的骨架，方向相反；碱基在螺旋内侧，两两对应，以一种弱的化学键即氢键相连接。

为此，沃森、克里克和威尔金斯获得了1962年生理学或医学奖。

双螺旋模型的意义，不仅意味着探明了DNA分子的结构，更重要的是它还提示了DNA的复制机制：由于腺膘呤总是与胸腺嘧啶配对、鸟膘呤总是与胞嘧啶配对，这说明两条链的碱基序列是彼此互补的，只要确定了其中一条链的碱基序列，另一条链的碱基序列也就确定了。因此，只需以其中的一条链为模版，即可合成复制出另一条链。克里克从一开始就坚持要求在4月25日《自然》(*Nature*)杂志发表的论文中加上“DNA的特定配对原则，立即使人联想到遗传物质可能存在的复制机制”这句话。他认为，如果没有这句话，将意味着他与沃森“缺乏洞察力，以至于不能够说明他们的模型和复制机制之间的关系”[2]。

DNA双螺旋结构的发现开启了分子生物学时代。它使生物大分子的研究进入一个崭新的阶段，使遗传的研究深入到分子层次，“生命之谜”被打开，人们清楚地了解遗传信息的构成和传递的途径。50年来，分子遗传学、分子免疫学、细胞生物学等新学科如雨后春笋般出现,一个又一个生命的奥秘从分子角度得到了更清晰的阐明,DNA 重组技术更是为利用生物工程手段的研究和应用开辟了广阔的前景。

参考文献

[1] Watson JD, Crick FH. The structure of DNA [J]. Cold Spring Harb Symp Quant Biol, 1953, 10(3): 432 - 442.

[2] Watson JD, Crick FH. Molecular structure of nucleic acids; A structure for deoxyribose nucleic acid [J]. Nature, 1953, 171: 737 - 739.

§1.2　与 DNA 双螺旋模型有关的诺贝尔奖项

1.2.1　一个基因一个酶及 DNA 重组

沃森-克里克 DNA 双螺旋模型的建立绝不是一个年仅 23 岁、刚刚获得动物学博士学位的沃森和另一个甚至连博士学位都没有、大学物理学专业毕业后又由于战争耽误了学业、年已 35 岁的克里克两个人的研究结果。在他们的研究成果之前,有相当多的科学发现作为基础,有相当多科学家启发或直接帮助他们完成了这个模型的建立,这其中有相当多的诺贝尔奖项(生理学或医学奖和化学奖)与其有关。

自从 19 世纪孟德尔豌豆杂交实验的遗传因子、20 世纪摩尔根(美, Morgan T, 1866—1945,1933 年生理学或医学奖得主)确定染色体上的遗传基因,以及埃弗里在证明 DNA 就是传递遗传信息的载体物质后,经过了一百多年艰苦研究和翘首等待,终于到了 20 世纪 40 年代末,生物学家们才聚集在 DNA 结构和功能的探索研究上来,开始用化学和生物化学原理研究遗传基因,用物理学和生物物理学方法研究生命物质的奥秘。

要提高科学研究的效率和水平,实验的材料和方法是十分重要的。1910—1942 年,摩尔根开始利用果蝇作为实验材料,通过杂交改变其性状而发现染色体在遗传中的作用,并于 1933 年获生理学或医学奖。果蝇的受精卵长到成虫只需 10 天,生长周期短、繁殖能力强,比起豌豆杂交实验,工作效率提高几十倍。更重要的是果蝇只有 4 对染色体,属于 XY 型,非常适合细胞遗传学研究,摩尔根因而取得了遗传学研究方面的重大突破,全面提出了基因论。

对于 DNA 的研究来说,果蝇的染色体还是太大,同时果蝇还是一个较为高等的真核细胞生物(到目前,真核细胞基因转录的研究只有十余年时间),在当时无法利用果蝇进行与 DNA 和遗传有关的深入细致的研究。直到 20 世纪 30 年代后期,比德尔(美,Beadle GW,1903—

1989)和曾经研究过果蝇的塔特姆(美,Tatum EE, 1909—1975)终于发现了一个新的研究材料：生长在面包上面的链孢霉菌(*Neurospora crassa*)。这些真菌细胞很小,其培养基组成也很简单,繁殖周期短(1～2 天),尤其是它们可以在 X 线照射后发生突变,产生生化代谢突变体。研究者通过改变培养基成分的办法,确定各种营养缺陷型霉菌孢子,从而成功地证明了单个细胞内的物质是如何在化学反应链上一步一步合成的,描述了遗传基因通过控制酶的产生调节代谢活动,建立了生化遗传学基础,并且提出了“一个基因一个酶”学说[1—3]。他们的工作延续进行了十多年后,在 1958 年获得生理学或医学奖。

同年获奖的还有因发现遗传重组的莱德伯格(美, Lederberg J, 1925—),他是塔特姆的博士研究生,1946 年进入塔特姆的实验室。当时塔特姆需要进一步研究遗传过程,寻找更为原始的材料对象,开始使用大肠杆菌。他们发现,有些菌落的后代含有新的遗传因素的重组,这就如同高等动物的有性繁殖一样,并且进行了深入的研究。所谓“遗传重组”,就是一小段遗传物质导入到大肠杆菌体内后,变成了大肠杆菌 DNA 的一部分,改变了这个大肠杆菌的遗传性,造成菌落性状的改变,称为“转导”。转导过程及其相关现象已经成为精细研究细胞功能和生长的研究方法,有益于研究人类正常及病理状况下细胞的功能。同时,这也是第一次证明机体的遗传物质是可以人为地通过转导一段 DNA 来改变遗传性状,成为后来基因工程的开端[4—6]。莱德伯格夫人那时是同一实验室比德尔的研究助手,1950 在威斯康星大学获得博士学位。他们夫妇终生无后,潜心于科学研究,在细菌遗传学研究方面作出了大量贡献。

1.2.2 DNA 的生物合成和 DNA 聚合酶的发现

1959 年的诺贝尔生理学或医学奖由科恩伯格(美,Kornberg A, 1918—)和奥乔亚(西班牙,Ochoa S, 1905—1993)获得。

亚瑟·科恩伯格 1941 年毕业于罗切斯特大学,取得医学博士学位。1942—1953 年进入美国国家卫生研究院进行研究工作,其间分别于 1946 年在纽约大学医学院奥乔亚实验室,1947 年在圣路易华盛顿大学医学院科里夫妇(Cori CF, 1896—1984; Cori GT, 1896—1957,因阐明肝醣分解机制,获 1947 年生理学或医学奖)实验室进修酶学。1953 年任华盛顿大学医学院微生物系主任。1959 年组建斯坦福大学医学院生物化学系,担任主任至 1969 年,然后任教授、名誉教授至今。40 余年来,很多著名的生物化学家云集其门下,做了很多工作,他的生物化学系堪称是一个人才辈出、成果累累的研究集体。如伯格(Berg P,因发明 DNA 重组,获 1980 年化学奖)追随科恩伯格,由圣路易华盛顿大学到斯坦福大学组建新的生物化学系,研究兴趣从经典生物化学转向分子生物学的研究领域,开创了 DNA 重组和基因工程技术。亚瑟·科恩伯格的儿子罗杰·科恩伯格(Kornberg R)因阐明真核细胞转录机制,获 2006 年化学奖。

亚瑟·科恩伯格早年从事焦磷酸和辅酶合成机制的研究,后来逐步转向核酸特别是 DNA 合成。他首先发现 PRPP(phosphoribosyl pyrophosphate,磷酸核糖焦磷酸酯)是嘌呤和嘧啶在核酸合成中的中间体,并且阐明合成回路中的每一个步骤,以后经过多年的努力,发现并制备出高纯度的大肠杆菌 DNA 聚合酶,揭示了 DNA 的生物合成的过程和机理。在含有这个 DNA 聚合酶的溶液中,加入 DNA 模板和 4 种三磷酸脱氧核糖核苷,在有镁离子存在的情况下,DNA 聚合酶就能按照模板复制出与模板一模一样的 DNA 来[7—9]。这种酶到处存在,并且在遗传性状的传递、DNA 复制、修复和重排等方面起着关键作用。此后,又在这个基础上发现一些 DNA 链起始、延长的酶。DNA 聚合酶是 DNA 重组的重要基础,从此以后才兴起生物技术的革命。当时沃森-克里克双螺旋模型能否有自我复制能力,还在争论之中,科恩伯格的研究从另一角度给予了有力的支持。同年,奥乔亚因发现棕色固氮细菌中 RNA 生物合成的有关的酶[10,11],分享了另一半奖金。

1.2.3 DNA 就是遗传信息的物质载体

美国遗传学家德尔布吕克(Delbrück M, 1906—1981)、赫尔希(Hershey A, 1908—1997)、卢里亚(Luria S, 1912—1991)由于进行了著名的噬菌体实验,证明 DNA 就是遗传信息的物质载体。这一杰出的实验成就直接导致了 DNA 双螺旋结构的发现,并因此奠定了分子遗传学乃至整个分子生物学的基础。因为这一成就,德尔布吕克等三人在 1969 年荣获诺贝尔生理学或医学奖。

大约在 1940 年的时候,作为物理学家的德尔布吕克对噬菌体发生了兴趣,不久以后,内科医生卢里亚和生物化学家赫尔希也加入了他的研究项目,组成了著名的“噬菌体小组”,目标是研究一切生命过程中最基本的一项活动——遗传复制。他们在噬菌体中找出了一个相当原始的模型,成功地解决这个问题。1943 年发表了题为“细菌从病毒抗性到病毒敏感性的突变”的论文,以其精巧的设计、严密的论证说明，细菌的抗性与病毒的存在与否无关，宣告了细菌遗传学的诞生[12]。

德尔布吕克分析和制定了精确测定生物效应的条件，把噬菌体的研究从经验知识变成了一门精确的科学。他与卢里亚一起精心设计出定量的方法，并且确立了统计求值的标准，对结果进行理论分析，而赫尔希则是一位非常熟练的实验家。他们三人组成了一个很好的相互补充、相互配合的科研小组。这个小组所进行的30余年的研究成果可归纳简述如下[12—15]。

噬菌体颗粒是一个含有核酸的核心包在一个蛋白质外壳里面的简单生命体。这层外壳含有一种酶，特异性地与细胞质膜上物质发生作用，并在细胞表面产生一个蚀空，噬菌体的核心部分通过该空洞钻进细胞内部。蛋白质外壳留在细胞外面，不参加感染过程。由于噬菌体核酸的进入，其遗传信息得以复制，生产新的噬菌体颗粒。病毒的各种组分(核酸和几种蛋白质)是分别产生的，只是在最后阶段组装到一起，形成"成熟"的颗粒。然后，宿主细胞壁发生溶解，新形成的病毒就被释放出来。这个过程以几乎不可思议的速度进行着。一个病毒颗粒可以在10～15分钟内产生一千个以上的新颗粒。

病毒的核酸在细胞内不断复制，偶尔也发生合成失误，它将在以后的复制中重现。因此，噬菌体将含有一些性质不同于母体的颗粒，称为"突变"，即出现一个新的病毒变种。

同一个宿主细胞可以同时被两个或两个以上的病毒颗粒感染。这时，在重组过程中可能发生某些部分的交换，于是就形成许多新变种。它们具有许多原始型的特征，但这些特征以不同的组合形式出现。对各种重组体的性质进行分析，就可以提供关于病毒遗传结构的信息。噬菌体增殖迅速，这使得在短期内收集大批突变体和进行系统的交叉实验成为可能。通过这种方法，噬菌体的遗传结构已经越来越精细地被确定下来了。这个小组有两点研究结果最为重要：一是证实了病毒与宿主细胞之间有相互作用，二是细胞活动的调节可以因为外来的有遗传活力的结构的介入而受到影响。

这些发现对生物学研究许多领域的发展有着决定性的影响。首先，要在分子水平上确定噬菌体的化学结构，一个必要条件就是搞清楚它们生活周期的基本过程。最初，科学界对噬菌体的研究工作总的来说是抱着保留态度，人们认为这一工作不过是饶有趣味，足以引起人们的好奇心而已，对于整个生物学来讲并没有什么重要性，后来才逐渐地改变了这种态度,因为越来越清楚地表明,噬菌体、微生物和更复杂的细胞系统的活动大体上是由同样的机制调节的。德尔布吕克等的发现对于遗传学具有重大意义,这是因为,主要是由于他们通过对噬菌体的研究,才揭示出生命过程遗传调节的机制。所以,人们常常把德尔布吕克、赫尔希和卢里亚也看作是现代分子生物学的最初缔造者。

噬菌体的研究使我们能够更好地掌握病毒的性质,这对于了解高等生物体的各种病毒感染性疾病并与之斗争是必不可少的依据。德尔布吕克等的发现虽然是以前的科研成果,但是在生物学和医学上的重要性已逐步得到承认,并且在多年以后才充分明显地看到它们有广泛的应用范围。

沃森和克里克、威尔金斯等人在卡文迪什实验室进行 DNA 双螺旋模型研究工作的同时,曾不断地和德尔布吕克等讨论有关进展,获得有关细菌、噬菌体遗传信息传递的最新研究成果,并使双方取得了很多有益的启发[15]。

这期间英国卡文迪什实验室结构学派的分子生物学家们运用 X 射线衍射等生物物理学方法进行分子生物学研究,取得了在分子结构方面的巨大进展,获多项诺贝尔化学奖。

1957 年托德,对核酸和核苷酸辅酶的十余年的研究,确定由磷酸连接核糖而形成核酸链的工作而获诺贝尔化学奖;

1958 年桑格,确定胰岛素结构获诺贝尔化学奖;

1962 年肯德鲁、佩鲁兹,运用 X 射线衍射揭示血红蛋白和肌球蛋白结构,延续了近 25 年的研究,获诺贝尔化学奖;

1964 年霍奇金,X 射线衍射法确定青霉素、维生素 B_{12} 等生物分子结构,获诺贝尔化学奖。

可以说,沃森-克里克双螺旋模型的建立是和这个实验室的科学、人文环境分不开的,也是和他的美国同事的帮助分不开的。

参考文献

[1] Tatum EL, Beadle GW. Genetic Control of Biochemical Reactions in Neurospora [J]. Proc Natl Acad Sci U S A, 1941, 27(11): 499-506.

[2] Tatum EL, Beadle GW. Genetic Control of Biochemical Reactions in Neurospora: An "Aminobenzoicless" Mutant [J]. Proc Natl Acad Sci U S A, 1942, 28(6): 234-243.

[3] Rayn FJ, Ledeberg J. Reverse-Mutation and Adaptation in Leucineless Neurospora [J]. Proc Natl Acad Sci U S A, 1946, 32(6): 163-173.

[4] Tatum EL, Ledeberg J. Gene recombination in the bacterium *Escherichia coli* [J]. J

Bacteriol, 1947, 53(6): 673-684.
[5] Ledeberg J. Aberrant Heterozygotes in *Escherichia coli* [J]. Proc Natl Acad Sci U S A, 1949, 35(4): 178-184.
[6] Ledeberg J. Prevalence of *Escherichia coli* strains exhibiting genetic recombination [J]. Science, 1951, 114(2951): 68-69.
[7] Bessman MJ, Lehman IR, Adler J, et al. Enzymatic synthesis of deoxyribonucleic acid. III. The incorporation of pyrimidine and purine analogues into deoxyribonucleic Acid [J]. Proc Natl Acad Sci U S A, 1958, 44(7): 633-640.
[8] Bessman MJ, Lehman IR, Adler J, et al. Enzymatic synthesis of deoxyribonucleic acid. II. General properties of the reaction [J]. J Biol Chem, 1958, 233(1): 171-177.
[9] Kornberg SR, Lehman IR, Bessman MJ, et al. Enzymatic cleavage of deoxyguanosine triphosphate to deoxyguanosine and tripolyphosphate [J]. J Biol Chem, 1958, 233(1): 159-162.
[10] Heppel LA, Ortiz PJ, Ochoa S. Studies on polynucleotides synthesized by polynucleotide phosphorylase. II. Structure of polymers containing a mixture of bases [J]. J Biol Chem, 1957, 229(2): 695-710.
[11] Heppel LA, Ortiz PJ, Ochoa S. Studies on polynucleotides synthesized by polynucleotide phosphorylase. I. Structure of polynucleotides with one type of nucleotide unit [J]. J Biol Chem, 1957, 229(2): 679-694.
[12] Luria SE, Delbrück M. Mutations of Bacteria from Virus Sensitivity to Virus Resistance [J]. Genetics, 1943, 28(6): 491-511.
[13] Hershey AD. Conservation of nucleic acids during bacterial growth [J]. J Gen Physiol, 1954, 38(2): 145-148.
[14] Visconti N, Delbruck M. The mechanism of Genetic recombination in phage [J]. Genetics, 1953, 38(1): 5-33.
[15] Delbruck M. On the replication of deoxyribonucleic acid (DNA) [J]. Proc Natl Acad Sci U S A, 1954, 40(9): 783-787.

§1.3 DNA、基因调控与遗传密码

1.3.1 基因调控——大肠杆菌操纵子模型

比德尔、塔特姆、克里克、沃森、威尔金斯、科恩伯格等在遗传信息和DNA双螺旋模型方面划时代的工作，引起了法国巴斯德研究所科学家们的极大兴趣，激励他们继续深入进行研究。他们的想法是：既然是“一个基因一个酶”，那么位于DNA链上的基因则会决定细胞内酶的数量和性质，从而控制各个生化反应和能量释放。事实上，细胞能适应不同的外界环境，如原来生长在以葡萄糖为唯一营养的培养基中的大肠杆菌，当科学家把它转移到乳糖或半乳糖的培养基中生长后，它原来利用葡萄糖的酶就可以在很短时间内消失，而分解和利用半乳糖或乳糖的酶(半乳糖苷酶，一种能催化乳糖分解为半乳糖和葡萄糖的酶)就会大量地产生出来。如此看来，细胞内必然存在着一些

控制基因活动的机制。

1961 年,法国科学家莫诺(Monod J, 1910—1976)与雅各布(Jacob F,1920—)发表“蛋白质合成中的遗传调节机制”一文[1],提出操纵子学说,开创了基因调控的研究。1965 年,莫诺与雅各布获诺贝尔生理学或医学奖。

莫诺与雅可布最初发现的是大肠杆菌的乳糖操纵子。这是一个十分巧妙的自动控制系统,这个自动控制系统负责调控大肠杆菌的乳糖代谢:当培养基中含有充分的乳糖,而不含葡萄糖时,细菌便会自动产生半乳糖苷酶来分解乳糖;当培养基中含有葡萄糖而不含乳糖时,细菌便自动关闭乳糖操纵子,以免浪费物质和能量。编码半乳糖苷酶的基因(简称 z)是一个结构基因。这个结构基因与操纵基因共同组成操纵子。操纵基因受一种叫做阻遏蛋白的蛋白质调控,一旦阻遏蛋白结合在操纵基因之上,操纵基因的功能就受到抑制。当培养基中只有乳糖时,乳糖就会起诱导作用,破坏阻遏蛋白与操纵基因的结合,使阻遏蛋白从操纵基因上脱落下来。由于操纵基因功能的开启,相邻的结构基因也开始工作,生产半乳糖苷酶,细菌就能分解并利用乳糖了。

20 世纪 60 年代中期,在操纵子中还发现了另一个开关基因,称为启动基因(promoter)。启动基因位于操纵基因之前,两者紧密相邻。启动基因由环腺苷一磷酸(cAMP)启动,而 cAMP 能被葡萄糖所抑制。这样,葡萄糖便通过抑制 cAMP 而间接抑制启动基因,使结构基因失活,停止合成半乳糖苷酶。

由此可知,结构基因同时受两个开关基因即操纵基因与启动基因的调控。只有当这两个开关都处于开启状态时,结构基因才能活化。当培养基中同时存在葡萄糖和乳糖时,葡萄糖通过抑制环腺苷酸而间接抑制启动基因,并进而抑制结构基因,使细菌不产生半乳糖苷酶。这种情况下,细菌便会自动优先利用葡萄糖,因为葡萄糖是比乳糖更好的能源。

莫诺与雅各布在提出大肠杆菌基因调控操纵子模型时,也指出了,每个基因如要发挥作用,首先要转录信息核糖核酸(mRNA),也就是这个基因的核糖核酸(RNA)拷贝,由 mRNA 携带 DNA 信息指导核糖体上的蛋白质合成。差不多与此同时,有三个科学家分别在原核细胞和真核细胞内发现了负责 DNA 转录的酶即 RNA 聚合酶。1969 年,贝克威思(Beckwith JR)研究小组从大肠杆菌的 DNA 中分离出乳糖操纵子[2]，完全证实了雅各布和莫诺的模型。

巴斯德研究所的利沃夫(法，Lwoff A，1902—1994)，因发现了外界因素能诱导噬菌体的生成、紫外线辐射的诱导作用以及病毒发育温度敏感性与神经毒性之间的关系而于同年获奖。

1.3.2 遗传密码——一个DNA的三联密码子决定一个氨基酸

塔特姆(Tatum EL，1958年诺贝尔生理学或医学奖得主)在授奖仪式上演讲的结尾，预言了分子生物学发展的若干前景，其中之一便是：也许我和在座各位有生之年可以看到，联系蛋白质分子结构和核酸遗传之间的生命密码问题会得到解决。这在当时真是一个大胆的预言。实际上，科学家们解读头几个遗传密码字母用了不到三年时间。而且，由于霍利(美，Holley RW，1922—1993)、科勒拉(美，生于印度，Khorana HG，1922—)、尼伦伯格(美，Nirenberg MW，1927—)的设计，遗传密码的本质及其在蛋白质合成中的许多功能，也在不到八年的时间内真相大白。他们三人获得了1968年诺贝尔生理学或医学奖。

塔特姆预言后的第三年，克里克通过分析T4噬菌体诱变实验，得出遗传密码三联体的证据。同一年，尼伦伯格等建立了纯净的没有mRNA无细胞体外翻译系统[3]，他们利用奥乔亚发现的多聚核苷酸磷酸化酶人工合成密码，证实了UUU是苯丙氨酸的密码子，AAA是赖氨酸，GGG是甘氨酸。接着奥乔亚通过调节人工合成密码底物核苷酸的A/C比例，确定了天冬酰胺是2A1C，组氨酸是1A2C[4]，……以后的几年里，科勒拉首先合成了UG交替的多聚核苷酸，UGUGUGUGUGUG—，在没有mRNA无细胞体外翻译系统里，它是缬氨酸—半胱氨酸—缬氨酸—半胱氨酸—的遗传密码。接着科勒拉又合成UUGUUGUUGUUG—，……许多年内他系统地设计了用于上述目的的多种方法[5~7]，发表有关论文数十余篇。人们用这些方法合成了一些结构已完全清楚的核酸(这是一些大分子，每个组成部分在什么位置已搞清)，最终解读了20种氨基酸的遗传密码。四种碱基的三联体的排列组合($4^3=64$)有64种方式，其中有61种用来编码自然界中的20种氨基酸，剩余的3种编码是蛋白质翻译的终止信号。

有一类特别的核酸，称为转运RNA(tRNA)，负责解读mRNA遗传密码，翻译成蛋白质三联密码子，并转运与三联密码子对应的氨基酸。霍利是tRNA的发现者之一。经过多年工作，霍利成功地制备了一种纯的tRNA，最后于1965年搞清其准确的化学结构，即所有75个核苷酸的碱基序列。霍利首次完全测定了具有生物活性的核酸的化学结构[8,9]。

自从确定 DNA 是遗传信息的物质以来，经过沃森-克里克双螺旋模型建立，分子生物学研究突飞猛进，其中最重要的成就便是遗传密码的解读及其功能的阐明，这些成就使人们得以了解遗传机制的细节。迄今为止的工作可视为基础研究，但通过这些工作，我们现已开始了解遗传在许多疾病中的主要作用及其原因。

20 世纪 40—70 年代，在这 20 多年的时间内，生物学家们围绕着 DNA 双螺旋模型的研究，在生物遗传信息的传递，半保留复制，遗传信息流中心法则的提出，mRNA、tRNA、核糖体 RNA(rRMA)、RNA 聚合酶提取纯化，核酸分子杂交以及原核细胞转录和翻译等各方面的积极探索中，认识物质世界最复杂、最精细的生命现象更加深入，更加广泛。生物学界里，新的重大的发现接连出现，捷报频传，令人目不暇接，取得了辉煌的成果。20 世纪中叶以后，生物医学在自然科学研究领域中一马当先，独领风骚。

参考文献

[1] Jacob F, Monod J. Genetic regulatory mechanisms in the synthesis of proteins [J]. J Mol Biol, 1961, 3: 318 - 356.

[2] Silverstone AE, Magasanik B, Reznikoff WS, et al. Catabolite sensitive site of the lac operon [J]. Nature, 1969, 221(5185): 1012 - 1014.

[3] Nirenberg MW, Matthaei JH. The dependent of cell-free protein synthesis in *E. coli* upon naturally occurring or synthetic polyribinucleotides [J]. Proc Natl Acad Sci U S A, 1961, 47: 1588 - 1602.

[4] Matthaei JH, Nirenberg MW. Characteristics and stabilization of DNAase-sensitive protein synthesis in *E. coli* extracts [J]. Proc Natl Acad Sci U S A, 1961, 47: 1580 - 1588.

[5] Fiers W, Khorana HG. Studies on polynucleotides. XXII. Enzymic degradation. An exonuclease from lactobacillus acidophilus R26. A purification, properties, and substrate specificity [J]. J Biol Chem, 1963, 238: 2780 - 2788.

[6] Khorana HG. Chemically synthesized deoxypolynucleotides as templates for ribonucleic acid polymerase [J]. J Biol Chem, 1963, 238: 3080 - 3085.

[7] Kornberg A, Bertsch LL, Jackson JF, et al. Enzymatic synthesis of deoxyribonucleic acid, XVI. Oligonucleotides as templates and the mechanism of their replication [J]. Proc Natl Acad Sci U S A, 1964, 51: 315 - 323.

[8] Zamir A, Holley RW, Marquisee M. The presence of 5,6-dihydrouridylic acid in yeast "soluble" ribonucleic acid [J]. Biochem Biophys Res Commun, 1965, 18: 153 - 157.

[9] Peswick JR, Holley RW. Specific cleavage of the yeast alanine RNA into two large fragments [J]. Proc Natl Acad Sci U S A, 1965, 53: 543 - 548.

§1.4 遗传信息流中心法则的修订和断裂基因

1.4.1 逆转录酶、遗传信息的流向

克里克、沃森和威尔金斯的 DNA 双螺旋模型发表之后，人们承认了 DNA 是遗传信息的载体，那么，位于细胞核内不能移动的 DNA 是如何控制细胞质内蛋白质的合成？这是当时困扰大家的一个问题。于是有的学者提出假设：还存在另一种核酸，它是单链的 RNA 并且是 DNA 和蛋白质合成过程之间的媒介体，也就是 DNA 将遗传信息转录给 RNA，然后才能翻译成为蛋白质。这就是遗传信息流的基本原理，并且形成了“一个基因，一个 RNA，一个蛋白质”的思维定式。克里克 1958 年首先提出了遗传信息是从 DNA 通过 mRNA 流向蛋白质，称为遗传信息流的中心法则。随着研究的不断深入，1961 年发现了 mRNA，不久以后又证明了蛋白质就是根据 mRNA 所携带的信息，由 tRNA 转运氨基酸在 rRNA 上合成肽链，于是这个法则获得了科学共同体的公认。

1964 年，美国人巴尔的摩（Baltimore D，1938— ）和特明（Temin HM，1934—1994）总结了他们在研究肉瘤病毒（一种 RNA 病毒）的实验资料和结果，提出了前病毒假说（provirus hypothesis）[1—3]：遗传物质为 RNA 的病毒有可能把 RNA 整合到宿主染色体 DNA 上，成为暂时没有感染能力、潜伏状态的前病毒。这个假说实际上明白地告诉大家，RNA 是可以整合到 DNA 的，而这分明是对遗传信息流中心法则的修正。1970 年，他们终于在这种病毒感染的宿主细胞内成功地分离出 RNA 逆转录酶，这种酶能够以 RNA 为模板合成 DNA，整合到宿主的染色体上[4,5]。病毒逆转录酶含 Zn^{2+}，以脱氧核苷三磷酸为底物，从 5′到 3′合成 DNA，反应需要引物。这个酶在许多方面与 DNA 聚合酶相似。当 RNA 致癌病毒，如鸟类劳氏肉瘤病毒（rous sarcoma virus，RSV）进入宿主细胞后，其逆转录酶先催化合成与病毒 RNA 互补的 DNA 单链，继而复制出双螺旋 DNA，并经另一种病毒酶的作用整合到宿主的染色体 DNA 中，此整合的 DNA 可能潜伏（即不表达），遇适合的条件时被激活。激活后，病毒利用宿主的酶系统转录成相应的 RNA，其中一部分作为病毒的遗传物质，另一部分则作为 mRNA 翻译成病毒特有的蛋白质。最后，RNA 和蛋白质被组装成新的病毒颗粒。在一定的条件下，整合的 DNA 也可使细胞转化成癌细胞。为此他们获得了 1975 年诺贝尔生理学或医学奖。

目前已发现不少动物逆转录病毒,近年来也发现了几种人类逆转录病毒。艾滋病病毒也是一种逆转录病毒。有的逆转录酶已提纯,可作为合成某些与特定 RNA 互补的 DNA 工具酶,也可用于 DNA 的序列分析和克隆及重组 DNA。

同年获奖的还有特明的博士生导师杜尔贝科(美、意,Dulbecco R, 1914—),巴尔的摩也曾在杜尔贝科索尔克研究所实验室工作过(杜尔贝科于 1972 年到英国皇家癌症基金会实验室工作)。杜尔贝科是一位具有良好数理基础的生物学家,在意大利都灵大学学医时,曾和卢里亚(1969 年获生理学或医学奖)、蒙塔尔奇尼(Montalcini RL,1986 年获生理学或医学奖)同学,他们都是著名解剖学家利瓦伊(Levi G)的学生。杜尔贝科早期曾参加了加州理工学院德尔布吕克"噬菌体"小组(1969 年获奖)的工作。当然,他的主要贡献是为特明和巴尔的摩的发现做了大量的有关病毒培养、宿主的感染以及病毒本身特性等方面的指导性工作。作为一个著名的生物学家,1986 年杜尔贝科率先提出"人类基因组计划"[6],1990 年"人类基因组计划"正式启动。

1.4.2 断裂基因、真核细胞 mRNA 转录的剪接

自从 DNA 双螺旋模型建立以后,直到 20 世纪 70 年代以前,人们一直认为遗传物质是双链 DNA,基因在上面排列是一个接着一个、连续不断的,但是 1977 年这个概念发生了变化。在冷泉港实验室工作的罗伯茨(英,Roberts RJ, 1943—)和在 MIT 工作的夏普(美,Sharp PA, 1944—)各自独立以腺病毒作为实验材料,研究 RNA 转录。腺病毒是一种上呼吸道病毒,这种病毒基因组的很多性质类似于高等生物如人本身的细胞,同时腺病毒结构简单,作为研究高等生物的基因和功能来说,是一种很有价值的研究材料。他们的研究结果显示,腺病毒的 mRNA 的末端不是与预期的模板 DNA 对应。电子显微镜影像显示基因在 DNA 链上的排列被一些不相关的片段隔开,是不连续的,也就是说基因与基因之间存在着没有意义的 DNA。后来的一些实验也说明,高等生物包括人 DNA 链上的基因都是以这种镶嵌结构形式存在的[7,8]。早些时候,人们认为基因的进化主要是通过遗传物质的小的、离散的逐渐积累形成,因而是连续的。断裂基因的发现使我们认识到,镶嵌结构形式的基因能够使高等生物以一种更有效的方式重建基因。这是因为在进化过程中,镶嵌结构里的基因片段可以被重新编组,成为新的镶嵌形式,这种机制可以解释在一些高等生物所发生的较快的进化。断裂基因的发现开辟了生物进化的新篇章,

即复杂的生物是由简单的生物进化来的。罗伯茨和夏普获得了 1993 年的生理学或医学奖。

罗伯茨和夏普的发现改变了科学家以往对进化的认识,对于现代生物学的基础研究以及生物进化论具有重要的奠基作用,对于肿瘤以及其他遗传性疾病的医学导向研究,也具有特别重要的意义。

在此以前,很多的实验是以原核细胞大肠杆菌作为实验材料和研究对象的,大肠杆菌没有细胞核,DNA 裸露在细胞质中,mRNA 的转录不需要转录后的加工,可以直接进行翻译,成为蛋白质。但是高等生物的细胞是真核细胞,真核细胞与原核细胞的一个重要区别就是它具有细胞核和细胞质,整个基因组几乎全部包绕在细胞核的核膜内。当时,罗伯茨和夏普由于发现断裂基因而预言了高等生物的细胞,即真核细胞的 mRNA 的转录必然要经过转录后的加工、裁剪,去除那些不相关的片段,才成为真正的携带全部 DNA 遗传信息的 mRNA。这个如同电影影片编辑的过程,称为剪接。他们的预言很快得到了证实。

参考文献

[1] Baltimore D. In vitro synthesis of viral RNA by the poliovirus RNA polymerase [J]. Proc Natl Acad Sci U S A, 51: 450 - 456.

[2] Barltimore D, Becker Y, Darnell JE. Virus-specific double-stranded RNA in poliovirus-infected cells [J]. Science, 1964, 143: 1034 - 1036.

[3] Temin HM. Homology between RNA from rous sarcoma virous and DNA from rous sarcoma virus-infected cells [J]. Proc Natl Acad Sci U S A, 1964, 52: 323 - 329.

[4] Temin HM, Mizutani S. RNA-dependent DNA polymerase in virions of Rous sarcoma virus [J]. Nature, 1970, 226(5252): 1211 - 1213.

[5] Baltimore D. RNA-dependent DNA polymerase in virions of RNA tumour viruses [J]. Nature, 1970, 226(5252): 1209 - 1211.

[6] Dulbecco R. A turning point in cancer research: sequencing the human genome [J]. Science, 1986, 231(4742): 1055 - 1056.

[7] Wu M, Roberts RJ, Davidson N. Structure of the inverted terminal repetition of adenovirus type 2 DNA [J]. J Virol, 1977, 21(2): 766 - 777.

[8] Berget SM, Moore C, Sharp PA. Spliced segments at the 5′ terminus of adenovirus 2 late mRNA [J]. Proc Natl Acad Sci U S A, 1977, 74(8): 3171 - 3175.

§1.5 真核细胞的转录

复杂的真核细胞的转录经过多年研究,尽管成果不断,但是直到 2006 年才颁发奖项。

2006 年化学奖授予美国斯坦福大学医学院结构生物学教授科恩

伯格(Kornberg R,1947—　),表彰他在研究真核细胞转录分子机理方面的贡献。

生物学界一直认为,以大肠杆菌为实验材料,研究其基因结构作用、转录机制也适用于所有类型细胞,这样的概念统治整个学术界很长时间。但是大肠杆菌没有细胞核,它的 DNA 是裸露的,而真核细胞,如酵母和人染色体 DNA 是与蛋白质结合在一起的,先组成核小体,再组成染色质,并且包裹在细胞核内,这跟大肠杆菌的结构是根本不同的。真核细胞的转录机制要比大肠杆菌复杂,它包括不同水平的调节控制,了解真核细胞的 RNA 聚合酶及其调节机制即转录水平的调控,是研究高等生物细胞基因表达的重要环节。

真核细胞具有三种 RNA 聚合酶(I—III),所有蛋白质编码基因的转录都是由 RNA 聚合酶 II 完成的,因此它成为研究转录调节的主要目标。RNA 聚合酶是由多个亚基组成的,例如大肠杆菌 RNA 聚合酶就由四个核心亚基(两个 α 和 β、β'),外加一个可变的第五亚基(称为 σ 亚基)组成的,σ 亚基的作用是识别启动子并启动转录。启动子是 DNA 上的一段特殊的核酸序列,RNA 转录从这里开始。真核细胞中没有发现类似 σ 亚基的因子,因此,提纯了的真核细胞 RNA 聚合酶不能够对 DNA 片段进行转录。真核细胞的转录需要建立一种依赖于 RNA 聚合酶 II 的无细胞体系,其中含有一种特异性的启动转录机制。

科恩伯格在斯坦福大学获得博士学位后就到了英国 MRC(剑桥大学英国医学研究委员会)分子生物学实验室,在克里克的指导下进行染色体结构的博士后研究,并于 1974 年首次提出了染色体的“串珠”式模型[1]。

科恩伯格回到斯坦福大学后利用芽殖酵母(*Saccharomyces cerevisiae*)细胞作为模型,建立一个真核细胞转录系统[2]研究真核细胞转录。他很快就观察到了这个包括高纯 RNA 聚合酶,通用转录因子 TFIIB、E、F、H 和 TATA -结合蛋白(TBP) 的无细胞系统只能进行基本转录,对加入基因特异性催化蛋白并无反应。但是这个研究导致了介导子(mediator)的发现。介导子是由约为 20 余个不同蛋白组成的多蛋白复合物[3],它存在于从酵母到人类的所有真核细胞,其作用是将来自与 DNA 结合的基因特异性转录因子的正负信号,传递给 RNA 聚合酶 II 和通用转录因子。2004 年,《细胞》(*Cell*)杂志发表了包括科恩伯格在内的 46 位科学家致编辑部的来信,对与转录有关的 RNA 聚合酶 II 介导子复合物亚基予以统一命名。介导子、通用转录因子和 RNA 聚合酶 II 是真核细胞转录的三个主要构成成分，而细菌转录的基因调节序列、催化蛋白都直接与 RNA 聚合酶相连，并作用于启动子的结合。真核细胞的染色质与介导子在基因特异性转录因子和 RNA 聚合酶之间组成一个新的调节层次，从而使得转录调节更为复杂。

科恩伯格将现代生物化学技术和结构测定结合起来，制成 X 射线晶体-电子显微镜复合图，在原子水平重建酵母 RNA 聚合酶以及一系列有关的复合物。90 年代就已经有学者用 X 射线晶体学方法解释了 TATA 结合蛋白(TBP)与一条 TATA —DNA 序列复合物的结构，也搞清楚了 TFIIB、TBP 及 DNA 三重复合物的结构。这虽然提供了启动子识别的部分信息，但对于整个转录机制的理解还是远远不够的。科恩伯格很早就意识到 RNA 聚合酶应是整个真核细胞转录机制的平台，但是酵母 RNA 聚合酶II分子很大(它具有 12 个亚基，相对分子质量为 500×10^3)，能够提纯的复合物获得量既少又不稳定，进行晶体结构研究十分困难；于是他采用电子显微镜和 X 线晶体学结合的方法最终解决了这个问题。其实这是 1983 年科恩伯格建立的一种蛋白质纯化的方法，即在脂的表面上形成二维蛋白质结晶，观察大分子结构[4]。另外一个重要的前提就是如上所述，要建立体外转录系统。2001 年，他们实验室获得了突破性进展：以 2.8 Å 的分辨率描述了 10 亚基 RNA 聚合酶结构以及包括 RNA 聚合酶、模板 DNA 和 RNA 产物的延伸[5]。在这个结构中，两个最大的亚基位于明显的核酸结合裂隙中央的两侧，而其他小的亚基在外围，并在裂隙上形成一座 α 螺旋桥，它通过磷酸二酯键活性部位的构成和 RNA 链的延伸将两个最大的亚基连接起来。

由于酵母和动物细胞之间 RNA 聚合酶 II 的高度同源性，因此可以将这个模型用于解释包括人细胞的多亚基真核细胞 RNA 聚合酶转录机制。科恩伯格实验室以后发表的十几篇有关 RNA 聚合酶晶体结构的论文，详细描述了不同的 DNA、RNA、核苷酸和其他蛋白质功能复合物，并动态地描述了转录过程。科恩伯格实验室以后发表的十几篇有关 RNA 聚合酶晶体结构的论文，详细描述了不同的 DNA、RNA、核苷酸和其他蛋白质功能复合物结构形式，并动态地描述了转录过程[6]。

他们在以后发表的转录复合物晶体结构图中，显示了位于链 3′-末端脱氧腺苷酸处 RNA 聚合酶与 15 -核苷酸- DNA 和9 -互补核苷酸- RNA 的相互结合。这个复合物的引入并未被占据核苷酸结合部位，说明了 DNA - RNA 杂交链的位移发生之后情况[7]。

科恩伯格对真核细胞转录的研究结果，使我们首次在分子水平上理解：转录中启动子识别、加入核苷酸之后 DNA - RNA 杂交链的位移、新的 RNA 合成链从 DNA 模板的分离、以及准确选择引入与 DNA 模板互补的核糖核苷酸结构的机制。他们报告了 RNA 聚合酶和通用转录因子 TFIIB、以及其他通用转录因子和介导子之间复合物的 X 射线晶体电子显微镜复合图。揭示真核细胞转录调节的分子机理，是一项非常重要的研究，因为转录调节发生异常，会直接导致癌症、炎症、心脏病以及代谢病的发生。转录调节同时也控制着干细胞发育成不同器官的特定功能细胞，如果利用干细胞移植来治疗疾病，那么首先就要使干细胞只向临床需要的细胞类型发育，而这正是目前临床治疗发展方向的重要方面。

罗杰·科恩伯格 12 岁时曾参加他父亲阿瑟·科恩伯格(1959 年生理学或医学奖得主)颁奖仪式，47 年后他本人获得化学奖。诺贝尔奖历史上有六对父子获奖，他们是其中之一。同时他们父子同在斯坦福大学医学院任教，被传为诺贝尔奖历史上的一段佳话。

参考文献

[1] Kornberg RD. Chromatin structure: a repeating unit of histones and DNA [J]. Science, 1974, 184: 868 - 871.

[2] Lue NF. Kornberg RD. Accurate initiation at RNA polymerase II promoters in extracts from *Saccharomyces cerevisiae*. Proc. Natl. Acad [J]. Sci USA, 1987, 84: 8839 - 8843.

[3] a) Kelleher RJ, Flanagan PM, Kornberg RD. A novel mediator between activator proteins and the RNA polymerase II transcription apparatus [J]. Cell, 1990, 61: 1209 - 1215. b) Kim YJ, Björklund S, Li Y, et al. A multiprotein mediator of transcriptional activation and its interaction with the C-terminal repeat domain of RNA polymerase II [J]. Cell, 1994, 77: 599 - 608.

[4] Uzgiris EE, Kornberg RD. Two-dimensional crystallization technique for imaging acromolecules, with an application to antigen-antibody-complement complexes [J]. Nature, 1983, 301: 125 - 129.

[5] a) Cramer P, Bushnell DA, Kornberg RD. Structural basis of transcription: RNA polymerase II at 2.8 Å resolution [J]. Science, 2001, 292: 1863 - 1876. b) Gnatt AL, Cramer P, Fu J, Bushnell DA, Kornberg RD. Structural basis of transcription: An RNA polymerase II elongation complex at 3.3 Å resolution [J]. Science, 2001, 292: 1876 - 1882.

[6] Bushnell DA, Cramer P, Kornberg RD. Structural basis of transcription: α-amanitin-RNA polymerase II cocrystal at 2.8 Å resolution [J]. Proc Natl Acad Sci USA, 2002, 99: 1218 - 1222.

[7] a) Westover KD, Bushnell DA, Kornberg RD. Structural basis of transcription:

Separation of RNA from DNA by RNA polymerase II [J]. Science, 2004, 303, 1014 - 1016. b) Westover KD, Bushnell DA, Kornberg RD. Structural basis of transcription: Nucleotide selection by rotation in the RNA polymerase II active center [J]. Cell, 2004, 119: 481 - 489.

§1.6 基因工程的端倪——限制性内切酶、DNA 测序和 DNA 重组

1.6.1 限制性内切酶

DNA 限制性内切酶的简单定义是：生物体内能识别并切割特异的双链 DNA 序列的一种内切核酸酶，其功能是水解 DNA 分子链内部磷酸二酯键，生成寡/寡聚核苷酸。由于这种切割作用是在 DNA 分子内部进行的，故名内切酶。细菌将外源性的 DNA 切断，限制外源异种 DNA 的侵入并使之失去活力，但对自己的 DNA 却无损害作用，于是可以保护细胞原有的遗传信息，所以称为具有限制性的内切酶（简称限制酶）。

20 世纪 60 年代，阿尔伯（瑞士，Arber W, 1929—　）在分析大肠杆菌的所谓“宿主对噬菌体的可控限制”（host controlled restriction of bacteriophages）现象时，设计了一系列简单精巧而严谨的实验，发现大肠杆菌对外来侵入的 DNA 具有限制作用，即限制外源性 DNA，使其不能发挥作用。他认为，菌体内必定有一种酶，能够识别外来的 DNA 并与之结合，然后发生切割、分解的作用，从而预言了 DNA 限制性内切酶的存在[1,2]。

1968 年，史密斯（美，Smith HO, 1937—　）分离、纯化出来源于 *Haemophilus influenzae* D 的第一个内切酶[3,4]。限制性核酸内切酶的命名，一般是以微生物属名的第一个字母和种本名的前两个字母组成，第四个字母表示菌株（品系），例如，史密斯发现的内切酶就命名为 *Hind* II、*Hind* III；从 *Bacillus amyloliquefaciens* H 中提取的限制性内切酶称为 *Bam* H。在同一品系细菌中得到的识别不同碱基序列的几种不同特异性的酶，可以编成用罗马数字表示的不同的号，如 *Hind* II、*Hind* III、*Hpa* I、*Hpa* II 等。

1971 年，内森斯（美，Nathans D, 1928—1999）应用史密斯的内切酶切割 SV40 病毒的 DNA，获得了第一个 DNA 的内切图谱（通称“基因图谱”）[5]，他所设计的方法成为其他科学家进行更为复杂的 DNA 研究工作的范例。

为此，阿尔伯、史密斯和内森斯共享了 1978 年的生理学或医

学奖。

限制酶是基因工程中所用的重要切割工具。根据限制酶切割的特点，可将它们分为两大类：一类酶对切割部位无特异性；另一类酶可特异性识别核苷酸序列，即只能在一定的 DNA 序列上进行切割。这种能被特异性识别的切割部位都具有回文序列性质，也就是切割部位正向读的碱基序列与另一条链反向读的序列一致。在基因工程中使用的多数是后一类酶。目前，从微生物中发现并已纯化分类的3 000余种限制性内切酶中，其中 250 种以上的内切酶具有特异识别序列。限制酶在特定切割部位进行切割时，按照切割的方式，又可分为错位切割和平切两种。错位切割一般是在两条链的不同部位切割，中间相隔几个核苷酸，切下后的两端形成一种回文式的单链末端，这个末端能与具有互补碱基的目的基因 DNA 片段连接，称为黏性末端。这种酶在基因工程中应用最多。另一种是在两条链的特定序列的相同部位切割，形成一个无黏性的平头末端。大部分内切酶剪切 DNA 都产生黏性末端，产生平头末端的酶较少，但它却是人类发现的第一个内切酶(*Hind* II)。

在基因工程的操作过程中，除了限制酶以外，还要使用一系列的其他酶类，如连接酶、聚合酶、末端转移酶、多核苷酸酶、逆转录酶等，才能完成全过程。

1.6.2 DNA 重组和 DNA 测序

伯格(美，Berg P，1926—　)在 50 年代追随科恩伯格(Kornberg A，1959 年生理学或医学奖得主)，由圣路易华盛顿大学到斯坦福大学组建新的生物化学系，研究兴趣从经典生物学转向分子生物学的研究领域，进行过一系列的诸如 tRNA 与氨基酸辨认连接以及有关抑制突变的多方面研究工作，也曾经到杜尔贝科(1975 年生理学或医学奖得主)的实验室学习病毒感染宿主实验方法。他在研究限制性内切酶时，产生了一个创新的思路：被酶切开的黏性末端，与另一个也被酶切开的黏性末端是可以结合的，于是进行了深入的研究。他的先驱性实验导致了基因工程或称为基因操作技术的开端，目前已经成为最重要的、具有广阔应用前景的、造福人类的生物技术。在其敏锐、准确分析的基础上，1972 年，伯格首次成功地在体外把猿 SV40 病毒的 DNA 与 λ 噬菌体基因和大肠杆菌的乳糖操纵子的基因组合起来，其论文“SV40 病毒 DNA 插入新的遗传信息的生物化学方法：环状 SV40 病毒 DNA 含有 λ 噬菌体基因和大肠杆菌的乳糖操纵子基因”发表于美国科学院学报[6]。后来的一两年内，其他科学家开展并完善DNA重组技术。DNA重组技术就是基因工程技术，包括DNA的体外切割、重新连接等一系列步骤，然后把体外重组的DNA转移到载体细胞，进行分子克隆。伯格因开创了DNA重组技术获得了1980年的诺贝尔化学奖。

20世纪50年代以前，桑格(英，Sanger F, 1918—)为了研究蛋白质的结构，经过多年的努力，以一种名为2,4-二硝基氟化苯的试剂(又称为桑格试剂)，测定胰岛素分子结构获得成功。以后，应用逐段分解和逐步递增的方法，测定出胰岛素两条肽链分别含21个和30个氨基酸的排列顺序和位置，并于1955年测定了胰岛素的一级结构，因此获1958年诺贝尔化学奖。此后，桑格的工作转向核酸，致力于对核糖核酸和脱氧核糖核酸结构的分析研究。他利用核糖核酸酶的生物活性、放射性核素标记、二维电泳分离等方法，正确地确定了RNA和DNA中核苷酸碱基的排列顺序。他还发展了DNA的精确快速分析法，即加减法、合成末端终止法。他用此法于1977年成功地测定了细菌病毒ϕX174脱氧核糖核酸分子的全部共5 386个核苷酸的排列顺序[7]。

桑格末端终止法(直读法)测序的原理就是利用DNA聚合酶来延伸结合在待定序列模板上的引物，一直到加入一种链终止核苷酸为止。每一次序列测定由一套四个单独的反应构成，每个反应含有所有四种脱氧核苷三磷酸(dNTP)，并混入限量的、一种不同的双脱氧核苷三磷酸(ddNTP)。由于ddNTP缺乏链延伸所需要的3′-OH基团，使延长的寡聚核苷酸链选择性地在G、A、T或C处终止。终止点由反应中相应的ddNTP而定。每一种dNTP和ddNTP的相对浓度可以调整，使反应得到一组长几百至几千碱基的链终止产物。它们具有共同的起始点，但终止在不同的核苷酸上，可通过高分辨率变性凝胶电泳分离大小不同的片段，凝胶处理后可用X线胶片放射自显影或非同位素标记进行检测，这是进行DNA序列分析的典型的生物化学方法。

吉尔伯特(美，Gilbert W, 1932—)独立提出测定核苷酸序列的更简便方法即化学降解法。1975年左右，吉尔伯特建立了一种直接测定DNA核苷酸的方法，这个方法比桑格的加减法更有效、便捷，称为化学法[8,9]。其主要原理是：以化学方法修饰特定的碱基，再使其化学键断裂。即首先使用硫酸二甲酯把DNA上的四个碱基中的A和G甲基化，如果此刻先用冷盐酸处理，再加上热的氢氧化钠，则

DNA 链只在修饰过的 A 处断裂，产生一组长短不一的片段，然后再以凝胶电泳分开这些片段，这样，可以知道这些片段其 DNA 的最后一个碱基为 A。若直接把处理过的 DNA 先在中性溶液中加热，然后再加氢氧化钠，则 A 和 G 的位置都断裂，可以产生另外一组尾端为 G 或 A 的片段，与前面相比就知道 G 的位置了。若把 DNA 加上肼，则其他两个碱基(T 和 C)会被修饰，在六氢吡啶中加热，则修饰过的碱基(T 和 C)都会断裂。为了再进一步区分 T 和 C，在肼处理时，把氯化钠浓度加大，就只有 C 会被修饰，这样就可以确定 C 和 T 在哪里了。把测定过的所有片段拼接起来，就能知道整个 DNA 大分子结构。

1980 年伯格、桑格和吉尔伯特共同获得诺贝尔化学奖。

1.6.3 跳跃基因——基因在染色体上的转座

1983 年的生理学或医学奖授予 81 岁高龄的女科学家麦克林托克(美，McClintock B, 1902—1992)，虽然这个奖项迟到了 30 余年，但麦克林托克终于在她有生之年看到了科学界对她的承认。

20 世纪 30 年代，麦克林托克在进行玉米遗传学研究中发现，9 号染色体在其短臂的末端有一个明显的结。具有染色结的染色体携有基因 *C*(糊粉层有颜色)、基因 *sh*(胚乳呈皱缩型)和基因 *wx*(胚乳为蜡质型)。遗传学交换实验表明，这些基因的次序为 *wx*—*sh*—*C*，并且它们都位于染色结的短臂上，因此可以确定染色结和这些基因之间为一连锁关系。这一实验不仅令人信服地证实了基因与特定染色体之间的关系，而且它还是发现“转座”的序曲。因为麦克林托克首次发现转座基因 *Ds*(dissociation，意为离异)就是位于这一结节附近，它对基因 *C* 所产生的影响，导致玉米籽粒的糊粉层显示出斑斑点点的现象。

常见的玉米都是黄色的籽粒。然而，野生的玉米还有其他种颜色。在同一穗棒上有不同颜色的籽粒，常见的有紫红色籽粒镶嵌于其中，这一现象可用孟德尔遗传定律来解释。然而，有一种现象却令人迷惑不解：这就是在同一个籽粒上有时会出现斑斑点点，或者是无色背景上嵌有色素点，或者是有色背景上呈现出无色区域，这违背孟德尔遗传定律。

20 世纪 40 年代中期麦克林托克发现，籽粒和叶片往往存在着许多色斑，色斑的出现是由于受到位于 9 号染色体上的 *C* 基因的控制，色斑的大小或出现的早晚也受到其他某些不稳定基因的控制。经过多年艰苦的工作，终于发现位于 9 号染色体基因上的“*Ds*-*Ac* 调控系统”。在这一系统中，*Ds* 基因与 *C* 基因位于同一染色体上的相邻位置，*Ac* 基因(activation，意为活化)与 *Ds* 基因却相距很远，甚至不在同一染色体上，但是它却对 *Ds* 基因起激活作用。*Ds* 基因解离之后，可以移动位置，离开 *C* 基因到达别的地方，也可以重新整合在 *C* 基因附近，也就是说它可以“跳动”[10,11]。这是麦克林托克在细胞学水平上对基因的追踪，尽管当时人们还不知道什么是 DNA。

基因在染色体上能移动位置，在当时遗传学界里是不能被接受的。因为摩尔根基因论的观念，基因在染色体上直线排列，有一定的位置和顺序，是固定不变的。因此基因是不能从染色体的一个位置“跳”到另一个位置，甚至“跳”到别的染色体上，那是科学家们从来闻所未闻的事情。尽管不被理解，但麦克林托克却不改初衷，坚持她的试验结果。由于与传统的遗传学观念背道而驰，使这位原来在美国遗传学界享有盛誉的女科学家(1944 年被选为国家科学院院士，1945 年担任美国遗传学会主席)陷于孤立无助的尴尬境地。

分子生物学和分子遗传学的进一步发展，细菌、真菌乃至其他高等动植物中都逐渐发现了许多与麦克林托克跳跃基因相同或相似的现象，迫使人们不得不重新审视麦克林托克的研究，逐渐认识了麦克林托克的研究成果，这才叹服她超越时代的科学发现以及她那不屈不挠超越常人的意志和毅力。1976 年，在冷泉港召开的“DNA 插入因子、质粒和游离基因”专题讨论会上，终于认识到麦克林托克在半个世纪以前提出的转座因子理论，明确地承认可以用麦克林托克的“转座因子”来说明所有能够插入基因组的 DNA 片段。这对于后来分子生物学和分子遗传学的发展，对基因工程(DNA 重组技术)、转基因研究、癌症研究以及后来的人类基因组计划的开展，具有极其重要的意义。

参考文献

[1] Arber W, Dussoix D. Host specificity of DNA produced by Escherichia coli. I. Host controlled modification of bacteriophage lambda [J]. J Mol Biol, 1962, 5: 18 - 36.

[2] Dussoix D, Arber W. Host specificity of DNA produced by Escherichia coli. II. Control over acceptance of DNA from infecting phage lambda [J]. J Mol Biol, 1962, 5: 37 - 49.

[3] Smith HO, Wilcox KW. A restriction enzyme from Hemophilus influenzae. I. Purification and general properties [J]. J Mol Biol, 1970, 51(2): 379 - 391.

[4] Kelly TJ Jr, Smith HO. A restriction enzyme from Hemophilus influenzae [J]. II. J Mol Biol, 1970, 51(2): 393 - 409.

[5] Danna K, Nathans D. Specific cleavage of simian virus 40 DNA by restriction of Hemophilus influenzae [J]. Proc Natl Acad Sci U S A, 1971, 68(12): 2913 - 2917.

[6] Jackson DA, Symons RH, Berg P. Biochemical method for inserting new genetic information into DNA of Simian Virus 40: circular SV40 DNA molecules containing lambda phage genes and the galactose operon of Escherichia coli [J]. Proc Natl Acad Sci U S A, 1972, 69(10): 2904-2909.
[7] Sanger F, Air GM, Barrell, et al. Nucleotide sequence of bacteriophage phi X174 DNA [J]. Nature, 1977, 265(5596): 687-695.
[8] Gilbert W, Maxam A. The nucleotide sequence of the lac operator [J]. Proc Natl Acad Sci U S A, 1973, 70(12): 3581-3584.
[9] Maxam A, Gilbert W. A new method for sequencing DNA [J]. Proc Natl Acad Sci U S A, 1977, 74(2): 560-564.
[10] Mclintock B. Controlling elements and the gene [J]. Cold Spring Harb Symp Quant Biol, 1956, 21: 197-216.
[11] Mclintock B. Induction of instability at selected loci in maize [J]. Genetics, 1953, 38(6): 579-599.

§1.7 RNA 病毒、致癌基因

1989 年生理学或医学奖授予美国学者毕晓普(Bishop JM, 1936—)和瓦尔姆斯(Varmus HE, 1939—),因为他们发现了致癌基因,开创了癌症研究的新领域,并导致近年来屡有突破的研究进展。

这个奖项应追溯到 20 世纪初,洛克菲勒大学的劳斯(Rous P, 1879—1970)发现,将鸡肉瘤病毒的肿瘤滤液除去肿瘤和各种微生物后,注射到另一只鸡的体内,仍然能诱发肿瘤的发生,因而怀疑在肿瘤的滤液里存在一种诱发肿瘤的病毒。劳斯的研究从 1909 年持续到 1915 年,他力图把他在鸡肉瘤的实验扩展到其他动物体中,但是未能得到成功,于是他改换了研究领域,从事生理病理学的研究。当时医学界认为癌症并不是一个传染性疾病,所以肿瘤病毒的真实性就受到怀疑。但是在五六十年代后,在其他物种也证实了病毒的致癌现象,大约有十几种肿瘤病毒被分离出来,并且证实其致癌性能。分子生物学的研究证明,病毒的遗传物质已整合到宿主细胞的 DNA 中。因而劳斯获得 1966 年度生理学或医学奖,这是癌症领域内的第一个奖项。

劳斯肉瘤病毒(Rous sarcoma virus,RSV)的遗传物质是 RNA。特明和巴尔的摩在 70 年代同时证明 RNA 肿瘤病毒的逆转录酶的存在而获得 1975 年度的生理学或医学奖,成为癌症研究领域内第二项奖项。1976 年毕晓普分离出致癌病毒的遗传物质 RNA,并且利用逆转录酶制成 cDNA 探针,命名为 *src* 基因。*src* 位于病毒基因组靠近 3′端,是一个逆转录病毒基因[1-3],后来发现几乎所有物种的细胞均含有这个基因,而被称为原癌基因(proto-oncogene)[4,5]。原癌基因是细胞的正常基因,其表达产物对细胞的生理功能极其重要,这些正常细胞中的原癌基因会因化学物理以及生物的刺激而活化,只有当原癌基因发生结构改变或过度表达时,才发展成为癌细胞。正常细胞中原癌基因的表达水平一般较低,而且是受生长调节的。而肿瘤细胞中原癌基因的表达表现为:具有高水平的表达或过度表达以及表达程度和次序发生紊乱,不再具有细胞周期特异性。在细胞分化过程中,与分化有关的原癌基因表达增加,而与细胞增殖有关的原癌基因表达受抑制。大多数原癌基因编码的蛋白质都是复杂的细胞信号转导网络中的成分,在信号转导途径中有着重要的作用。

此后,由于原癌基因的不断发现,癌症研究走向一个全新的方向,因为致癌基因既然在漫长的进化过程被完整地保留下来,必然有其重要的生物学作用。生物学家们从此开始研究诸如细胞分化、胚胎发育等一些复杂的生命现象。近年来在人类致癌机理方面的研究成就,诸如原癌基因突变、原癌基因的过度表达、原癌基因的协同作用以及抑癌基因的发现,都可以说是癌基因理论的延伸。

参考文献

[1] Varmus HE, Heasley S, Bishop JM. Use of DNA-DNA annealing to detect new virus-specific DNA sequences in chicken embryo fibroblasts after infection by avian sarcoma virus [J]. J Virol, 1974, 14(4): 895-903.

[2] Varmus HE, Guntaka RV, Fan WJ, et al. Synthesis of viral DNA in the cytoplasm of duck embryo fibroblasts and in enucleated cells after infection by avian sarcoma virus [J]. Proc Natl Acad Sci U S A, 1974, 71(10): 3874-3878.

[3] Guntaka RV, Mahy BW, Bishop JM, et al. Ethidium bromide inhibits appearance of closed circular viral DNA and integration of virus-specific DNA in duck cells infected by avian sarcoma virus [J]. Nature, 1975, 253(5492): 507-511.

[4] Ringold G, Lasfargues EY, Bishop JM, Varmus HE. Production of mouse mammary tumor virus by cultured cells in the absence and presence of hormones: assay by molecular hybridization [J]. Virology, 1975, 65(1): 135-147.

[5] Parker RC, Varmus HE, Bishop JM. Expression of v-src and chicken c-src in rat cells demonstrates qualitative differences between pp60v-src and pp60c-src [J]. Cell, 1984, 37(1): 131-139.

§1.8 有关 RNA 的研究

1.8.1 RNA 的催化、自催化性能

沃森-克里克 DNA 双螺旋模型建立后,人们心目中的 RNA 不过是至关重要的 DNA 的一个呼来唤去的替身而已,因为只有 DNA 才是基因和染色体物质,是 DNA 携带遗传物质;RNA 只传达 DNA 的

指令,完成它的使命后,就被降解掉了。

20世纪80年代,科罗拉多大学的切赫(Cech TR, 1947—　)研究小组和耶鲁大学奥尔特曼(Altman S,1939—　)小组各自做出独自的工作,在研究大肠杆菌 tRNA 的生物合成时,首次发现具有催化性质的 RNA,证明了 RNA 的催化功能,而人们以前认为只有蛋白质酶才具有这种催化功能。因此,他们获得了1989年的化学奖。

当时,奥尔特曼分离出能导致成熟 tRNA 合成的前体物质。在生物化学反应中,这个前体物质应是具有催化能力的酶,一个 RNA 酶,称为核糖核酸酶 P,是它切断磷酸二酯键,释放多余的核酸前体,形成成熟的 tRNA。他们首先把蛋白质和酶的混合物提取出来,然后验证 RNA 在这个 RNA 酶中的功能,发现 RNA 对于酶的功能是不可或缺的,然后证明了就是这个 RNA 本身具有催化功能[1,2]。那时切赫也发现了不同的 RNA 分子具有切割和连接磷酸二酯键的功能[3—5]。就在他们俩的实验结果遭到酶学界的质疑的几年里,从植物的病原体和人的 delta RNA 中都发现了具有催化作用的 RNA。

根据机体的需要,基因的开启和关闭是生物控制机制的最基本的问题。当莫诺和雅各布(1965年生理学或医学奖得主)描绘大肠杆菌的乳糖代谢基因调控回路时,他们曾经想到过,这个基因的抑制子可能就是 RNA。不久以后,这个抑制子就被分离出来了,它不是 RNA,而是蛋白质,这以后有成百个蛋白质抑制子被鉴定出来,而 RNA 抑制子的发现沉睡了十多年。

于是,这个“蛋白质抑制子”的论调得到修正:在另外一个细菌王国里,mRNA 中的 RNA 元件能直接识别少量代谢物浓度,开启或关闭基因的表达。这些 RNA 开关(切赫称它们为核糖开关)折叠成各种各样的错综复杂的结构以便在不同的代谢过程里发挥作用。目前已经搞清楚三个这样的基因表达开关 RNA 元件:① 能引起 mRNA 转录的早期终止的元件;② 阻断核糖体对 mRNA 的翻译的元件;③ 甚至可以切断 mRNA,促进其降解的元件。其中后一个元件活性是与 RNA 单位直接结合的一个小分子代谢物,它使 RNA 改变构象,从而激活 RNA 本身具有的自我切割活性。这种核糖核酸酶、核糖核酸开关代表着催化 RNA 生物活性一种新的形式。

地球上生命刚刚开始的时候很可能是一个 RNA 世界。在这个阶段,蛋白质还没有完全占据所有的生物化学反应,而 RNA 既要负责贮存、携带遗传信息,又要进行自催化的任务,以维持原始的自我复制系统。吉尔伯特(Gilbert W,1980 年化学奖得主)指出,既然 RNA 能够作为一个催化剂,那么就不需要 DNA 和蛋白质具有这样的性质。那个时候的 RNA 既可切断,又能连接磷酸二酯键。但是作为一个涵盖科学上经常发生的事件的假说,即最早期的生命世界里只有 RNA 能够作为一个催化剂,其证据就不应该只是少数的特殊现象;另一个有说服力的证据是,在细菌 50 S 核糖体亚单位肽酰基转移酶中心只含有 RNA 而没有蛋白质。也许我们会想到在地球生命的原始期间那样极端环境里,RNA 会像今天一样迅速遭到降解,但是即使是那时,确切的遗传/催化物质的化学性质也有别于现在,我们利用所谓"试管内进化研究"的方法,仍可以推断"RNA 世界"的确存在于生命发生的某个阶段。

1.8.2 RNA 干扰

RNA 在生命过程中的重要作用不断被发现,不断得到证实。2006 年生理学或医学奖授予美国斯坦福大学医学院病理遗传学教授法尔(Fire A,1959—　)和马萨诸塞大学医学院分子医学教授梅洛(Mello C,1960—　),表彰他们发现了"RNA 干扰,双链 RNA 对基因的抑制",这又是在遗传信息传递过程的控制中的一个基本机制。

细胞基因组发送指令是通过核内的 DNA 将信息转给信息使者 mRNA,再指导细胞质内蛋白质合成,这是遗传信息流中心法则。1998 年法尔和梅洛发现细胞内双链 RNA 可以降解 mRNA,从而使得在细胞内制造蛋白质的 DNA 指令失去作用,这个现象称为"RNA 干扰,双链 RNA 对基因的抑制"。"RNA 干扰,双链 RNA 对基因的抑制"可以发生在植物、动物和人身上。这是一种非常重要的基因表达机制,它参与抗病毒感染,保证基因移位、重组的可控制性。作为一种基因功能和运行的研究方法,"RNA 干扰"已被广泛应用于基础生命科学,它完全可能在将来产生新的治疗方法。

法尔和梅洛以前一直从事线虫(*Caenorhabditis elegans*)基因表达调控方面的研究,他们将编码的一种肌肉蛋白的 mRNA 注射到线虫体内以改变线虫的行为。他们使用的携带的遗传密码 mRNA 有两种:一种是编码的 mRNA,称为"有意义序列",又称作正义 RNA;另一种 RNA 可与上述的 mRNA 碱基互补相结合,使得有意义序列失去作用,称为"无意义序列"或反义 RNA。无论是哪一种 RNA 都不能够引起预期的表型作用,但是当他们把这两种 RNA 一起注射,观察到线虫表现出特有的颤搐性运动,而相似的运动只发生在那些完全缺失这种肌肉蛋白功能基因的线虫身上,这是什么原因?

这两种 RNA 一起注射,“正义”和“反义”RNA 分子相遇,由于碱基的互补,它们就会结合在一起成为双链 RNA。是否这个特异的双链 RNA 分子可以使与其具有相同编码的基因沉寂或者说它的活性受到抑制?法尔和梅洛为了检测这个假设,他们向线虫体内注射了一些含有各种蛋白质基因编码的双链 RNA 分子,无一例外,只要在实验中注射了含有某种特异蛋白质基因编码的双链 RNA 分子,这种蛋白质就不会再产生了。

他们认为,这是一个催化过程,并把这个现象称作 RNA 干扰(RNA interference,RNAi),即微量的双链 RNA 足以达到抑制基因的效应。法尔和梅洛研究结果发表在 1998 年 2 月 19 日出版的《自然》杂志[6]。他们的发现揭示了遗传信息流的一个基本原理,并且使得很多以前实验观察中的困惑和矛盾的结果得到了解释,同时又开辟了一个新的研究领域。

经过了一系列简单而精巧的实验[6,7],法尔和梅洛做出了以下几点推论:

① 双链 RNA 可以使基因转录受到抑制,而单链的无论是正义或是反义 RNA 都不具有这样的作用。

② 这种 RNA 干扰的抑制作用是特异的,即与其具有相同编码的特异基因的 mRNA 转录受到抑制,其他 mRNA 转录不受影响。

③ 双链 RNA 只对成熟 mRNA 起作用,对内含子和促进子没有作用。

④ 靶 mRNA 的消失,说明它最终是被降解掉了。

⑤ 每个细胞只具有少数双链 RNA,但是足以完成所有的基因沉寂作用。

⑥ 干扰能在细胞间传播甚至可以遗传。

RNAi 发现不久,一些实验显示植物细胞的转录后翻译沉寂总是与大量的小 RNA(长度约为 25 个碱基)的存在有关[8],而且这种 RNA 含有正义和反义 RNA 序列,于是人们很容易就联想到这种 RNA 就是转录后翻译成的引发物。使用果蝇胚胎抽提物证实了这种 RNA 的长度为 21～23 个碱基[9],这种长度约为 25 个碱基的 RNA 序列又称为小干扰 RNA(small interfering RNA,siRNA)序列。法尔和梅洛在实验中证明了,长的双链 RNA 被切断,成为 siRNA[10]。

RNAi 作用机制已经逐步搞清:首先,双链 RNA 与一个具有内切酶性质的蛋白质复合物 Dicer 结合，并把它切成小的片段。另外一个蛋白质复合物，称作 RNA -诱导抑制复合物（RNA-induced silencing complex，RISC），与这些片段结合。此时一条链被去除，而另一条链仍与 RISC 结合并且作为探针去寻找 mRNA 分子，如果一个 mRNA 分子可与此 RISC 复合物上的 RNA 碱基互补，则两者即会结合在 RISC 上，然后 mRNA 被分解，于是由这个 mRNA 携带遗传信息的基因沉默了，不活动了，或者说被抑制了。2003 年初，东京大学学者们使用自制 Dicer 抗体进行免疫沉淀，证实了在 siRNA 介导的哺乳动物细胞内基因表达抑制过程中 Dicer 是必需成分。

目前已经发现大量的小 RNA 分子与蛋白质结合成为核糖核蛋白（ribonucleoprotein，RNP），作用于转录（例如人 7SK snRNA 结合在延长因子）、翻译（例如 SRP RNA 位于信号识别颗粒上）、复制（例如端粒酶 RNA）、染色体结构（例如引起 X 染色体失活的 XIST RNA）以及一些其他 RNA 调节编译过程等。现在，世界上很多实验室对这些不同的 RNA 颗粒正在进行深入的研究。

RNA 在生命活动中的重要作用除催化、自催化以及 RNA 干扰外，尚有很多其他功能，诸如很多种类的病毒直接以 RNA 为遗传信息携带者，即 RNA 病毒，如 SARS 和 AIDS 等；而很多其他种类的不编码蛋白质的 RNA 分子在生命活动中也具有其他重要作用，如大分子生物加工和基因表达调控等。随着研究的深入，更多种类的 RNA 和 RNA 的功能将被揭露和诠释。

参考文献

[1] Kole R. Altman, Reconstitution of RNase P activity from inactive RNA and protein [J]. Proc Natl Acad Sci U S A, 1979, 76(8): 3795 - 3799.

[2] Koler B, Stark BC, Altman S. *E. coli* RNAase P has a required RNA component [J]. Cell, 1980, 19(4): 881 - 887.

[3] Zaug AJ, Cech TR. In vitro splicing of the ribosomal RNA precursor in nuclei of Tetrahymena [J]. Cell, 1980, 19(2): 331 - 338.

[4] Grabowski PJ, Zaug AJ, Cech TR. The intervening sequence of the ribosomal RNA precursor is converted to a circular RNA in isolated nuclei of Tetrahymena [J]. Cell, 1981, 23(2): 467 - 476.

[5] Zaug AJ, Grabowski PJ, Cech TR. Autocatalytic cyclization of an excised intervening sequence RNA is a cleavage-ligation reaction [J]. Nature, 1983, 301 (5901): 578 - 583.

[6] Fire A, Xu SQ, Montgomery MK, et al. Mello C. C. Potent and specific genetic interference by double-stranded RNA in Caenorhabditis elegans [J]. Nature, 1998, 391: 806 - 811.

[7] Montgomery, MK, Xu S, Fire A. RNA as target of double-stranded RNA-mediated genetic interference in Caenorhabditis elegans [J]. Proc Natl Acad Sci, 1998, 95: 15502 - 15507.
[8] Hamilton AJ, Baulcombe DC. A species of small antisense RNA in posttranscriptional gene silencing in plants [J]. Science, 1999, 286, 950 - 952.
[9] Zamore PD, Tuschl T, Sharp PA, et al. RNAi: Double-stranded RNA directs the ATP-dependent cleavage of mRNA at 21 to 23 nucleotide intervals [J]. Cell, 2000, 101(1): 25 - 33.
[10] Parrish S, Fleenor J, Xu S, et al. Functional anatomy of a dsRNA trigger: Differential requirements for the two trigger strands in RNA interference. Molec [J]. Cell, 2000, 6(5): 1077 - 1087.

第 2 章　免疫学及分子机理

免疫学研究获得多项生理学或医学奖：1901 年的第一届诺贝尔生理学或医学奖就是由研究抗细菌毒素之血清(亦即抗体)疗法的冯贝林(德，von Behring)获得。最近 50 年有多项免疫学研究成果获奖，1960 年，伯内特(澳，Burnet FM)和梅达沃(英，Medawar PB)因发现免疫耐受现象获奖；1972 年埃德尔曼(美，Edelman GR)及波特(英，Porter RR)因发现抗体之化学构造获奖；1977 年耶洛(美，Yalow R)由于发明放射性免疫侦测法(分析抗原及抗体)获奖；1980 年斯内尔(美，Snell GD)、多塞(法，Dausset J)及贝纳塞拉夫(美，Benacerraf B)由于发现主要组织相容复合物(MHC)获奖；1984 年克勒(瑞士，Köhler G)、米尔斯坦(英，Milstein C)以及耶纳(瑞士，Jerne NK)由于利用杂交瘤技术研制出单克隆抗体以及对免疫特异性、免疫应答的发育和调节理论的建立获奖；1987 年利根川进(Tonegawa S)因发现抗体的基因重排，建立抗体多样性的分子生物学基础获奖；1990 年托马斯(美，Thomas D)及默里(美，Murray J)由于建立器官和细胞免疫移植获奖；1996 年为多尔蒂(澳，Doherty PC)和津克耐格尔(瑞士，Zinkernagel RM)研究组织相容抗原，发现细胞介导的免疫保护特征获奖。这么高的得奖率说明，免疫系统是人类能有效控制各种疾病感染的最根本基础。对于像艾滋病及肝炎之类的传染病，只有更深入的研究了解免疫系统，才能发展出更有力的免疫疗法。

§2.1　现代免疫学的开端

现代免疫学是从伯内特(澳，Burnet FM，1899—1985)和梅达沃(英，Medawar P，1915—1987)发现免疫耐受现象，提出免疫耐受理论，建立免疫克隆学说开始，不断取得新进展。深入探讨免疫分子的结构和功能，使免疫的现象和本质及其机制得以逐步阐明。

免疫耐受是指机体免疫系统接触某一抗原后形成的特异性无应答状态，亦即机体对某一抗原不发生免疫反应，而对其他抗原的免疫反应性正常，这属于一种特异性免疫无反应，又称为免疫耐受性。

1953年,英国科学家梅达沃等发表了以下移植实验结果:将CBA系黑鼠的淋巴细胞在胚胎期接种在A系白鼠的胚胎内,A系白鼠在成熟后能接受CBA系黑鼠的植皮而长期存活。这个实验揭示了当体内的免疫细胞处于发育阶段时,可人工诱导其对“非己”抗原产生耐受[1,2]。

1957年著名澳大利亚免疫学家伯内特提出免疫耐受(immunologic tolerance)理论,解释以上的实验结果,并以克隆清除(clonal deletion)学说解释免疫耐受现象:即在胚胎期给动物注射抗原,该动物不能产生抗体而是对该抗原产生了耐受性。这个观点对免疫学的发展产生深远影响。随着近代基础免疫学,尤其是免疫调节研究的迅速发展,当前对免疫耐受机制的认识已远远超越了这一学说当时的含义。

伯内特基于分子遗传学的发展和实验观察,提出抗体生成的克隆选择学说:认为机体存在着大量不同种类的淋巴细胞,每种细胞可由遗传决定产生一种特异性抗体。当抗原侵入时,刺激某种特定淋巴细胞活化和增殖,产生出一群遗传性相同的子代细胞,形成此种淋巴细胞的克隆(即由无性繁殖产生的细胞系),产生出一种特异性相同的抗体。克隆选择学说的提出促进了免疫学从血液抗体的研究转向细胞生成抗体的研究。伯内特学说提出后,很快就发现了T、B淋巴细胞,并证明了T、B细胞分别负责细胞免疫和体液免疫以及两种细胞在免疫过程中的协同作用机制[3,4]。

1960年,伯内特和梅达沃获生理学或医学奖。

自克隆选择学说建立后,生物学家从整体、器官、细胞、遗传分子等各个层面,深入探讨免疫分子的结构和功能,逐步揭示免疫的现象和本质及其调控机制,充实了免疫学的基础理论并大大拓宽了免疫学的实践应用。这些研究不断取得新的进展,至今,已经成为覆盖很广的前沿科学,是现代生命科学的一个非常重要的分支学科。

参考文献

[1] Bilingham RE, Brent L, Medawar PB. Actively acquired tolerance of foreign cells [J]. Nature, 1953, 172(4379): 603-606.

[2] Bilingham RE, Medawar PB. Desensitization to skin homografts by injections of donor skin extracts [J]. Ann Surg, 1953, 137(4): 444-449.

[3] Mackay IR, Larkin L, Burnet FM. Failure of autoimmune antibody to react with antigen prepared from the individual's own tissues [J]. Lancet, 1957, 273(6986): 122-123.

[4] Burnet FM. Recombination; speculations from a medical angle [J]. Cold Spring Harb Symp Quant Biol, 1958, 23: 1-7.

§2.2 抗体的化学结构

我们知道免疫系统包括三种细胞：T淋巴细胞、B淋巴细胞和巨噬细胞。各种免疫球蛋白，又称为抗体，是由B淋巴细胞合成的，参与体液免疫。

抗体在防御感染方面有着极其重要的功能。抗体首先要识别外来的抗原，并与之结合，产生免疫沉淀，才能发挥作用。据估计，血液中大概存在50 000～100 000余种不同的抗体，各种抗体只对特定的抗原产生反应。由于抗体的基本性质相类似，但又各具特性，分子巨大又构造复杂，所以人们对抗体化学结构的研究似乎无法顺利进行。这个问题直到20世纪50年代末，利用酶分解的方法将抗体分成小的片段，才得以解决。

埃德尔曼(美，Edelman GM，1929—　)和波特(英，Porter RR，1917—1985)1959年发表了他们的研究结果，并在以后继续完成了对抗体的重要研究。他们都首先把抗体分解成为小段来进行研究。埃德尔曼认为抗体分子是由多肽链构成的，多肽链之间可能以二硫键连接。因此，他首先用化学方法将二硫键打开，结果发现，由于二硫键被打开后，抗体失去活性，不具有抗体的功能[1,2]。波特利用木瓜水解酶将抗体分为三个大的片段：两个较小的、相似的、可与抗原发生特异性结合的片段和一个较大的、缺乏生物学活性、不与抗原结合的片段。波特在这些证据的基础上，推断并构建了一个正确的抗体分子模型[3,4]。

后来他们终于证实，抗体是由四条多肽链组成：两条同样的轻链(肽链包括214个氨基酸，分子量较小)和两条同样的重链(肽链包括450～550个氨基酸，分子量较大)集合成为一个字母“Y”型的生物大分子。“Y”型上半部的“V”字是四条链，其外部两条链为轻链，里面两条链是重链的上半部。由于“Y”的上半部“V”区四条链的氨基酸序列变化较大，此区称为可变区(V区)；“Y”的下半部就是重链的下半部分，所有免疫球蛋白这部分的氨基酸序列大致是相同的，此区称为恒定区(C区)。免疫球蛋白的轻链具备与外来抗原结合的功能，重链用以维持结构。尽管抗体有多种不同的种类，每一种又都具有不同的功能，但是它们都具有上述的分子结构。

1972 年,埃德尔曼和波特由于发现抗体的化学结构而获得生理学或医学奖。他们的研究给生物医学界带来相当大的冲击,为以后的各项研究奠定了重要基础。生命科学,或者说免疫学正在孕育着新的突破。

参考文献

[1] Edelman GM, Heremans JF, Heremans MT, et al. Immunological studies of human gamma-globulin. Relation of the precipitin lines of whole gamma-globulin to those of the fragments produced by papain [J]. J Exp Med, 1960, 112: 203-223.

[2] Edelman GM, Poulik MD. Studies on structural units of the gamma-globulins [J]. J Exp Med, 1961, 113: 861-884.

[3] Porter RR. Separation and isolation of fractions of rabbit gamma-globulin containing the antibody and antigenic combining sites [J]. Nature, 1958, 182(4636): 670-671.

[4] Porter RR. The hydrolysis of rabbit y-globulin and antibodies with crystalline papain [J]. Biochem J, 1959, 73: 119-126.

§2.3 放射免疫分析——极灵敏的生命物质的测定方法

2.3.1 放射免疫分析

美国女免疫学家耶洛(美,Yalow R, 1921—),因创立了放射免疫分析方法而荣获 1977 年诺贝尔生理学或医学奖。

从 20 世纪的 50 年代开始,物理学博士出身的耶洛与她的合作者临床医师贝尔森博士(Berson SA)合作了 22 年,共同创立了放射免疫分析方法[1—3]。贝尔森于 1972 年逝世,失去了获奖的机会。

所谓放射免疫分析方法就是利用以同位素标记的与未标记的抗原与抗体发生竞争性抑制反应的放射性同位素体外微量分析方法,又称竞争性饱和分析法。

放射免疫测定法包括两个方面的技术:第一是生物学方面的,抗原-抗体结合反应;第二是物理学方面的,将有放射性的原子引入抗原或抗体中,进行标记。放射免疫测定法所需的材料包括:抗体、标记放射性的抗原、无放射性的抗原。在适合抗原-抗体反应的特定环境下,抗体便开始与抗原结合,根据质量作用定律,这种结合反应会达到平衡。平衡的时候,抗体上结合的有放射性的抗原与没有放射性的抗原的量成反比。即在一定的体积中,抗体和放射性抗原的量固定,加入无放射性的抗原愈多,结合在抗体上的放射性抗原就愈少。使用化学、物理或生物学方法,把结合抗原的抗体和未结合的抗原分开,然后测定这些抗体的放射性,就可以推算出无放射性抗原的量了。

常用于标记抗原的放射性同位素有 ^{3}H、^{125}I、^{131}I 等。^{3}H 可以置换有机化合物中的氢，不影响原有化学性质，而且半衰期长和辐射能量低，防护措施的要求不高。^{125}I、^{131}I原子的化学性质比较活泼，标记方法简便，多肽、蛋白质和小分子半抗原均可进行碘标记。此外，一些不能直接用碘标记的半抗原，通过接上一个酪氨酸也可以用碘标记。

由于核素的放射性测定是测量每一个原子的衰变，核物理测定仪器的效率很高，因此放射免疫分析是一种灵敏度高（耶洛当时可测到 10^{-13} g/ml）、较简便的测量法[4]。放射免疫测定法几乎可测定以前不能测定的生物体内任何物质，包括生物体本身分泌的各种激素，病人口服或注射的各种药物，一些病毒抗原等。耶洛首先将此法用于甲状腺素和糖尿病患者胰岛素的研究，1959 年后已广泛用于临床常规检验，成为临床检验的一个不可或缺的诊断方法。

2.3.2　下丘脑激素的提取

吉耶曼（美，Guillemin R，1924—　）和沙利（美，Schally A V，1926—　）由于成功地从动物脑中提取出肽类激素，获得 1977 年另一半的生理学或医学奖。

下丘脑激素是下丘脑不同类型的神经核团的细胞产生的一系列肽类激素的总称。它们有效地调节控制垂体前叶各种激素的合成和分泌，因此又称下丘脑促垂体释放激素（因子）或抑制激素（因子）。它们在体内的含量极微，在体内的半衰期仅以1～2 分钟计，所发挥的作用甚为明显。下丘脑激素是沟通神经与内分泌两网络的调节肽，由神经脉冲传导转换为内分泌化学信号，再通过垂体激素的放大作用，协调全身内环境的稳定和适应外环境的小腿部的静脉曲张变化。

脑垂体是一个椭圆形的小体，重不足 1 克，位于颅底垂体窝内，借垂体柄与丘脑下部相连，分腺体部和神经部。它分泌多种激素。解剖发现，上丘脑与垂体之间有着密集的血管，血运丰富，很多人都体验过精神和情绪的改变会影响性激素释放的经历，例如焦虑和精神压力使月经周期改变等。学者们一直认为，中脑会释放一些调控垂体激素释放的物质。下丘脑-垂体-外周内分泌腺轴系的激素分泌是层层控制、相互制约，组合成一个严密的反馈系统，以此调节动物的生长和发育、性成熟和繁殖，以及新陈代谢等生命过程。

下丘脑能够释放三种促进垂体释放激素的蛋白质物质：一种是能使垂体释放的促肾上腺皮质激素（ACTH），另一种可使垂体释放促甲状腺激素（TSH），第三种可使垂体释放性腺激素（黄体化激素，LH 和卵泡刺激素，FSH）。他们把这些提取物统称为释放因子（RF）或称为释放激素(RH),如释放 TSH 的提取物称为 TSH－RF 或 TRF。

吉耶曼和沙利各自的研究小组从 20 世纪 50 年代开始,从半吨的绵羊和猪的脑中提取出丘脑下部的一些蛋白质化合物[5],直到 1969 年他们才提取了 1 mg 蛋白质物质,这些化合物可以使脑垂体释放垂体激素。后来证明是甲状腺释放激素(TSH－RF, TRF),几个月后,鉴定了它的结构:它只不过是一个由三个氨基酸(谷氨酸—组氨酸—脯氨酸—羟基)组成的小肽,并且在同年完成了生物合成[6]。在以后的两年里,他们提纯、测序并合成了 LH－RH。

根据吉耶曼和沙利的研究思路,在下丘脑又发现很多其他释放因子,其中重要的如生长激素抑素(somastatin),大脑中的吗啡样物质内啡肽等。他们的成果为现代内分泌学和免疫学的丘脑-垂体轴方面的研究工作奠定了基础。

目前已阐明结构并人工合成的下丘脑激素有:促甲状腺激素释放激素、促性腺激素释放激素或促黄体生成激素释放激素、生长激素释放抑制素、促肾上腺皮质激素释放激素、生长激素释放激素,以及促黑激素释放因子和促黑激素释放抑制因子、生乳素释放因子及生乳素抑制因子等。

参考文献

[1] Berson SA, Yalow RS, Bauman A, et al. Insulin-^{131}I metabolism in human subjects: demonstration of insulin binding globulin in the circulation of insulin treated subjects [J]. J Clin Invest, 1956, 35(2): 170－190.

[2] Berson SA, Yalow RS. Ethanol fractionation of plasma and electrophoretic identification of insulin-binding antibody [J]. J Clin Invest, 1957, 36(5): 642－647.

[3] Berson SA, Yalow RS. Apparent inhibition of liver insulinase activity by serum and serum fractions containing insulin-binding antibody [J]. J Clin Invest, 1957, 36(5): 648－655.

[4] Berson SA, Yalow RS. Assay of plasma insulin in human subjects by immunological methods [J]. Nature, 1959, 184: 1648－1649.

[5] Guillemin R, Schally AV. Concentration of corticotropin releasing factor (CRF) in acid extracts of sheep hypothalamus by gel filtration and counter current distribution [J]. Tex Rep Biol Med, 1963, 21: 541－545.

[6] Amoss MS Jr, Guillemin R. Elevation of plasma LH concentrations induced by LH-releasing factor as measured by radioimmunoassay in the sheep [J]. Endocrinology, 1969, 84(6): 1517－1520.

§2.4 主要组织相容性复合体

20 世纪 50 年代,斯内尔(美,Snell GD, 1903—1996)发现了组织

相容性;多塞(法,Dausset J, 1916—　)在人体内发现了主要组织相容性复合体(MHC),即人体 MHC,通常称为白细胞抗原(human leukocyte antigen, HLA);贝纳塞拉夫(美、委内瑞拉,Benacerraf B, 1920—　)证明了 HLA 系统在免疫中的作用,发现对疾病的易感性系由遗传决定。这 3 位免疫学家因发现细胞表面免疫反应及其遗传决定结构而共同荣获 1980 年诺贝尔生理学或医学奖。

HLA 广布于各种组织有核细胞的表面,各种白细胞表面含量最多。这种 HLA 复合体在组织移植时起同种异型抗原的作用,从而决定组织移植是否成功。更重要的是,它在体内参与免疫细胞识别、调节免疫应答、诱导免疫细胞分化,并能与抗原结合,在抗原辨认中起重要作用。

HLA 是机体对疾病易感的主要遗传因素,具有某些 HLA 型别的人群,与自身免疫的发生密切相关：有 HLA B－27 者,极易患强直性关节炎;有 DR3B8 者,易患慢性活动性肝炎及重症肌无力;有 DR4 者,易患类风湿性关节炎等。在正常情况下不表达 HLA 的细胞,由于感染等因素的影响会发生异常表达,从而导致自身的免疫病。

斯内尔从 20 世纪 30 年代起,在进行十多年的鼠近亲交配研究之后,成功地创造第一个遗传性状高度相似、具有相同的基因组成、如同卵双胞胎样的老鼠品系。鼠癌细胞移植实验发现,移植的癌细胞可在品系内鼠中生长(组织相容)。交叉实验发现,移植的癌细胞只能在供者与受者具有某些共同的显性基因的前提下生长(组织不相容)。这些基因中,H－2 基因是排斥反应中的关键基因。斯内尔对 H－2 系统的分析奠基一门新科学的基础：移植免疫学与免疫遗传学[1,2]。

多塞发现输血时会产生白细胞抗体,而如果除去供血的白细胞,则不会发生反应。于是他对于这个现象进行了家族基因系统分析,也发现相似于斯内尔在鼠实验中的 H－2,称为白细胞抗原 HLA[3]。血型是人类血液乃至组织的特征之一,分为红细胞血型和白细胞血型两大类。阐明这一免疫学现象对医学实践有极大意义。

贝纳塞拉夫发现不同的鼠品系在对抗某些物质的免疫反应时存在很大的差异,这是由于位于 MHC 内的其他基因组的作用。这个基因称为免疫应答基因(Immune response gene, Ir gene),它们在免疫协同作用中影响不同细胞的免疫能力[4—6]。由于 MHC 和 HLA 的发现具有不可估量的医学意义,在组织配型和器官移植治疗中起绝对的关键作用。在贝纳塞拉夫组织的哈佛医学院“MHC 研讨会”里,各国有关研究工作者在那里比对他们的研究结果,交换实验试剂,统一有关术语,建立数据库等,于是学者们的研究成果很快就运用到临床上来,这的确堪称是一个很好的国际协作的典范。

MHC,即人白细胞抗原(HLA)基因组,位于6号染色体上,由4个不同的基因(A、B、C和D)调节,每个基因又有不同形式的变体:A起码有15个,B有29个,C有9个,D有12个。世界上,两个无关的人具有相同HLA的可能性小于10亿分之一,而同卵双胞胎常具有相同的HLA。

为什么在正常的机体里会存在MHC系统,并且这个系统在进化过程中被顽强地保留下来?看来并非只是为了排斥移植物。我们应该在以下两个方面寻找答案:MHC是机体免疫系统不同细胞之间合作的重要保障,同时只有MHC系统才能区分哪些细胞是机体应该保留的正常细胞,哪些是威胁机体,并应该予以清除的不正常细胞,例如病毒感染的、恶性转化的,甚至是正常生理衰老的细胞都要被MHC系统清除。MHC系统是一个具有高灵敏度的细胞膜监控系统,也是清除那些"非己"以及体内变成"非己"细胞的一个重要机制,移植物排斥反应只是一个副产品而已。

参考文献

[1] Snell GD, Higgins GF. Alleles at the histocompatibility-2 locus in the mouse as determined by tumor transplantation [J]. Genetics, 1951, 36(3): 306-310.

[2] Snell GD. The enhancing effect (or actively acquired tolerance) and the histocompatibility-2 locus in the mouse [J]. J Natl Cancer Inst, 1954, 15(3): 665-675; discussion, 677.

[3] Dausset J, Bracy H. Identical nature of the leucocyte antigens detectable in monozygotic twins by means of immune iso-leuco-agglutinins [J]. Nature, 1957, 180(4599): 1430.

[4] Benacerraf B, Gell PG. Studies on hypersensitivity. I. Delayed and Arthustype skin reactivity to protein conjugates in guinea pigs [J]. Immunology, 1959, 2(1): 53-63.

[5] Gell PG, Benacerraf B. Studies on hypersensitivity. II. Delayed hypersensitivity to denatured proteins in guinea pigs [J]. Immunology, 1959, 2(1): 64-70.

[6] Gell PG, Benacerraf B. Studies on hypersensitivity. III. The relation between delayed reactivity to the picryl group of conjugates and contact sensitivity [J]. Immunology, 1959, 2: 219-229.

§2.5 免疫网络学说、单克隆抗体与杂交瘤技术

1984年生理学或医学奖颁发给了巴塞尔研究所的耶纳(Jerne NK,1911—1994)、克勒(Këhler GJF,1927—2002)和英国MRC分子生物实验室的米尔斯坦(阿根廷,Milstein C, 1946—1995),表彰耶纳

对免疫学理论发展方面的贡献以及克勒和米尔斯坦首创小鼠 B 淋巴细胞杂交瘤技术，研制成功单克隆抗体。

2.5.1 免疫理论学家耶纳的免疫网络学说

耶纳是一位免疫理论学家，他在免疫学三大主要理论方面即免疫特异性、免疫应答的发育和调节都有建树。

1955 年，他提出有关抗体形成的自然选择学说[1]，主要论点是：每个个体都有具备相当数目的对特异性抗原反应的抗体，这些抗体在无抗原的胚胎发育时期就已发育成熟，是外界抗原选择了相对应的抗体，产生了抗原抗体结合，从而刺激免疫细胞产生相应的特异性抗体等生物因子。但是这个学说以抗原抗体化学分子为中心，忽视了抗原抗体结合后的免疫细胞克隆扩增，产生大量的后代细胞，合成大量相同的特异性抗体等生物因素。伯内特 1957 年提出的克隆选择学说补充修正了耶纳的自然选择学说。

1971 年他提出免疫识别的体细胞学说，解释了在胸腺发育的免疫细胞系统是如何影响宿主的移植抗原反应[2]。

1974 年，他提出免疫网络学说[3]。这个学说建立在抗体可以引发抗-抗体的产生，再引起抗-抗-抗体……产生的现象观察基础上。该学说认为，任何抗体分子或淋巴细胞的抗原受体上都存在着独特的抗原结合结构，它们可被机体内另一些淋巴细胞识别而刺激诱发产生抗-抗独特结构，以它们相互识别为基础，免疫系统内构成“网络”联系，在免疫调节中起重要作用。这样的抗体系列反应或是说免疫网络在正常情况下可以达到平衡，如果平衡被破坏，机体可能就会导致疾病，例如花粉过敏、自身免疫性疾病等。耶纳的网络学说强调了免疫系统是各个细胞克隆之间相互联系、相互制约构成的对立统一整体，这是免疫学中的一个重大突破，它对于免疫学理论研究以及在生物学和医学领域中的实际应用都具有重大意义。网络调控的概念是开拓疾病预防、诊断和治疗的开端。

2.5.2 克隆抗体与杂交瘤技术

骨髓瘤细胞可以在体外无限增殖，但不分泌抗体；经抗原免疫的脾细胞(含有大量的 B 细胞)能够产生抗体，但不能在体外无限增殖；杂交瘤细胞是这两种细胞的融合，它既具有骨髓瘤细胞能够大量无限增殖的特性，又具有免疫 B 细胞合成和分泌抗体的能力。由一个 B 细胞克隆产生的同源抗体称为单克隆抗体(monoclonal antibody, mAb)。单克隆抗体结构高度均一，具有高纯度、特异性强、效价高等特点，已经广泛应用于生命科学的各个领域。

1974 年，克勒从德国弗里堡大学毕业，获得生物学博士学位。他的博士论文是在瑞士巴塞尔免疫研究所完成的。1974—1976 年他受欧洲分子生物学组织的资助，在 MRC 分子生物学实验室米尔斯坦的免疫生物学部作博士后研究。1975 年米尔斯坦和克勒建立第一个产生抗绵羊红细胞的单克隆抗体杂交瘤[4]。第一次实验成功以后，他们又连续失败了二十四次，才掌握所有必要的条件，重复出原来实验的结果[5]。他们证实这个杂交瘤细胞抗体特性的方法就是耶纳在 50 年代发明的溶血斑实验(plaque forming assay)，现在溶血斑实验仍然是免疫学研究里一项重要的方法[6]。

米尔斯坦从医学院毕业后，于 1958 年离开阿根廷来到剑桥大学生物化学系。刚刚步入生物学界时，曾获得桑格(Sanger F, 1958、1980 年两度化学奖得主)的赏识，并在其指导下进行肽链和免疫球蛋白氨基酸序列的研究工作，受益匪浅。在桑格建议之下，米尔斯坦从酶学研究转向免疫学研究，并且在 MRC 分子生物学实验室建立了免疫生物学部。

杂交瘤技术没有申请专利，这一方面是英国 MRC 的规定，研究者个人无权申请专利；另一方面，米尔斯坦认为一项理念或技术的突破，包括了许多学者的理论和技术的支持，是不可以去申请专利的。

参考文献

[1] Jerne NK. The natural-selection theory of antibody formation [J]. Proc Natl Acad Sci U S A, 1955, 41(11): 849-857.

[2] Jerne NK. The somatic generation of immune recognition [J]. Eur J Immunol, 1971, 1(1): 1-9.

[3] Jerne NK. Towards a network theory of the immune system [J]. Ann Immunol (Paris), 1974, 125C (1-2): 373-389.

[4] Kohler G, Milstein C. Continuous cultures of fused cells secreting antibody of predefined specificity [J]. Nature, 1975, 256(5517): 495-497.

[5] Kohler G, Milstein C. Derivation of specific antibody-producing tissue culture and tumor lines by cell fusion [J]. Eur J Immunol, 1976, 6(7): 511-519.

[6] Jerne NK. Plaque forming cells: methodology and theory [J]. Transplant Rev, 1974, 18: 130-191.

§2.6 抗体多样性的分子基础

抗体的结构是由基因决定的。据估计，我们体内大约只有不到 1 000个左右的基因(占基因总数约 3%)与生产免疫球蛋白的控制有关，那么，仅有的这些基因是如何制造千万个免疫球蛋白不同抗体，以对抗各种各样的致病性抗原？多年以来，免疫学家都在努力探索这个问题，始终没能得到解决。正如哈佛大学医学院的免疫学家莱德(Leder P)解释的：“人类基因组只含有约 3 万个基因，以有限的基因去生产无限的不同抗体，这种自相矛盾的理论已经成为二十多年来免疫学家百思不解的难题。”[1]

1976 年，利根川进(日，Tonegawa S，1939—)在《美国科学院学报》发表的一篇论文“编码免疫球蛋白 V 区和 C 区基因重排的证据”，结合免疫学与分子生物学两个不同领域的研究成果揭示出，抗体的遗传密码在染色体上可随机移动、重排，重排后形成不同基因节段组成的功能基因，正是此种随机移动、重排，才能使 1 000 个左右基因产生无限的不同抗体[2]。诺贝尔委员会认为该篇论文极具说服力及突破性进展，因此授予利根川进 1987 年生理学或医学奖。

20 世纪 70 年代中期，利根川进在瑞士巴塞尔研究所进行实验，比较胚胎鼠细胞及成年鼠细胞，研究细胞如何制造抗体以及抗体蛋白链的基因密码排列情况，发现当细胞在进行分化时，基因被打乱重排，致使染色体上某些基因聚在一起，形成不同基因节段组成的功能基因，编码不同氨基酸序列的蛋白质，从而产生各种各样特异性抗体[3]。

前文已经述及，人类抗体的化学结构是由四条蛋白质链组成，呈 Y 型结构，其中有两条是重链，另两条是轻链，此 Y 型结构的上端分岔处是高度变化的区域(V 区)，表明了抗体的特殊性；V 区是由两条重链(V_H)和两条轻链(V_L)组成；V 区能识别并特异性结合抗原，发挥免疫效应。重链的可变部分是由三个称为 V、D、J 的基因决定的，而轻链则只有 V 和 J 两个基因，人大约有 20 个不同的 V 基因、20 个不同的 D 基因及 4 个 J 基因。利根川进发现，在哺乳类发育期间，每一种类的不同基因会随机组合而聚在一起，因此就会产生数千个不同的可变异区域。由于每个抗体具有四个可变异区域，而基因本身又是按照随机的方式遗传，因此抗体具有上亿种变异的可能。

利根川进使用基因工程方法探讨抗体的遗传基因，不仅解决了不同抗体分子是如何形成的难题，也阐明了生命中遗传基因的形成是随着生物个体的成熟而产生巨大的变动的。

利根川进是第一个获得生理学或医学奖的日本人，但是他的工作是在美国打下基础，主要的研究内容是在瑞士巴塞尔研究所完成的。他本人也曾表示，如果他是在日本国内工作，就不可能得奖。他是近

50 年来六项单独一人获生理学或医学奖科学家的第三个人。

参考文献

[1] Leder P. The genetics of antibody diversity [J]. Sci Am, 1982, 246(5): 102 - 115.

[2] Tonegawa S. Reiteration frequency of immunoglobulin light chain genes: further evidence for somatic generation of antibody diversity [J]. Proc Natl Acad Sci U S A, 1976, 73(1): 203 - 207.

[3] Tonegawa S. Evidence for somatic generation of antibody diversity [J]. Proc Natl Acad Sci U S A, 1974, 71(10): 4027 - 4031.

§2.7　免疫移植

1990 年生理学或医学奖授予给了默里(美,Murray JE, 1919—　)和托马斯(美,Thomas ED,1920—　),因为他们在进行细胞和器官移植疗法中作出了重大贡献。

器官移植的概念可以追溯到古代,人们曾经做过无数次尝试,但都未获得成功。直到 20 世纪初,1912 年生理学或医学奖获得者卡雷尔(Carrel A,1873—1944)指出因为存在一种“生物力量”对抗移植的器官,从而导致移植的失败。到了 40 年代,梅达沃(Medawar P, 1960 年生理学或医学奖得主)指出,这种生物力量是不可抗拒的,它始终制约着器官移植的发展。但是大多数学者并没有接受这种观点,他们积极地寻找卡雷尔所说的“生物力量”。直到 60 年代,人们才发现这是因为人体内存在一种白细胞抗原(HLA),这种抗原可以识别移植物,并将其视为“异己成分”进行排斥,从而导致“移植体抗宿主反应”(graft versus host, GVH),严重者引起“移植体抗宿主反应性疾病”(graft versus host disease, GVHD),甚至导致移植失败、移植器官的死亡。因此人们的研究方向又转向如何去减弱并控制这种反应。默里发现全身照射或细胞毒素药物可抑制这种反应,并且发明了一种细胞毒素药物硝基咪唑硫嘌呤(azathioprine)。

1954 年,默里首次成功地在双胞胎之间移植了肾脏[1]。1961 年,默里与英国剑桥大学的卡尔尼(Calne R)合作,发现了硝基咪唑硫嘌呤是一种免疫抑制药物,用于肾脏移植病例[2],克服了移植排斥的重大障碍,使肾脏移植在 1960—1980 年间成为全世界各医学中心用来治疗肾衰竭或尿毒症病人的重要医疗措施。之后他又从死人体内取出新鲜肾脏,有效地用于治疗肾功能衰竭的病人。在这以后,器官移植的领域又扩展到肝脏、胰腺以及心脏。

骨髓移植更为复杂困难。因为在骨髓移植中,输入的骨髓细胞内存在着捐赠者的免疫细胞,一旦移植成功,除了器官移植所发生的宿主对移植物排斥外,植入的免疫细胞亦会发挥功能,反而攻击宿主,而导致一种严重的移植物抗宿主疾病(GVHD),引起严重的皮肤及肠胃等器官的破坏。

20 世纪 50 年代起,托马斯以药物或辐射破坏狗的骨髓及免疫系统,用狗进行骨髓的移植试验,他们也开始尝试进行人体试验。在 1968 年以前,所进行的近 200 例骨髓移植中,只有 3 例存活,而这 3 例皆是在 HLA 配型完全配合的兄弟间进行的移植。因此托马斯得出一个结论,除非捐赠者与病人的 HLA 配型完全配合,否则骨髓移植很难成功,病人主要死于 GVHD[3,4]。所以,骨髓移植的要求比肾移植更严格,捐赠者的选择往往只限于 HLA 配型完全配合的兄弟姊妹。除了对捐赠者的 HLA 配合选择外,托马斯还首次以一种细胞毒素药物氨甲碟呤(methotrexate)来抑制免疫攻击所引起的 GVHD,效果显著[5]。以后类固醇的使用以及近年来一种特异性作用于淋巴细胞的强效免疫抑制剂环孢菌素(cyclosporin A)的应用,使 GVHD 的控制更加理想,而骨髓移植的成功率也大为改善。

骨髓移植早期应用于再生不良性贫血及急性白血病患者的治疗,这些病人在骨髓移植技术发展以前可说是存活机会渺茫,骨髓移植术目前已可拯救大部分的这类病人。

长久以来,生理学或医学奖总是颁给基础医学的研究者,而非临床医师。默里和托马斯分别代表临床移植医学两个大分支的开创、奠基及实际工作者。一般而言,临床医学比较倾向于应用科学,其创造性及影响层面比不上基础科学的成就。然而,移植医学的发展,除了为人类疾病的治疗开启了一条崭新的途径外,也开启了免疫学很重要的一页。

参考文献

[1] Harrison JH, Merrill JP, Murray JE. Renal homotransplantation in identical twins [J]. Surg Forum, 6: 432-436.

[2] Calne RY, Alexander GP, Murray JE. A study of the effects of drugs in prolonging survival of homologous renal transplants in dogs [J]. Ann N Y Acad Sci, 1962, 99: 743-761.

[3] Epstein RB, Storb R, Clift RA, et al. Autologous bone marrow grafts in dogs treated with lethal doses of cyclophosphamide [J]. Cancer Res, 1969, 29(5): 1072-1075.

[4] Thomas ED, Storb R, Epstein RB, et al. Symposium on bone marrow transplantation:

experimental aspects in canines [J]. Transplant Proc, 1969, 1(1): 31 - 33.
[5] Blumenstock DA, Collins JA, Thomas ED, et al. Homotransplantation of the lung in dogs treated with methotrexate [J]. Surg Forum, 1961, 12: 121 - 122.

§2.8 组织相容抗原与T细胞作用机制

1996年诺贝尔奖生理学或医学奖,由澳大利亚的多尔蒂(Doherty PC,1940—)和瑞士的津克耐格尔(Zinkernagel RM, 1944—)两位免疫学者共同获得,以表彰他们在20年前的一项重大免疫学研究成果,即发现组织相容抗原及细胞介导免疫的保护功能。

1957年,发现切除鸡的充满淋巴细胞的腔上囊则导致抗体产生缺陷,这类淋巴细胞称为B细胞。1961年,发现小鼠新生期切除胸腺将导致严重的细胞免疫缺陷,这类依赖于胸腺生长的淋巴细胞称为T淋巴细胞。免疫系统由各种不同的细胞和蛋白质所组成。但是当有外来感染时,真正可以辨识病原体的只有B淋巴细胞及T淋巴细胞(B细胞及T细胞)。B细胞的表面有抗体,而且B细胞在接受刺激后可以分泌抗体,抗体直接结合在病原体上,因而中和其各种伤害作用。T细胞则可再分为辅助型T细胞及细胞毒性T细胞。辅助型T细胞帮助B细胞产生抗体,而细胞毒性T细胞则把被感染的细胞杀死。因此我们身体有两套防御系统,对于在细胞外(如血液中)的病原体,可由抗体直接对抗,而对于躲在细胞内的病原体,则由细胞毒性T细胞杀死其所寄存的细胞,使病原体无法生存及繁殖。

到20世纪70年代初期,免疫学家已经知道具有保护能力的淋巴细胞可分为T细胞和B细胞,其中B细胞产生抗体、识别抗原及消灭病毒细菌功能已清楚,但是T细胞如何辨认被感染的细胞并加以清除消灭的问题尚未得出结论。当时组织器官移植的研究显示,排斥现象是由于T细胞和移植器官的主要组织相容(MHC)抗原作用而造成,对于组织相容抗原的正常功能却不清楚,并没有意识到组织抗原是免疫系统对抗外来感染的枢纽。

多尔蒂和津克耐格尔当时研究发现,小鼠在感染病毒后会产生细胞毒性T细胞来毒杀受病毒感染的细胞。他们以一种病毒感染带有不同型的组织抗原、不同品系的纯种鼠。单次病毒感染并不会使老鼠致死,而所引起的免疫反应,也使其淋巴器官(如脾脏)累积了不少细胞毒性T细胞。他们的第二个实验是这样进行的:取出单次病毒感染的脾脏细胞,加入被病毒感染的细胞(称作靶细胞),在培养皿中测试毒性T细胞的识别,如果靶细胞被杀死,即代表毒性T细胞可以识别靶细胞。实验结果是，只有在这些细胞被病毒感染时，才会被具有相同组织抗原的毒性 T 细胞杀死。这与已知免疫系统的功用完全吻合，免疫细胞只攻击病毒感染的细胞，而不会影响正常细胞。而实验出乎他们意料的部分是，毒性 T 细胞不能杀死具有不同组织抗原的被病毒感染的靶细胞。T 细胞在识别外来抗原时，很明显地受限于自己的组织抗原[1,2]。这样的结果，在他们以多种不同纯种老鼠及多种不同的细胞实验中得到完全确认。因此他们提出一个模型，指出 T 细胞的识别病毒需要双重承认，一个是自己细胞上的组织抗原，另一个是外来病毒抗原。单独的组织抗原，或是单独的病毒抗原，不会引起 T 细胞反应。如果病毒与不是自身的组织抗原同时出现，也不会被 T 细胞识别。多尔蒂和津克耐格尔的实验和模型分别发表在 1974 年 4 月及 10 月的英国《自然》杂志[3,4]。他们发现细胞毒性 T 细胞只会毒杀表现相同组织相容抗原的感染细胞，换言之，两种细胞之间的作用具有组织相容抗原限制性。这项看似简单的实验设计，所获得的结果却为免疫学开创了新的篇章。

这项研究使我们深入了解传染病免疫机理，并可用于疫苗的开发，同样也可用于指导开发癌症疫苗。此外对于自体免疫疾病，例如类风湿性关节炎、糖尿病等，也提供了较明确的探究方向。

参考文献

[1] Doherty PC, Zinkernagel RM, Ramshaw IA. Specificity and development of cytotoxic thymus derived lymphocytes in lymphocytic choriomeningitis [J]. J Immunol, 1974, 112(4): 1548 - 1552.

[2] Zinkernagel RM, Doherty PC. Cytotoxic thymus-derived lymphocytes in cerebrospinal fluid of mice with lymphocytic choriomeningitis [J]. J Exp Med, 1973, 138(5): 1266 - 1269. No abstract available.

[3] Zinkernagel RM, Doherty PC. Restriction of in vitro T cell-mediated cytotoxicity in lymphocytic choriomeningitis within a syngeneic or semiallogeneic system [J]. Nature, 1974, 248(450): 701 - 702.

[4] Zinkernagel RM, Doherty PC. Immunological surveillance against altered self components by sentitised T lymphocytes in lymphocytic chronomeningitis [J]. Nature, 1974, 251(5475): 547 - 548.

第 3 章　细胞生物学、细胞信号转导

§3.1　第二信使——激素作用机制

美国科学家萨瑟兰(Sutherland Jr E W, 1915—1974)因发现环腺苷酸(cAMP),建立第二信使学说,开创了细胞调控的分子医学,而获得 1971 年生理学或医学奖。这一发现扩展了人类的视野,使人们了解到,除了细胞外的刺激(如激素、药物和毒物等)作用于细胞外,又叫第一信使(first messengers),细胞表面受体接受细胞外信号后转换而来的细胞内信号称为第二信使(cAMP 和 Ca^{2+}),细胞内第二信使 cAMP 通过蛋白激酶控制细胞的代谢过程。

自从 20 世纪初陆续发现各种激素及其作用以来,学者们开始研究其作用机制,了解到激素分为甾体激素和蛋白质激素,前者可以直接通过细胞质膜脂双层进入细胞,与膜内或细胞核内相应受体结合,调控基因活动;而蛋白质激素要经过细胞上的受体识别,然后两者结合,激活受体膜内的结构,才能产生生物学效应。50 年代末,萨瑟兰在研究肾上腺素对肝和肌肉细胞糖原形成与分解的作用时,发现激素作用的中介物质 cAMP,是它将结合在膜上的肾上腺素的信号转化为细胞内的传导,因而被称为“第二信使”[1];接着又确定了 cAMP 是在细胞质膜的内表面形成及其机制:激素被细胞质膜受体识别并结合后,激活膜内的腺苷酸环化酶,cAMP 是在细胞质膜内腺苷酸环化酶的作用下,由腺苷三磷酸(ATP)转化而来[2—4]。1965 年,萨瑟兰报告了大肠杆菌的细胞质膜上也存在 cAMP[5]。

第二信使都是小的分子或离子。细胞内至少有 5 种最重要的第二信使:cAMP、cGMP、1,2-二酰甘油(diacylglycerol,DAG)、1,4,5-三磷酸肌醇(inosositol 1,4,5-trisphosphate,IP3)、Ca^{2+} 等在细胞信号转导中具有重要的作用,它们能激活级联反应中酶蛋白和非酶蛋白的活性。第二信使在细胞内的浓度受第一信使的调节,它可以瞬间升高,且能快速降低,并由此调节细胞内代谢系统的酶活性,控制细胞的生命活动,包括葡萄糖的摄取和利用、脂肪的储存和移动,以及细胞产物的分泌。第二信使也控制着细胞的增殖、分化和生存,并参与基因转

录的调节。

第二信使学说得到普遍承认后，细胞生物学开展了蓬勃的细胞信号转导研究工作，并取得了丰硕的成果。

参考文献

[1] Berthet J, Sutherland EW, Rall TW. The assay of glucagon and epinephrine with use of liver homogenates [J]. J Biol Chem, 1957, 229(1): 351 - 361.

[2] Sutherland EW, Rall TW. Formation of a cyclic adenine ribonucleotide by tissue particles [J]. J Biol Chem, 1958, 232(2): 1065 - 1076.

[3] Sutherland EW, Rall TW. Formation of adenosine-3-5-phosphate (cyclic adenylate) and its relation to the action of several neurohormones or hormones [J]. Acta Endocrinol Suppl (Copenh), 1960, 34: 171 - 174.

[4] Butcher RW, Sutherland EW. Adenosine 3′-5′-phosphate in biological materials. I. Purification and properties of cyclic 3′-5′-nucleotide phosphodiesterase and use of this enzyme to characterize adenosine 3′-5′-phosphate in human urine [J]. J Biol Chem, 1962, 237: 1244 -1250.

[5] Makman RS, Sutherland EW. Adenosine 3′-5′-phosphate in Escherichia coli [J]. J Biol Chem, 1965, 240: 1309 - 1314.

§3.2 亚细胞结构及功能的研究

1974 年诺贝尔生理学或医学奖授予纽约洛克菲勒大学的克劳德(比利时，Claude A，1899—1983)、纽约洛克菲勒大学的德迪韦(比利时，De Duve Ch，1917—　)和美国耶鲁大学医学院帕拉德(Palade GE，1912—　)，以表彰他们发现了亚细胞结构以及各结构的功能。

洛克菲勒医学研究所(后来的洛克菲勒大学医学院)的克劳德在 20 世纪 30 年代用了 5 年时间研究劳斯鸡肉瘤的组成。40 年代，他偶然发现试管底部沉淀有细胞粗提物的嗜碱性成分，也就是微粒体。在以后的 10 年里，他改进和发展了差速离心法对细胞成分进行分离，并对许多亚细胞成分进行研究。他利用自己发明的方法分离出了线粒体、微粒体、小泡体、核糖体等，并且进一步查明了线粒体具有细胞内“能量源工厂”的功能、核糖体是蛋白质合成的场所等细胞内各类微粒子的生理功能及其机制。他得出结论，绝大多数的细胞色素氧化酶、琥珀酸氧化酶和细胞色素 c 这三种呼吸系统负责氧的摄取的重要成员，都分布在线粒体之中。他把线粒体称为“细胞的真正的能源工厂”[1]，并第一次使用电子显微镜研究细胞器。

帕拉德 1947 年进入洛克菲勒医学研究所后，进一步对差速离心和电子显微镜的方法学进行了重要的改进，特别是他将两种技术方法结合起来用于获取更重要的基本生物信息。他和他的同事仔细研究了亚细胞结构内质网的结构与形态，说明内质网是一个塌陷的、多次折叠的口袋，占据了细胞质的绝大部分空间。帕拉德发现并且描述了细胞内的微小颗粒组分(现在称为核糖体)，这些颗粒附着在内质网膜上，是细胞内蛋白质合成的场所。通过一系列精巧设计的实验，他和他的同事证实了分泌性细胞的分泌颗粒蛋白质就是核糖体生产出来的，然后进入内质网膜内，并通过特殊的细胞器高尔基体(以 1906 年生理学或医学奖得主 Golgi C 命名)改变形态以适于分泌[2,3]。

德迪夫是一名生物化学家，他使用差速离心分析按照克劳德实验程序所得出来的如上所述的线粒体、微粒体、小泡体和核糖体四个部分及其酶的存在和分布，发现某些酶不属于已知的任何一种细胞组分，其沉降颗粒也很特殊，是细胞的第五种组分。这是一种可以损伤细胞的酶，于是德迪夫推测这种酶颗粒在细胞内一定是被限制在一种包膜内。不久后，德迪夫借助电子显微镜就鉴定出这种细胞组分，称为溶酶体。溶酶体具有吞噬细菌和衰老、损伤细胞的功能[4,5]。德迪夫还发现了其他细胞组分——酯酶[6]和一些氧化酶等。

参考文献

[1] Claude A. Cell morphology and the organization of enzymatic systems in cytoplasm [J]. Proc R Soc Lond B Biol Sci, 1954, 142(907): 177 - 186.

[2] Palade GE, Porter KR. Studies on the endoplasmic reticulum. I. Its identification in cells in situ [J]. J Exp Med, 1954, 100(6): 641 - 656.

[3] Palade GE. The endoplasmic reticulum [J]. J Biophys Biochem Cytol, 1956, 2: 85 - 98.

[4] Duve C, et al. Tissue fractionation studies. VIII. Cellular localization of bound enzymes [J]. Biochem J, 1956, 63(4): 608 - 612. Tissue fractionation studies.

[5] Duve C, et al. Tissue fractionation studies. VII. Release of bound hydrolases by means of triton X-100 [J]. Biochem J, 1956, 63(4): 606 - 608.

[6] Beaufay H, De Duve C, Holt SJ, et al. Intracellular localization of esterase in rat liver [J]. J Biophys Biochem Cytol, 1956, 2(5): 635 - 637.

§3.3 前列腺素的发现及其生物学作用

伯格斯特龙(瑞典，Bergström SK，1916—2004)、文(英，Vane JR，1927—2004)和萨米尔松(瑞典，Samuelsson BI，1934—)由于在前列腺素方面的研究工作而获 1982 年生理学或医学奖。

20 世纪 30 年代，两位美国妇产科医生发现人新鲜精液中的一种未知物质能引起子宫肌肉的收缩，随后又发现精液注射到动物身上还有降低血压的效果。1935 年，奥伊勒（瑞典，Ulf von Euler，1905—1983，因研究交感神经传导物质，获 1970 年生理学或医学奖）初步鉴定那些有生理活性的物质属于脂溶性的有机酸，命名为前列腺素。前列腺素是一类具有广泛生理活性的激素，它们都是含有 20 个碳的不同不饱和脂肪酸化合物。前列腺素是由精囊而不是前列腺分泌的，但是这个名字早已为大家接受。

20 世纪 50 年代，伯格斯特龙的研究小组利用刚刚出现的新技术如气相色谱、质谱等，首先确定了前列腺素中两种成分的结构[1]。以后，又分离出一些前列腺素家族其他成分，同时与萨米尔松一起证实，前列腺素是非饱和脂肪酸经过氧化作用生成[2]。其中研究比较清楚的是花生四烯酸所衍生的系列。花生四烯酸是动物细胞质膜上的重要组成成分之一，但是人体无法自行合成，必须依赖外界供给，是一种必需脂肪酸。花生四烯酸是植物油中的亚麻油酸的代谢产物，平时保存在细胞质膜的磷脂中，需要时，细胞质膜上的磷脂水解酶就会把花生四烯酸释放出来，作为生成各种前列腺素的原料。因此，前列腺素在体内的作用是否正常，与日常饮食摄取脂肪的种类与数量有密切的关系。

文在 1967 年开发出一套灵敏的测试方法，称为表面灌流法，即把待测物质直接灌流到胃壁肌肉条上，记录肌肉收缩的情形，以使科学家追踪前列腺素在体内的来龙去脉[3]。这是文对前列腺素研究所作出的一个重要贡献。以后，文在患过敏症的兔子肺部分离出一些物质，能引起动脉的收缩，而阿司匹林却能抑制这种因过敏反应所释放出的物质。随后文又发现，阿司匹林和一些其他消炎物质在体内会抑制前列腺素的合成。文这一发现首次为阿司匹林的作用提供了一个理论基础，而且对人体发热、痛觉的作用机制提供了一个有力的探讨工具。现在，我们知道阿司匹林能抑制花生四烯酸环氧化酶的活性，会影响到大部分前列腺素的合成。萨米尔松进一步分离能引起动脉收缩和会使血小板凝集兔的“动脉收缩物质”，获得前列腺素 H 与血栓烷（thromboxane）的混合物。1976 年，文的研究小组发现，前列腺素 H 在血管壁上会被转变成另一种前列腺素，具有抗凝血作用，被命名为前列环素（prostacyclin）。

前列腺素因涉及的细胞功能太多，而且对各种生理系统，如生殖、心血管、呼吸、消化和神经系统都有影响，一般不太容易发生失调而导致疾病，这也许足以说明前列腺素对维持身体正常生理功能的重要性。

参考文献

[1] Bergstrom S, Eliasson R, von Euler U, et al. Some biological effects of two crystalline prostaglandin factors [J]. Acta Physiol Scand, 1959, 45: 133 - 144.

[2] Bergstrom S, Samuelson B. Isolation of prostaglandin E1 from human seminal plasma. Prostaglandins and related factors [J]. 11. J Biol Chem, 1962, 237: 3005 - 3006.

[3] Ferreira SH, Vane JR. Prostaglandins: their disappearance from and release into the circulation [J]. Nature, 1967, 216(5118): 868 - 873.

§3.4 胆固醇的代谢调控

3.4.1 胆固醇和脂肪酸的代谢研究

胆固醇的研究应追溯到维兰德(德,Wieland HO,1927 年化学奖得主)和温道斯(德,Windaus A,1928 年化学奖得主)的有关工作,前者仔细研究了胆酸及其有关物质的结构,后者确定了甾体类 B 族维生素结构之间的转换关系。

脂质主要分为两大类。脂肪(主要是甘油三酯)是人体内含量最多的脂质,是体内的一种主要能量来源;另一类叫类脂,是生物膜的基本成分,约占体重的 5%,除包括磷脂、糖脂外,还有很重要的一种叫胆固醇。胆固醇又称胆甾醇,一种环戊烷多氢菲的衍生物。早在 18 世纪人们已从胆石中发现了胆固醇,1816 年化学家本歇尔将这种具有脂质性质的物质命名为胆固醇。胆固醇广泛存在于动物体内,尤以脑及神经组织中最为丰富,在肾、脾、皮肤、肝和胆汁中含量也很高。其溶解性与脂肪类似,不溶于水,易溶于乙醚、氯仿等溶剂。胆固醇是机体内主要的固醇物质,是细胞质膜的重要组分,也是类固醇激素、维生素 D 和胆汁酸的前体。胆固醇虽然是我们身体重要的组成材料,但如水平过高,也是动脉硬化的主要原因。

1964 年生理学或医学奖授予布洛赫(美, Bloch KE,1912—2000)和吕南(德,Lynen F,1911—1979),表彰他们利用氢和碳的稳定性同位素及其他放射性同位素在活的生物体内作为示踪物,发现胆固醇和脂肪酸代谢调节机制。这个调节机制的发现使人们能够详细了解到,人体内的胆固醇和脂肪酸是如何由很多步骤组成的一系列化学反应合成并进行代谢的。例如,由乙酸形成胆固醇的过程需要经过约 30 个不同的反应步骤才能完成。

在很多情况下,正是由于脂质形成和代谢的复杂机制发生了混乱,才会导致一些最严重的疾病(尤其是心血管疾病)。脂质代谢机制对从理论和机制上研究这些医学问题是必不可少的。

布洛赫和吕南开始他们的科学生涯时，赫维西(1943 年化学奖得主)已发现同位素可用在活的生物体内作为示踪物。当时已经开始使用氢和碳的稳定性同位素，以后使用的放射性同位素不断增加，哥伦比亚大学的一个小组首先广泛地使用了这些同位素(布洛赫在这个小组内起着重要作用)。这个小组利用同位素标记化合物从事的研究为我们获得活细胞动态的一般知识奠定了基础。

吕南在维兰德实验室工作时期，发现乙酸就是胆固醇和脂肪酸合成的基本构件，它是人体内所有脂质的前体，而且也是参与很多代谢过程的共同物质[1]。布洛赫则巧妙地应用同位素技术证明，以乙酸的两个碳原子逐步合成具有 30 个碳原子的角鲨烯，经过环化，成为类固醇羊毛甾醇。接着，这种羊毛甾醇再经过一系列复杂的反应，转变成具有 27 个碳原子的胆固醇[2,3]。

吕南还作出另两项有助于我们了解细胞代谢机制的重大发现：维生素作用机制的解释和细胞氯高铁血红蛋白结构的确定。布洛赫另一项重大的发现是证明胆固醇是胆酸和一种雌激素的前体。

这些发现开创了一个新的研究领域，吸引着许多不同学科的科学家参加。我们现在知道人体内所有天然的类固醇物质，都是由胆固醇形成的。

3.4.2　胆固醇代谢调控

1985 年生理学或医学奖，颁给了美国德州大学达拉斯校区西南医学中心分子遗传系的布朗(美，Brown MS，1941—　)及戈尔茨坦(美，Goldstein JL，1940—　)，以表彰他们“胆固醇代谢调控”研究方面的重大贡献。

1973 年，布朗和戈尔茨坦在培养人纤维母细胞的培养液中加入脂蛋白，作为细胞制造细胞质膜等用途的胆固醇来源，结果发现，细胞仅选择性地使用了一类特别的脂蛋白[4,5]。进一步利用放射性同位素并使用电子显微镜技术捕捉这个过程的重要阶段，他们终于了解培养细胞所利用的脂蛋白是所谓的“低密度脂蛋白”(low density lipoproteins，LDL)。细胞质膜表面有能识别 LDL 的受体。LDL 和受体结合后可经细胞的内吞作用穿过细胞质膜而进入细胞内，然后 LDL 被蛋白酶和脂酶分解而释出胆固醇，以供细胞所需。内源性胆固醇主要在肝、小肠合成，由 LDL 带入胆固醇的量与细胞内自行合成胆固醇的量互为消长，达到调控平衡。正常情况下，大部分的细胞主要利用外源性胆固醇来满足需求，胆固醇合成酶的活性呈压抑状，如

LDL 摄入较少，就不会发生胆固醇在血管内壁的堆积，从而引起心脏血管病变的概率也会减少。

他们详细研究了 LDL 及其受体的特性，并迅速引入基因工程及杂交瘤等生物技术，制备了 LDL 受体蛋白的单克隆抗体，描述了一种称为家族性高胆固醇症患者的各种基因异常形态[6,7]。他们对 LDL 受体的研究，为预防、诊断及治疗因胆固醇堆积所造成的心脏血管疾病开辟了新途径，而这类疾病正是现代文明社会人类生命与健康的最大威胁。

受体的研究已有一段不短的历史，在 LDL 受体研究之前，例如胰岛素以及固醇类激素受体的研究均有相当的进展，但能够横跨新陈代谢、生物化学、细胞生理和遗传学及分子生物学各学科，对 LDL 受体在胆固醇新陈代谢调控中的作用深入研究，当推布朗与戈尔茨坦这二位杰出的科学家，他们的成就对心血管疾病的预防、诊断和治疗产生了史无前例的深远影响。

参考文献

[1] Lynen F. Lipide metabolism [J]. Annu Rev Biochem, 1955, 24: 653 - 688.

[2] Langdon RG, Bloch K. The utilization of squalene in the biosynthesis of cholesterol [J]. J Biol Chem, 1953, 200(1): 135 - 144.

[3] Bloch K. Utilization of branched chain acids in cholesterol synthesis [J]. J Biol Chem, 1954, 211(2): 687 - 699.

[4] Brown MS, Donna SE, Goldstein JL. Regulation of 3-hydroxy-3-methylglutaryl coenzyme A reductase activity in human fibroblasts by lipoproteins [J]. Proc Natl Acad Sci U S A, 1973, 70(7): 2162 - 2166.

[5] Goldstein JL, Brown MS. Familial hypercholesterolemia: identification of a defect in the regulation of 3-hydroxy-3-methylglutaryl coenzyme A reductase activity associated with overproduction of cholesterol [J]. Proc Natl Acad Sci U S A, 1973, 70(10): 2804 - 2808.

[6] Goldstein JL, Brown MS. Binding and degradation of low density lipoproteins by cultured human fibroblasts. Comparison of cells from a normal subject and from a patient with homozygous familial hypercholesterolemia [J]. J Biol Chem, 1974, 249(16): 5153 - 5162.

[7] Bersot TP, Marhly RW, Brown MS, et al. Interaction of swine lipoproteins with the low density lipoprotein receptor in human fibroblasts [J]. J Biol Chem, 1976, 251(8): 2395 - 2398.

§3.5 神经与上皮生长因子的发现

1986 年度生理学或医学奖，授予了美国科学家科恩(Cohen S, 1922—　)和蒙塔尔奇尼(Montalcini RL, 1909—　)，表彰他们在发现和研究神经生长因子(NGF)、上皮生长因子(EGF)方面所作出的杰出贡献。这项重大发现,揭示了生长因子是创伤愈合和组织修复过程中不可或缺的因素。

1949年,蒙塔尔奇尼发现肿瘤组织诱导内在器官的神经分布,她认为移植的组织释放了一种可扩散的物质(因子),刺激神经细胞的生长与分化。她将鸡胚的感觉神经节放在肿瘤提出液中培养,结果发现可扩散因子能够直接促进神经细胞大量生长,并具有剂量依赖关系[1,2]。

在20世纪50年代早期,生化学家科恩加入蒙塔尔奇尼的研究小组,研究神经生长因子的化学成分究竟是蛋白质,还是核酸,他用蛇毒来破坏肿瘤提出液后,再进行体外实验培养鸡胚细胞。结果,他观察到用蛇毒处理过的培养液能产生更多的神经细胞,比起他们用肿瘤提取液还多。这一现象让科恩联想到蛇毒内也可能存在神经生长因子。因此他作了一个天才式的类比,既然蛇有蛇毒腺,那么老鼠的唾液腺是否存在生长因子呢?实验结果证实了他这一远见,唾液腺富含生长因子。蒙塔尔奇尼和科恩通过这一发现,分离提纯神经生长因子,并制出了很多受体,以用来确定神经生长因子的结构与功能。科恩制备神经生长因子的抗体,注入新生小鼠,可抑制交感神经元的发育,提出神经生长因子可与神经元上的特异受体结合,并转入到细胞在核内发挥生物效应。1970年,证实神经生长因子是蛋白质,分子结构由两条肽链组成,每条链的分子量约为13 000[3]。

1962年,科恩和蒙塔尔奇尼在小鼠颌下腺中发现了一种促使新生小鼠眼睑早开、牙齿早萌的活性组分。他们将这一活性组分加入培养皮肤上皮的基质中,发现它可直接促进皮肤上皮的生长,因此,将这一活性组分命名为“上皮生长因子”[4]。此后,许多科学家在这一领域进行了大量的研究工作,发现它对多种上皮细胞,如鳞状上皮细胞、黏膜上皮细胞、角膜上皮细胞、腺上皮细胞以及内皮细胞等,都有促进生长作用,同时它还能促进透明质酸、纤维连接蛋白、糖蛋白和羟脯氨酸等胞外基质的合成。

后来各个研究小组陆续发现了各种生长因子,如生长调节素或称胰岛素样生长因子(IGF),它能调节生长素的生长促进作用;血小板源性生长因子(PDGF),可刺激间叶干细胞(mesenchymal cells)的生长;白细胞介素IL-2,促进免疫系统的淋巴细胞生长;还有从肿瘤组织内提取的内皮细胞生长因子(ECGF)、纤维母细胞生长因子(FGF)等。

这些发现基本上都是沿着蒙塔尔奇尼和科恩的足迹，进行生长因子研究的成果。

参考文献

[1] Levi-Montalcini. The development to the acoustico-vestibular centers in the chick embryo in the absence of the afferent root fibers and of descending fiber tracts [J]. J Comp Neurol, 1949, 91(2): 209-241.

[2] Marx JL. The 1986 Nobel Prize for physiology or medicine [J]. Science, 1986, 234(4776): 543-544.

[3] Stanstny M. Epidermal growth factor. IV. The induction of ornithine decarboxylase [J]. Biochim Biophys Acta, 1970, 204(2): 578-589.

[4] Cohen S. Isolation of a mouse submaxillary gland protein accelerating incisor eruption and eyelid opening in the new-born animal [J]. J Biol Chem, 1962, 237: 1555-1562.

§3.6 可逆性的蛋白质磷酸化过程

1992 年，美国生物化学家费希尔(美，Fischer EH，1920—　)和克雷布斯(美，Krebs EG，1918—　)因发现可逆性的蛋白质磷酸化过程是生物的自身调节机制而获得诺贝尔生理学或医学奖。

蛋白质的磷酸化反应是指通过酶促反应把磷酸基团从一个化合物转移到另一个化合物上的过程，是生物体内存在的一种普遍的调节方式，在细胞信号的传递过程中占有极其重要的地位。已经发现在人体内有多达 2 000 个左右的蛋白质激酶和1 000个左右的蛋白质磷酸酶基因。蛋白质的磷酸化是指由蛋白质激酶催化的把 ATP 或 GTP 上 γ 位的磷酸基转移到底物蛋白质氨基酸残基上的过程，其逆过程是由蛋白质磷酸酶催化的，称为蛋白质脱磷酸化。

机体由细胞组成，在每一个细胞内都要进行能量生成和物质转运，这些工作是由蛋白质完成的。一个细胞内有千万种蛋白质，它们是机体生命活动的基础。这些蛋白质之间相互作用的一个重要的调节机制就是可逆性的蛋白质磷酸化过程，而这个过程需要很多酶来作催化剂。蛋白质之间相互作用是在机体的严格控制下进行的，其中一个最重要的调节机制就是可逆性蛋白质磷酸化，也就是说酶可以使蛋白质磷酸化或去磷酸化，细胞内的这两个酶的作用是依次、相互交替进行的。

费希尔和克雷布斯首先提纯出了蛋白质磷酸化酶激酶，这个酶可以催化磷酸基团与蛋白质(磷酸化酶)的结合，从而激活蛋白质(磷酸化酶)，激活的磷酸化酶分解糖原为葡萄糖，再经三羧酸循环生成高能磷酸键(ATP),为细胞的活动提供能量[1~3]。他们的这项奠基性的科学发现,开启了一个新的研究领域。可逆性蛋白质磷酸化是机体的一个重要的调节过程,诸如在细胞信号转导、细胞周期的调控以及各种形式动员来自糖原的葡萄糖生成的过程、环孢菌素抑制免疫排斥的作用,慢性髓性白血病类的肿瘤发生,都与这个过程有关。

在感染性疾病中,外来的感染因素成为抗原。巨噬细胞吞噬抗原后,通过一些特殊的表面蛋白与相应淋巴细胞连接(称为抗原递呈),以增强免疫功能。费希尔和克雷布斯发现这种蛋白就是磷酸酯酶,它可以使一种酶去磷酸化,进而这种去磷酸化的酶激活一系列生化反应。这就是机体的免疫系统产生功能的机制。在器官移植中,免疫反应常导致受体排斥移植物,环孢菌素能有效地抑制这种反应,而它就是通过影响酶的磷酸化过程来起作用的。当然,蛋白质磷酸化过程也可以导致肿瘤的发生。正常细胞存在着上百种癌基因(原癌基因),正常情况下,这些基因产生的蛋白质调节细胞正常的生长。一旦这些基因发生突变,它们产生的蛋白质被磷酸化,将导致细胞的异常生长,发生癌转化。

可逆性蛋白质磷酸化过程的发现,在生物化学研究发展史上具有特别的意义,同时对某些疾病的病因研究也有很大的价值。

参考文献

[1] Fischer EH, Krebs EG. Phosphorylase activity of skeletal muscle extracts [J]. J Biol Chem, 1955, 216(1): 113-120.
[2] Fischer EH, Krebs EG. Conversion of phosphorylase b to phosphorylase a in muscle extracts [J]. J Biol Chem, 1955, 216(1): 121-132.
[3] Krebs EG, Fischer EH. The phosphorylase b to a converting enzyme of rabbit skeletal muscle [J]. Biochim Biophys Acta, 1956, 20(1): 150-157.

§3.7 G蛋白及其在细胞信号转导中的作用

1994年生理学或医学奖授予吉尔曼(美,Gilman AG,1941—)和罗德贝尔(美,Rodbell M,1925—1998),因为他们发现G蛋白及其在细胞内信号转导中的作用。

G蛋白的全名是鸟苷酸结合蛋白,简称G蛋白。

很久以来,人们就知道细胞间信息交换是通过激素或其他组织分泌的信息物质。现在人们已经知道,细胞接受外界信息后,通过细胞质膜G蛋白结构变化,信号在细胞内进行能量交换后,才能作出相应的反应。这是一条重要的信号转导通路。

G 蛋白位于细胞质膜的内表面上,它们从外界接收信息后,改变构象,再传递到细胞内的功能器上,因此,G 蛋白起到信息换能器的作用。一旦 G 蛋白的结构发生变化,就会导致疾病。例如霍乱杆菌可以产生霍乱毒素,改变 G 蛋白的结构,从而影响水和盐从肠道的吸收,引起严重的脱水。另外一些遗传性内分泌疾病以及肿瘤的发病也与 G 蛋白的结构改变有关。此外,一些疾病如糖尿病、酒精中毒等,其共同之处则与 G 蛋白的换能作用出现紊乱有关。

G 蛋白的发现过程与肝糖原分解的研究有着密切的关系,这其中孕育着至少三代师生的四项生理学或医学奖。

1947 年圣路易华盛顿大学的科里夫妇(Carl Cori, 1896—1984; Gerty Cori, 1896—1957)因为阐明了肝糖分解的机制获得诺贝尔生理学或医学奖。科里的学生萨瑟兰(Sutherland Jr. EW,1915—1974)继续科里的研究工作,在探讨激素调控肝糖原分解机制过程中,发现肾上腺素作用在细胞质膜上,活化细胞质膜上的腺苷酸环化酶,催化 ATP 成为环腺苷酸(cAMP),建立第二信使学说,开创了细胞调控的分子医学,于 1971 年获生理学或医学奖。

那么,cAMP 又是如何使肝糖原分解?这个问题由西雅图华盛顿大学的费希尔和克雷布斯继续研究。他们在 70 年代证明,在细胞内 cAMP 需要经过一连串蛋白激酶和钙离子的作用,像多米诺骨牌那样,利用蛋白质磷酸化把这个信号一级一级放大[1,2]。蛋白质磷酸化作为细胞内一个重要的调控机制,立刻成为当代生物医学研究的重点,从细胞的生长分裂、癌细胞的形成,到基因的表达,无不与此有密切关系。费希尔和克雷布斯两人在 1992 年获奖。

肾上腺素如何经由细胞质膜表面的受体来活化腺苷酸环化酶,则由萨瑟兰研究小组的吉尔曼继续进行。要解决这个问题的最直接方法,当然是设法把细胞质膜受体(或是细胞质膜上已结合激素的受体)纯化出来,看看它们本身是否就有腺苷酸环化酶活性。此时,美国国立卫生研究院的罗德贝尔成功地进行了细胞质膜的提取,并进行了研究,结果是,细胞质膜加上激素,只有在 GTP 存在的情况下,才能发现活化的腺苷酸环化酶,说明 GTP 的不可或缺的作用[3]。吉尔曼找到了一种膜上环化酶不能工作的白血病细胞的突变体(Cyc^-),这种细胞的激素受体完好,但不能产生 cAMP。把这种细胞的细胞质膜和正常的细胞质膜放到同一个反应液中,在激素的作用下,能够观察到环化酶被激活的现象。这个现象说明，受体和酶是两个不同的蛋白质。接着吉尔曼把正常细胞质膜的环化酶破坏，再加入 Cyc^- 的细胞质膜，仍然可以观察到激素激活环化酶的现象。这个现象的解释是，Cyc^- 细胞中的环化酶并没有损坏，而是受体把信号传给环化酶时，需要一个“中继站”，这个中继站和 GTP 关系密切。一旦 Cyc^- 细胞中的中继站坏了，纵然环化酶良好，它也无法再被受体活化。吉尔曼经多年努力终于在 80 年代初，纯化出这个“中继站”，称之为 G 蛋白，并且确定了它是由三个蛋白质亚基（α、β、γ）组成。激素与激素受体结合后，诱导 GTP 与 α 亚基结合并脱离 β、γ 亚基，GTP－α 亚基与环化酶结合，使环化酶激活。这样，G 蛋白就把细胞外的第一信使（激素）信号和细胞内腺苷酸环化酶催化生成的第二信使（cAMP）联系起来，完成了信号转导[4]。

80 年代，G 蛋白信号转导的工作在生物学界掀起了一个研究高潮。同时利用分子生物学技术，发现多达二三十种 G 蛋白，而透过各种 G 蛋白作为信号传递中继站的激素受体，则多达 300 多种。除了 cAMP 外，另外一个重要的激素二级信号——肌醇三磷酸（IP_3）和钙离子（Ca^{2+}）及钙离子依赖蛋白激酶信号转导系统也被陆续发现，于是细胞信号转导成为生命科学研究的热门领域。

参考文献

[1] Demaille JG, Peters KA, Fischer EH. Isolation and properties of the rabbit skeletal muscle protein inhibitor of adenosine 3′,5′-monophosphate dependent protein kinases [J]. Biochemistry, 1977, 16(14): 3080－3086.

[2] Maller JL, Kemp BE, Kreb EG. In *vivo* phosphorylation of a synthetic peptide substrate of cyclic AMP-dependent protein kinase [J]. Proc Natl Acad Sci U S A, 1978, 75(1): 248－251.

[3] Lin MC, Cooper DM, Rodbell M. Selective effects of organic mercurials on the GTP-regulatory proteins of adenylate cyclase systems [J]. J Biol Chem, 1980, 255(15): 7250－7254.

[4] Gilman AG. Guanine nucleotide-binding regulatory proteins and dual control of adenylate cyclase [J]. J Clin Invest, 1984, 73(1): 1－4.

§3.8　动物基因控制早期胚胎发育的模式

1995 年生理学或医学奖由三位发育遗传学家共同获得，他们是刘易斯（美，Lewis EB，1918—2004），福尔哈德（德，Volhard CN，1942—　）和维绍斯（美，Wieschaus EF，1947—　）。他们三人的研究揭开了胚胎如何由一个受精卵细胞发育成器官如脑和腿以及完美个体的遗传秘密，建立了基因控制早期胚胎发育的研究模式，从而能够解释某些重要基因的突变是造成不明原因的人先天性畸形和自然流产的现象。

我们知道，生命是由一个受精卵经过卵裂发育而形成的，卵裂从一个细胞，经过2、4、8到16个细胞的卵泡时，仍然是对称的，每个细胞都相同，随后逐渐特化，才有头尾前后之分(包括头、3个胸节、8～9个腹节以及一个尾节)，再发育成为器官，这都是在基因的控制下完成的。问题是：哪些基因控制，有多少个基因参与，如何工作，是单独的彼此不相干的工作还是联合协作等等。

刘易斯经研究发现[1]，染色体上的一串基因控制着果蝇体节的发育，它们在染色体上排列次序与所控制的体节前后次序一样：第一个基因控制头部，中间的基因控制腹部，而最后的基因则控制尾部。刘易斯发现四翅果蝇突变体，其基因组合成一串，共同控制着某一部位的发育，这样的基因称为"同源性"转变，多出的一对翅膀是因为整个体节加倍的缘故。同源性基因的突变，也能使果蝇在触须位置长出脚来或是在眼部长出翅膀，等等。

同源基因不仅存在于果蝇身上，也存在于其他包括哺乳类动物。这些基因的产物蛋白质结构相近似，都包含一段进化上相当保守的称为"同源框"的序列，长度约60个氨基酸，它们可以与DNA的"同源结构区"相结合。目前发现，果蝇已有60种以上具有同源框的蛋白质。这项对同源基因的研究，激发了其他科学家在高等生物中寻找相同基因的兴趣。

福尔哈德和维绍斯受刘易斯研究的启发，从1978年开始有系统地搜寻控制胚胎早期发育的起始基因。他们使用致突剂饲喂果蝇，人为造成突变，然后进行大规模突变筛选工作，最后整理出胚胎发育139个必要基因和5 000个重要基因。此后几年用这种方法，确认了以前未曾发现的、控制胚胎最早发育的100多个基因。这些基因的先后作用，逐步形成胚胎的构造，最后形成许多体节。每一体节的分化，则受到"同源基因"的调控从而发育成不同的器官[2]。

细胞在胚胎的位置，对其分化有决定性的影响，称为位置效应。胚胎发育过程中，不同种类的细胞都来源于同一个受精卵，它们的基因组相同，但基因的表达不同。在发育开始，细胞间的差异是由于卵裂前细胞质里的物质分布不均匀造成的。福尔哈德和维绍斯发现这些物质由母体效应基因-卵极性基因即背部和腹部、内胚层和中胚层或外胚层、生殖细胞和体细胞以及头部和尾部四组基因所控制。这些基因产生基因调控蛋白，并在卵及初期胚胎中呈阶梯式的不均匀分布，从而导致不同位置的细胞接受到不同的发育信息，而影响其后的发育。果蝇和线虫的发育基因也绝大部分存在于其他动物身上，包括脊椎动物，说明在进化过程中动物发育的基本机制一直被保留[3]。

参考文献

[1] Lewis EB. A gene complex controlling segmentation in Drosophila [J]. Nature, 1978, 276(5688): 565-570.

[2] Nusslein-Volhard C, Wieschaud E. Mutation Affecting Segment Number and Polarity in Drosophilia [J]. Nature, 1980, 287(5785): 795-801.

[3] McGinnis W, Kuziora M. The molecular architecture of body design [J]. Scientific American, 1994, 270: 36-42.

§3.9 一氧化氮生理功能的发现

诺贝尔早在研制安全炸药的实验过程中，就发现吸入硝酸甘油蒸气会引起他剧烈的血管性头痛，而且硝酸甘油在那个时代就已用于治疗心脏病，其机理不得而知。80 年代三位美国药理学家弗奇戈特(Furchgott RF, 1916—　)、伊格纳罗(Ignarro LJ, 1941—　)及穆拉德(Murad F,1936—　)发现硝酸甘油及其他有机硝酸酯能释放一氧化氮(NO)，它使血管平滑肌舒张、扩张血管，硝酸甘油治疗心脏病的机理才得到完全解释。一氧化氮是气体，它在机体内由某一细胞产生，穿透细胞质膜后，调节另一个细胞的功能，这是一种生物系统全新的信号传递模式。由于这一发现，弗奇戈特、伊格纳罗和穆拉德获得了 1998 年诺贝尔生理学或医学奖。

1977 年，穆拉德发现硝酸甘油等有机硝酸酯在代谢为一氧化氮后才能发挥扩张血管的药理作用，因此他认为一氧化氮可能是一种血流调节的信息分子，但当时缺乏实验证据。已知鸟苷酸环化酶催化生成的 cGMP 能引起肌肉的舒张，穆拉德就利用气囊将一氧化氮直接输入组织，结果是 cGMP 升高了！一种新的生物信息传递和一种新的药物作用模式就这样被发现了[1]。

1980 年弗奇戈特首先证明了，血管内壁的内皮细胞的功能除了维护血液流动外，还具有收缩和舒张的功能。他进行了一个著名的“三明治”实验，证明了血管的收缩和舒张是取决于内皮细胞的存在与否。实验是这样的：用一片除去内皮细胞的主动脉作为实验材料，乙

酰胆碱可以刺激它收缩；而乙酰胆碱对具有完整内皮细胞的主动脉片，没有作用，它既不收缩也不舒张。但是当弗奇戈特把这两片主动脉片像做三明治一样压在一起，同样以乙酰胆碱刺激，他发现除去内皮细胞的那片主动脉舒张了！由此他推测，内皮细胞在乙酰胆碱的作用下产生了一种新的信息分子，这种分子的作用使血管平滑肌细胞舒张，从而扩张血管。他将这种未知的信息分子命名为内皮细胞松弛因子(endothelium-derived relaxing factor, EDRF)[2]。

这篇论文引起了广泛关注，吸引了包括洛杉矶加州大学的伊格纳罗在内的许多人进行有关EDRF的深入研究，发现EDRF是一种不稳定的化合物，能被血红蛋白及超氧阴离子自由基灭活[3]。伊格纳罗也进行了一个既简单又说明问题的实验：分别以血红蛋白灭活一氧化氮和内皮细胞产生的EDRF，记录产生的吸收光谱，发现它们吸收曲线的改变是相同的：EDRF就是一氧化氮[4]。

根据这一原理，美国辉瑞(Pfizer)制药公司研制出了新药伟哥(Viagra)，抑制鸟苷酸环化酶水解，防止一氧化氮引发的细胞内cGMP信号快速消失，从而维持血管平滑肌细胞舒张，增加血流量。伟哥对心脏病有一定疗效，尤其对阳痿有特效。

一氧化氮参与机体各种生理过程，具有多种生理功能：它是一种神经信使分子，参与包括学习、记忆在内的多种生理过程，并且具有调节脑血流的作用；它是一种神经递质，调控肠、胃等器官的功能；同时也是免疫系统对付细菌、病毒、肿瘤细胞等病原体的有效武器。除了以上生理功能外，一氧化氮在呼吸系统、内分泌系统中都具有重要作用。

参考文献

[1] Arnold WP, Mittal CK, Katsuki S, et al. Nitric oxide activates guanylate cyclase and increases guanosine 3′ : 5′-cyclic monophosphate levels in various tissue preparations [J]. Proc Natl Acad Sci U S A, 1977, 74(8): 3203 - 3207.

[2] Furchgot RF, Zawadzki JV. The obligatory role of endothelial cells in the relaxation of arterial smooth muscle by acetylcholine [J]. Nature, 1980, 288(5789): 373 - 376.

[3] Ignarro LJ, Harbison RG, Wood KS, et al. Dissimilarities between methylene blue and cyanide on relaxation and cyclic GMP formation in endothelium-intact intrapulmonary artery caused by nitrogen oxide-containing vasodilators and acetylcholine [J]. J Pharmacol Exp Ther, 1986, 236(1): 30 - 36.

[4] Ignarro LJ, Buga GM, Wood SK, et al. Chaudhuri, Endothelium-derived relaxing factor produced and released from artery and vein is nitric oxide [J]. Proc Natl Acad Sci U S A, 1987, 84(24): 9265 - 9269.

§3.10 蛋白质信号序列决定其在细胞内的位置和转运

1999 年度生理学或医学奖授予美国洛克菲勒大学的布洛贝尔(Blobel G,1936—),以表彰他发现蛋白质因具有信号序列而决定其在细胞内转运和位置的功绩。

我们知道,人是由大约 1 000 000 亿个细胞组成,每个细胞又含有由细胞质膜包裹着的不同的细胞组分或细胞器,每一个细胞器都要执行不同特殊功能,例如细胞核含有所有的遗传物质,主管着细胞的所有功能,线粒体是细胞的“能量工厂”,产生细胞所需的能量,内质网及其上面的核糖体负责蛋白质的合成,等等。每个细胞大约有 10 亿个蛋白质分子,一些蛋白质分子是机体的构建材料,另一些则是催化各种特殊化学反应的酶。

蛋白质是执行细胞功能的主体,因此新制造出的蛋白质必须被转运到特定的位置,如转运到细胞内的某一个细胞器或是通过细胞的内质网、高尔基体分泌到细胞外,以发挥它的作用。这个过程是如何进行的?要回答这个问题,首先要研究在核糖体合成的新蛋白质是如何被转运进入细胞器膜的。布洛贝尔抓住了这个关键,从内分泌蛋白质进入内质网入手研究蛋白质转运的机制。他从 20 世纪 60 年代末进入洛克菲勒大学帕拉德(1974 年生理学或医学奖得主)生物实验室开始,经过 20 余年研究,发现新合成的蛋白质本身具有的信号功能,它可以操纵着蛋白质穿过内质网膜[1],布洛贝尔还详细地揭示了这一过程的分子机制。

细胞合成的分泌性蛋白质可通过内质网膜进入内质网内,然后通过管道系统被输送到高尔基复合体,形成成熟的小泡。这些小泡可与细胞质膜融合,形成出口,使蛋白质分泌出去;这些小泡也可与细胞器膜融合,将分泌性蛋白质转运至细胞器内。布洛贝尔在研究中发现:① 被转运的新生蛋白质肽链比成熟肽链长;② 被转运的分泌性蛋白质进入内质网的过程与其生物合成的过程是同时进行的。布洛贝尔推断新生肽的那段较长的肽链可能是专门起引导作用的“信号肽”,信号肽的存在是穿越膜结构的关键,并于 1971 年形成了他的蛋白质跨膜转运的“信号假说”:当被转运的蛋白质肽链的合成在 mRNA 起始密码上启动后,首先合成一段含 15～30 个氨基酸的信号肽,它被内质网膜上的受体蛋白识别并相互结合,形成膜内通道,这样,当蛋白质肽链合成继续进行的同时,信号肽以及其连接的肽链率先经过通道进入内质网,随后信号肽被膜内侧的信号肽酶水解掉,蛋白质再变成较短的成熟蛋白质[2,3]。接着,布洛贝尔又纯化了信号识别蛋白(signal recognition protein, SRP),SPR 识别信号肽后,新生的肽链才能通过膜上的蛋白质通道进入膜内。SRP 是一个沉降系数为 11 S 的蛋白质核酸复合体,由分子量9 000～72 000的 6 种多肽和一条单链的 7 S RNA 组成[4]。

由于细胞内的新合成蛋白质首先都戴上了地址"标签",它们的工作地点就被确定了,从而能正常地发挥功能,一旦出错机体就会出现病理变化,这也是布洛贝尔重大发现的实际意义[5]。

参考文献

[1] Blobel G, Potter VR. Ribosomes in rat liver: an estimate of the percentage of free and membrane-bound ribosomes interacting with messenger RNA in vivo [J]. J Mol Biol, 1967, 28(3): 539-542.

[2] Blobel G, Dobberstein B. (a.) Transfer of proteins across membranes. I. Presence of proteolytically processed and unprocessed nascent immunoglobulin light chains on membrane-bound ribosomes of murine myeloma [J]. J Celi Biol, 1975, 67(3): 835-851. (b.) Transfer to proteins across membranes. II. Reconstitution of functional rough microsomes from heterologous components [J]. J Cell Biol, 1975, 67(3): 852-862.

[3] Dowyer N, Blobel G. A modified procedure for the isolation of a pore complex-lamina fraction from rat liver nuclei [J]. J Cell Biol, 1976, 70(3): 581-591.

[4] Walter P, Blobel G. Translocation of proteins across the endoplasmic reticulum III. Signal recognition protein (SRP) causes signal sequence-dependent and site-specific arrest of chain elongation that is released by microsomal membranes [J]. J Cell Biol, 1981, 91(2 Pt 1): 557-561.

[5] Blobel G. Gene gating: A hypothesis [J]. Proc Natl Acad Sci U S A, 1985, 82(24): 8527-8529.

§3.11 细胞内蛋白质的降解

2004 年诺贝尔化学奖授予以色列科学家切哈诺沃(Ciechanover A,1947—)、赫什科(Hershko A,1937—)和美国科学家罗斯(Rose I,1926—),以表彰他们发现细胞内无用和有害蛋白质降解的机制,即泛素调节的蛋白质降解。

近几十年来生物学家在解释细胞如何制造蛋白质方面取得了很多进展,却很少有研究人员对蛋白质的降解问题感兴趣。以上 3 位科学家却独辟蹊径,于 20 世纪 80 年代初致力于蛋白质降解机制的研究。

20 世纪 70 年代至 80 年代间,切哈诺沃与赫什科曾在罗斯主持的美国费城福克斯·蔡斯癌症研究中心(Fox-Chase Cancer Center)做访问学者。在这期间,他们联名发表了一系列论文,揭示了泛素调节的蛋白质降解机理,指明了蛋白质降解研究的方向[1—4],被诺贝尔化学奖评选委员会称为“突破性成果”,并奠定了他们获得诺贝尔奖的基础。

蛋白质是包括人在内各种生物体的重要组成成分。对于生物体而言,蛋白质的代谢至关重要。然而,科学家关于蛋白质如何生成的研究成果很多,如前述的 RNA 转录、翻译、各种蛋白质合成及其磷酸化、抗体球蛋白等,已经有多次诺贝尔奖授予了从事这方面研究的科学家,但关于蛋白质如何降解的研究却相对较少,遍在调节的蛋白质降解,其实就是一种蛋白质“死亡”的重要机制。

蛋白质的降解在生物体中普遍存在,比如人吃进食物后,食物中的蛋白质在消化道中就被降解为氨基酸,随后被人体吸收。科学家对这一过程研究得较为透彻,因而在很长一段时间他们认为蛋白质降解没有什么可以深入研究的。最初的一些研究发现,蛋白质的降解不需要能量,比如发生在消化道中的降解,这一过程只需要蛋白质降解酶参与;不过,20 世纪 50 年代的一些研究表明,同样的蛋白质在细胞外降解不需要能量,而在细胞内降解却需要能量。

1977 年,戈德堡(Goldberg)研究小组从网织红细胞中提取出一种依赖于 ATP 催化蛋白质降解的抽提物[5]。切哈诺沃、赫什科和罗斯这三位科学家在研究这个抽提物时,发现大量的血红蛋白干扰实验,于是他们用色谱法进行分离,接着他们发现这种抽提物可以分为两个片段,两个片段一结合即能产生依赖于 ATP 催化的蛋白质降解。其中一个片段分子量为 9 000,开始称为 APF-1,后来证实它就是泛素。这三位科学家在此基础上进行了划时代的生化研究,说明蛋白质降解是一种高效率、指向性很强的过程,一种被称为“泛素”的多肽在需要能量的蛋白质降解过程中扮演着重要角色。“泛素”亦称“遍在蛋白”,遍在蛋白的词根来源于拉丁词 *ubique*,意指到处存在之意。1975 年,泛素首先从小牛胸腺中纯化,它由 76 个氨基酸组成一个多肽,体内各种组织均能发现这个分子(细菌内无此分子),因此称为泛素。泛素就像标签一样,被贴上标签的蛋白质就会被运送到细胞内的“垃圾处理厂”,在那里被降解。

这三位科学家根据新发现的与蛋白质降解有关的三个酶 E1、E2、E3,提出了“多步泛素标记假说”(multistep ubiquintin-tagging hypothesis)：细胞中存在着 E1、E2 和 E3 三种酶，它们各有分工，E1 负责激活泛素分子，泛素分子被激活后就被运送到 E2 上，E2 负责把泛素分子结合在需要降解的蛋白质上。但 E2 并不认识指定的蛋白质，这就需要 E3 帮助。E3 具有辨认指定蛋白质的功能。当 E2 携带着泛素分子在 E3 的指引下接近指定蛋白质时，E2 就把泛素分子结合在指定蛋白质上。这一过程不断重复，指定蛋白质上就被结合了很多泛素分子。被标记的泛素分子达到一定数量后，指定蛋白质就被运送到细胞内的一种称为蛋白酶体的结构中。

蛋白酶体是一个桶状结构，通常一个细胞中含有 3 万个蛋白酶体，经过它的处理，蛋白质就被切成由 7～9 个氨基酸组成的短链。

后来很多科学家的大量研究证实，这种泛素调节的蛋白质降解过程在生物体中的作用非常重要。它如同一个重要的质量监督员，细胞中合成的蛋白质质量有高有低，通过它的严格把关，通常有 30%新合成的蛋白质没有通过质检，而被销毁。但如果它把关不严，就会使一些不合格的蛋白质蒙混过关；如果把关过严，又会使合格的蛋白质供不应求。这都容易使生物体出现一系列问题。比如，P53 蛋白质可以抑制细胞发生癌变，但如果对 P53 蛋白质的生产把关不严，就会导致人体抑制细胞癌变的能力下降，诱发癌症。事实上，在一半以上种类的人癌细胞中，这种蛋白质都产生了变异。

泛素调节的蛋白质降解在生物体中如此重要，因而对它的开创性研究也就具有特殊意义。目前，在世界各地的很多实验室中，科学家不断发现和研究与这一降解过程相关的细胞新功能。这些研究对进一步揭示生物的奥秘，以及探索一些疾病的发生机理和治疗手段具有重要意义。

通过发现蛋白质管理系统，切哈诺沃、赫什科和罗斯让我们从分子的层面上来理解细胞控制一些非常重要的生化过程成为可能，这些重要的生化过程包括：细胞循环、DNA 修复、基因复制和新生蛋白质的质量控制等。像这类有关受控蛋白质死亡的新知识还有助于解释免疫系统是如何工作的，而免疫系统的某些缺陷将导致各种各样的疾病，包括某种形式的癌症。

参考文献

[1] Hershko A, Ceichanover A, Rose IA. Resolution of the ATP-dependent proteolytic system from reticulocytes: a component that interacts with ATP [J]. Proc Natl Acad

Sci U S A, 1979, 76(7): 3107 - 3110.
[2] Hershko A, Ceichanover A, Rose IA. Proposed role of ATP in protein breakdown: conjugation of protein with multiple chains of the polypeptide of ATP-dependent proteolysis [J]. Proc Natl Acad Sci U S A, 1980, 77(4): 1783 - 1786.
[3] Hershko A, Ceichanover A, Rose IA. Identification of the active amino acid residue of the polypeptide of ATP-dependent protein breakdown [J]. J Biol Chem, 1981, 256(4): 1525 - 1528.
[4] Rose IA, Warms JV, Hershko A. A high molecular weight protease in liver cytosol [J]. J Biol Chem, 1979, 254(17): 8135 - 8138.
[5] Etlinger JD, Goldberg AL. A soluble ATP-dependent proteolytic system responsible for the degradation of abnormal proteins in reticulocytes [J]. Proc Natl Acad Sci U S A, 1977, 74(1): 54 - 58.

§3.12 细胞分裂周期的调控机制

2001 年生理学或医学奖授予美国肿瘤专家哈特韦尔(Hartwell LH, 1939—)以及两位英国癌症专家努尔斯(Nurse PM,1949—)和亨特(Hunt RT,1943—),以表彰他们"发现了细胞周期的关键调节因子"。

"细胞分裂周期"也称"细胞周期",是指一个细胞经生长、分裂、增殖成两个细胞所经历的全过程。细胞周期可分为四期: ① G_1期,完成必要的生长和物质准备;② S 期,完成其遗传物质染色体 DNA 的复制;③ G_2期,进行必要的检查及修复以保证 DNA 复制的准确性;④ M 期,完成遗传物质到子细胞的均等分配,细胞一分为二。

科学家发现,真核细胞内有一个调控机制,使细胞周期能有条不紊地依次进行。随着 DNA 双螺旋结构的确立,细胞周期的概念逐渐成形。早期的研究集中在细胞周期的特性上,发现了细胞周期的有序性,并发现 G_1晚期的一个关键的限制点,称为"R"点,通过此点的细胞将不可逆地进入 S 期,直至完成细胞分裂,否则继续留在 G_1期。

哈特韦尔在 20 世纪 60 年代就已经意识到要以遗传学方法研究细胞周期,他选择非常适合用以研究细胞周期的单细胞生物芽殖酵母(*Saccharomyces cerevisiae*)为材料,置于不同温度下生长,获得温度敏感突变株。1970—1971 年,他利用遗传学方法,先后分离出上百个突变后导致细胞周期发生异常的基因,称为细胞分裂周期(cell division cycle, CDC)基因。其中 *CDC*28 基因对细胞周期的启动,即细胞能否通过限制点很关键,被称作"启动基因"。哈特韦尔发现了细胞周期"限制点"(checkpoint),及其在各期之间核查细胞周期能否按序循进、正确执行的基本作用[1,2]。

努尔斯对哈特韦尔的工作深感兴趣，认为以这种遗传学方法研究细胞周期非常有效。他选择了另一种酵母即裂殖酵母（*Schizosaccharomyces pombe*）为实验材料，70年代中期发现了功能及编码蛋白均与*CDC*28非常相似的基因*cdc*2，*cdc*2即控制细胞从G_1到S的过渡，也控制从G_2到M的过渡[3,4]。在有丝分裂过程中，*cdc*2不仅控制细胞周期的开始，而且还控制有丝分裂期的长短。1987年努尔斯克隆了人的相应基因[5]，说明细胞周期的基本调节机制在进化过程中是保守的：从酵母到人，其细胞周期的进行都由*cdc*2这类基因控制。

*cdc*2基因编码一个分子量为34 000的蛋白激酶，后来这类基因被统称作细胞周期蛋白依赖性激酶（cyclin dependent kinase，CDK）基因，*cdc*2被改称为*CDK*1。高等生物有多个*CDK*基因，体现出了进化程度不同的物种对调控系统的复杂性和精确性的不同需求。*CDK*基因编码产物蛋白质磷酸化后才会发挥功能。

亨特使用海胆的卵作为研究材料研究蛋白质合成。他以放射性同位素标记受精的海胆卵氨基酸的合成，首先发现在细胞周期中存在一种周期性被降解的蛋白质，这种蛋白质和细胞周期的活动有关，称为细胞周期蛋白（cyclin）[6]。研究发现，周期蛋白是与CDK分子结合的蛋白质，结合后，它调节CDK活性，选择靶蛋白磷酸化，从而又影响其下游的蛋白，如此实现调节功能。在进化过程中细胞周期蛋白也具有相当的保守性，已经发现十种以上人体细胞的细胞周期蛋白。

酵母细胞只有一个CDK基因（*CDC*28/*cdc*2），但有若干种细胞周期蛋白基因。不同的细胞周期蛋白在不同的时期被合成出来，然后又被适时地降解。高等生物含有多个CDK，每种CDK可与不同的细胞周期蛋白结合。如此复杂的搭配可能会增加在同种细胞内的调节精度，也可能用于在不同组织的细胞中实现不同的调节，有的CDK复合物则参与调节其他的生命活动，如神经细胞分化等。除细胞周期蛋白外，CDK活性还受到磷酸化、去磷酸化、CDK抑制蛋白等的调节。细胞周期调控的复杂性，由此可见一斑。

磷酸化（由激酶催化）和去磷酸化（由磷酸酶催化）是控制细胞周期的关键，它们都被用来调控自身活性和底物活性。细胞周期调控回路由一系列激酶和磷酸酶组成，它们通过将回路的下一个底物磷酸化和去磷酸化而对外来信号和检验点作出反应。调控回路最终显示的是通过控制M期激酶（或S期激酶）的磷酸化状态决定其活性。

细胞周期的调控与多种疾病相关，尤其是与肿瘤和癌的关系更为密切，因为肿瘤和癌的主要原因是细胞周期失调导致的细胞无限制增殖，阻止癌细胞分裂即可达到抑制其恶性生长，甚至将其杀灭的目的。实际上，肿瘤化疗药物多是细胞周期的抑制剂，但缺点是它们缺乏专一性，也抑制正常细胞。对细胞周期分子机制的研究，不仅使我们能深刻认识这一重要生命活动的本质，还可能通过针对性的设计和筛选，开发出更专一、更有效的治疗药物和疗法。

参考文献

[1] Hartwell LH, Culotti J, Reid B. (a) Genetic control of the cell-division cycle in yeast. I. Detection of mutants [J]. Proc Natl Acad Sci U S A, 1970, 66(2): 352-359. (b) Genetic Control of the Cell Division Cycle in Yeast: V. Genetic Analysis of cdc Mutants [J]. Genetics, 1973, 74(2): 267-286.

[2] Hartwell LH, Culotti J, Pringle JR, et al. Genetic control of the cell division cycle in yeast [J]. Science, 1974, 183(120): 46-51.

[3] Nurse P. Genetic control of cell size at cell division in yeast [J]. Nature, 1975, 256 (5518): 547-551.

[4] Nurse P, Thurriaux P, Nasmyth K. Genetic control of the cell division cycle in the fission yeast Schizosaccharomyces pombe [J]. Mol Gen Genet, 1976, 146 (2): 167-178.

[5] Lee MG, Nurse P. Complementation used to clone a human homologue of the fission yeast cell cycle control gene cdc2 [J]. Nature, 1987, 327(6117): 31-35.

[6] Evans T, Rosnthal ET, Youngblom J, et al. Cyclin: a protein specified by maternal mRNA in sea urchin eggs that is destroyed at each cleavage division [J]. Cell, 1983, 33(2): 389-396.

§3.13 程序性细胞死亡(细胞凋亡)

2002年生理学或医学奖颁发给布伦纳(美、英，Brenner S，1927—)、苏尔斯顿(英，Sulston JE, 1942—)和霍维茨(美，Horvitz HR, 1947—)，表彰他们在细胞凋亡研究方面的贡献。

细胞凋亡首先由澳大利亚克尔(Kerr，1972)及其同事用来描述具有一系列特征形态学变化的细胞死亡过程，主要表现为细胞体积缩小并和周围细胞失去联系，染色质浓缩，膜蛋白交连，将细胞片段逐个包围，形成凋亡小体，接着这些凋亡小体被周围吞噬细胞或上皮细胞吞噬而不产生炎性反应。

细胞凋亡(Apoptosis)是细胞一种生理性、主动性的“自杀行为”，这些细胞似乎是按编好了的“程序”进行的，犹如秋天片片树叶的凋落。这种细胞死亡又称为“程序性细胞死亡”(programmed cell death,

PCD)。人体内每天都有上万亿细胞诞生，同时又有上万亿细胞凋亡，两者处于一种动态平衡中。细胞凋亡是正常胚胎发育和维护机体自稳平衡所必需的生命现象。例如，机体通过细胞凋亡清除自身免疫细胞、破坏肿瘤细胞和病毒感染细胞。同时细胞凋亡启动了那些具有DNA损伤的细胞死亡，从而避免将不正常的DNA遗传给子一代。尽管细胞凋亡对机体有如此益处，但它的不正常、不适当激活启动也会导致一些病理状态，包括艾滋病、神经系统退行性变化、中风和肾病等；而细胞凋亡功能低下则是肿瘤细胞生长转移的重要原因。

布伦纳是当代著名生物学家之一，曾在英国MRC分子生物学实验室和美国伯克利、索尔克研究所工作，从20世纪50年代起，几乎在现代分子生物学所有重大事件中都有他的身影。1974年他首先建立了以线虫作为研究材料的生物模型，分析基因突变与器官发育的关系，而细胞凋亡的研究揭示出一个重大的生命现象[1,2]。成年线虫的体长不过1毫米，由959个细胞组成。然而，这种简单的生物却是发育中基因分析、细胞分裂、细胞分化、器官形成以及细胞凋亡研究的最好的生物模型。在人类基因学研究上的地位至关重要。它是人类绘出完整基因图谱的第一种生物。

苏尔斯顿继续了布伦纳关于线虫的工作，在研究一种只有1 090个细胞的透明线虫的发育过程时，发现其中131个胚胎细胞的程序性细胞死亡。他描绘出线虫发育过程中每一个细胞的分裂、分化，以及一些细胞在正常分化过程中经历程序性细胞死亡的情况，详细描述了细胞按照固有程序精确的死亡步骤，而且证明了参与细胞凋亡的一个基因 *nuc* - 1，它的基因产物的作用是降解染色质DNA，确定了第一个参与细胞凋亡的突变基因[3]。

80年代，霍维茨研究了细胞基因突变对细胞凋亡的影响，并鉴定出两个程序性死亡基因 *ced* - 3 和 *ced* - 4 以及一个程序性死亡抑制基因 *ced* - 9[4]。1992年，霍维茨小组克隆出 *ced* - 9 并测序，发现它与 *bcl* - 2 基因有23%的相同序列。1993年底，霍维茨小组报告，CED - 3 和人 IL - 1β 转换酶(ICE)的氨基酸序列有28%相同。在细胞凋亡研究中的一个重大进展就是发现了哺乳动物 IL - 1β 转化酶(ICE，或 caspase - 1) 和线虫程序性细胞死亡基因 CED - 3 具有同源性，并成为凋亡蛋白酶家族的第一个成员。一年后，他们把ICE转染到大鼠成纤维细胞，发生细胞凋亡；这一功能可被癌基因 *BCL* - 2 蛋白抑制[5]。

至今，已发现的 ICE /CED - 3 家族成员有十几个以上，统称为细胞凋亡酶，如 ICE 为 caspase－1，CED－3 为 caspase－2，YAMA/CPP32 为 capase－3 等，它们在转染宿主细胞后均能引发细胞凋亡并都可被牛痘病毒 CrmA 蛋白和一种四肽化合物(YVAD)抑制。凋亡蛋白酶对于底物的作用主要为三个方面：灭活细胞凋亡的抑制物；使正常的细胞结构解体；水解一些活性蛋白，使其催化亚单位和调节亚单位分离，导致功能的获得或丢失。

1996—1997 年，在来源于人“无细胞”细胞凋亡系统提取物中，发现一种线粒体关键蛋白成分，即细胞色素 *c*。另一个可激活凋亡蛋白酶-3 的生物大分子称为凋亡蛋白酶激活因子-1(apoptosis activate factor，Apaf－1)。细胞色素 *c* 和凋亡蛋白酶激活因子的结合可激活凋亡蛋白酶-9，接着使凋亡蛋白酶-3 激活，反应需 ATP 参加。

阻止细胞凋亡的两种蛋白是 Bcl－2 和 Bcl－x，它们抑制细胞色素 *c* 从线粒体外出，其机制是保持线粒体内外的离子平衡，不使其破裂。Bcl－2 可直接和 Apaf－1 结合，防止凋亡蛋白酶的激活。同时，细胞内 Bcl－2 的数量也决定细胞是否对细胞凋亡敏感。实际上，细胞内 Bcl－2 的数量过多会使正常细胞转化为肿瘤细胞，即使接受到细胞凋亡信号也不会发生凋亡。

另一组蛋白质称为细胞凋亡抑制蛋白(Inhibitory apoptosis protein，IAP)，它们直接抑制凋亡蛋白酶而阻断细胞凋亡。从 1994 年起，共有 5 种细胞凋亡抑制蛋白被发现。像 Bcl－2 蛋白一样，IAP 不止只有一种作用，它可在抑制凋亡蛋白酶前直接抑制细胞凋亡。

参考文献

[1] Brenner S. The genetics of Caenorhabditis elegans [J]. Genetics, 1974, 77(1): 71－94.

[2] Sulston JE, Brenner S. The DNA of Caenorhabditis elegans [J]. Genetics, 1974, 77(1): 95－104.

[3] Sulston JE. Post-embryonic development in the ventral cord of Caenorhabditis elegans [J]. Philos Trans R Soc Lond B Biol Sci, 1976, 275(938): 287－297.

[4] Ellis HM, Hopvits HR. Genetic control of programmed cell death in the nematode C. elegans [J]. Cell, 1986, 44(6): 817－829.

[5] Yuan J, Shaham S, Ledoux S, et al. The C. elegans cell death gene ced－3 encodes a protein similar to mammalian interleukin－1 beta-converting enzyme [J]. Cell, 1993, 75(4): 641－652.

第 4 章　神经生物学与听觉、视觉、嗅觉的基础研究

§4.1　神经的兴奋抑制与膜的离子通透性

1963 年生理学或医学奖颁发给了埃克尔斯(澳，Eccles JC，1903—1997)、霍奇金(英，Hodgkin AL，1914—1998)和赫胥黎(英，Huxley AF，1918—　)，表彰他们研究神经控制机制和神经细胞间联系的基本过程方面的工作。他们的研究方法以电子学技术为主，用微电极记录电活动，将信号放大后，显示在阴极射线管的屏幕上，观察神经纤维上的电脉冲，论述了神经冲动本身的性质，以及在神经细胞体引起的电变化，特别论述了“兴奋”和“抑制”这两种基本的神经活动。

神经纤维上的冲动是一种持续 1/1 000 秒的电脉冲，神经细胞借助这种脉冲系列相互通信，并发出指令给体内的肌肉和腺体。霍奇金和赫胥黎对于神经冲动电脉冲的研究工作始于 1939 年，后来由于战争使工作停顿下来，直到战争结束后才又开始工作。他们以电极插到枪乌贼巨神经纤维内部，检验神经冲动和神经纤维膜内外离子电位的关系，发现神经冲动引起的电位改变，超过利用钾浓度电池所确定的内部电位的 30%。他们认为，神经冲动与纤维外面的钠离子和纤维内面的钾离子之间的交换有关。

为了证实他们的想法，他们将两个电极插入神经纤维内，一个电极电压固定，另一个测量神经活动时产生的电流，计算膜电阻，其倒数值(即电导)就是通透性。将切断的神经放在不同浓度的溶液中，当冲动产生时，测定离子通透性。神经冲动的上升相与钠的通透性对应，约 0.5 毫秒后被钾的通透性取代，后者对应于神经冲动的下降相。在上升相，带正电的钠离子从外面进入神经内引起电位超射，即神经冲动大于神经的钾电池的电位。在下降相，钾离子由里面移至外面，这就是以前他们实验结果的答案。他们定量测量两种时相的离子通透性，将结果写成一个公式输入计算机，这样就可预测许多已知和未知的兴奋性的基本特征，因为这些特性是由离子通透性变化所决定的。从 20 世纪 40 年代末期开始，他们详细地研究了神经兴奋时离子通透

性的基本特征，大量论文发表在《生理学杂志》(*Journal of Physiology*)[1]上。

埃克尔斯发现了神经冲动到达另一个神经细胞引起的电变化。在他的实验中，用尖端小于1微米的微电极插入脊髓运动神经元(其直径为40～60微米)内，由神经纤维末梢来的冲动引起脊髓运动神经元细胞兴奋或抑制，末梢和运动细胞的接触点称为突触，突触一词是由谢灵顿(Sherrington CS, 1861—1952, 1932年生理学或医学奖得主)命名的术语。埃克尔斯发现有两种突触：兴奋性突触和抑制性突触。细胞质膜电位改变与兴奋或抑制表达的关系是：如果到达的冲动与兴奋性突触相连，细胞反应有电变化，即兴奋性增加；相反，在抑制性突触，细胞反应无电变化，则兴奋性降低[2]。

他们阐明了外周和中枢神经电活动的根本性质，将有关神经活动的知识提高到一种前所未有的、明晰的认识水平。

参考文献

[1] Hodgkin AL, Huxley AF. A quantitative description of membrane current and its application to conduction and excitation in nerve [J]. J Physiol, 1952, 117(4): 500-544.

[2] Eccles JC, Fatt P, Koketsu K. Cholinergic and inhibitory synapses in a pathway from motor-axon collaterals to motoneurones [J]. J Physiol, 1954, 126(3): 524-562.

§4.2 神经递质和突触理论

1970年生理学或医学奖颁发给卡茨(英，Katz SB，1911—2003)、奥伊勒(瑞典，Euler UV，1905—1983)和阿克塞尔罗德(美，Axelrod J，1912—2004)，表彰他们在“述及末梢液体神经递质的储存、释放和失活”方面的发现。

所谓神经递质就是神经元之间、感受器与神经元之间以及神经元和效应器之间的信息交流的物质，主要通过化学物质传递的方式实现，实现这一传递的结构基础是突触，化学物质从神经末梢释放，作用于位于突触后膜的受体，并引起靶细胞产生兴奋或抑制效应。

前已述及(1963年生理学或医学奖)，神经纤维上的冲动是一种持续1/1 000秒的电脉冲，神经细胞借助这种脉冲系列相互通信，高速传导到它们的末梢，在末梢处发出指令，引起神经的冲动，或支配肌肉、腺体以及身体其他器官的活动。然而，神经冲动在神经末梢处的传递除了电活动之外，在20世纪20年代，英国戴尔(Dale HH)和澳大利亚勒维(Loewi O)已证明冲动传递是以化学的方式进行的,即在神经末梢释放生物活性物质,引起下一个神经的电活动或直接支配器官产生活动,而获得1936年生理学或医学奖。那么,这些生物活性的物质是怎样合成、储存和释放的?它们如何能在不到1秒的时间内出现、产生作用并消失的?

1970年生理学或医学奖的三位得主各自做出了重要的贡献。

卡茨研究了运动神经冲动作用于神经肌肉接点处(运动终板),引起肌肉活动所发生的电变化,发现了神经肌肉接点处的神经传递物质乙酰胆碱,证明了在运动神经和肌肉终板之间,信使物质乙酰胆碱是以小的量子形式从神经末梢释放。这不仅使我们理解了"胆碱能神经纤维"的作用机制,同时也建立了中枢神经系统和神经细胞突触传递理论的基础[1,2]。

奥伊勒研究交感神经系统,发现在神经末梢突触传递中的神经递质去甲肾上腺素,证明了神经中的去甲肾上腺素是在直径大约为万分之一毫米的颗粒中合成和贮存的[3,4]。

阿克塞尔罗德研究这些重要递质贮存和失活,发现去甲肾上腺素在酶的作用下,可以再甲基化而失活,也证明了去甲肾上腺素可以被神经末梢重摄取。递质物质的释放是过量的,一旦需要的量已达到目的并引起效应时,余下的则大多数递质被重新输送到神经末梢的储存点,以便能够迅速、有效地限制神经冲动[5,6]。

目前已知神经递质分为5类:氨基酸能神经递质,如γ-氨基丁酸、组织胺;胆碱能神经递质,如乙酰胆碱;单胺能神经递质,如肾上腺素、多巴胺、5-羟色胺;肽能神经递质,如血管紧张素、内啡肽、神经肽Y;嘌呤能神经递质,如腺苷、腺苷三磷酸等。

卡茨、奥伊勒和阿克塞尔罗德关于神经化学递质性质的重要研究,不仅丰富了我们的医学理论知识,而且对于了解和治疗外周和中枢起源的神经疾病也是非常重要的。我们的精神和心理过程越来越可以通过化学手段加以干预。精神药理学已成为一个人们很感兴趣的科学分支。目前,对某些神经和精神疾病,已能用药物进行治疗。

参考文献

[1] Kats B, Thesleff S, Eccles JC, et al. Cholinergic and inhibitory synapses in a pathway from motor-axon collaterals to motoneurones [J]. J Physiol, 1954, 126(3): 524-562.
[2] Kats B, Milerdi R. A study of spontaneous miniature potentials in spinal motoneurones [J]. J Physiol, 1963,168: 389-422.

[3] Von Euler U, Lishajko F. Effect of reserpine on release of noradrenaline from transmitter granules in adrenergic nerves [J]. Science, 1960, 132: 351 - 352.
[4] Ostlund E, Bloom G, Adams-Ray J, et al. Storage and release of catecholamines, and the occurrence of a specific submicroscopic granulation in hearts of cyclostomes [J]. Nature, 1960, 188: 324 - 325.
[5] Whitby LG, Hertting G, Axelrod J. Effect of cocaine on the disposition of noradrenaline labelled with tritium [J]. Nature, 1960, 187: 604 - 605.
[6] Axelrod J. Enzymatic conversion of metanephrine to normetanephrine [J]. Experientia, 1960, 16: 502 - 503.

§4.3 细胞质膜上单离子通道的发现

1991年诺贝尔生理学或医学奖颁给了两位德国科学家内尔(Neher E,1944—)及扎克曼(Sakmann B,1942—)。他们在20世纪70年代中期,合力发展出一套测量细胞质膜上离子通道叫作电压钳位(voltage-clammping)和膜片钳制(patch clamp)的技术,使得我们对细胞质膜有了一个全新的认识。

我们知道,细胞质膜是由不透水的磷脂分子组成,防止细胞内外物质的交流,但是一个活的细胞又必须随时和外界环境保持密切的联系,这样才能不断依照外界环境的变化,作出适当的反应。细胞质膜上各种各样的受体就是作为接收外界信号的侦察器接收外界刺激,或是接收来自身体其他细胞的激素或神经传导物等信息,同时也是与外界交换物质的通道。

细胞内外离子 Na^{+}、K^{+}、Ca^{2+}、Cl^{-} 等的分布,对细胞功能有重大的影响。由于细胞质膜内外离子分布的浓度不一,在细胞质膜上就产生了一个膜电位差,里面为负,外面为正,大小约为 0.03～0.1 V。

细胞离子通道的研究过去多依赖一些电生理的技术,如同前一节所述(埃克尔斯、霍奇金和赫胥黎,1963年生理学或医学奖得主),插入一根电极到细胞内,然后连通另一个在细胞外的电极,在不同生理情况记录细胞质膜电位差的变化。但是这种传统的电生理技术分辨率不够,而且无法在任意改变细胞内的各种成分后,再观察研究这些改变对细胞质膜上离子通道的影响。内尔和扎克曼发明了电压钳位和斑点钳制的技术后,这些难题便都迎刃而解了。

内尔在大学期间学习物理专业,以后学习生物物理,在求学时就对细胞质膜上带电离子的流通及其影响神经脉冲的传导问题深感兴趣,而电压钳位的构想来自他的博士论文。技术本身主要是内尔与德国生理学家扎克曼医生共同发展成功的。他们利用一个毛细玻璃管,管内充满液体，管口的直径约为 10^{-3} 微米，比一个细胞还小，用作记录电极。在显微镜下，将这个毛细管口轻轻压住细胞的表面，再加点吸力，细胞质膜就会紧紧粘在管口上。如果细胞质膜上有一个离子通道，通过电流的纪录仪器，就可以纪录这个离子通道进出的离子流流量。

1976 年，内尔与扎克曼应用这套技术顺利地记录了青蛙肌肉细胞上单一离子通道流过的电流，电流量约为 20×10^{-12} A，换算成离子数目，大约是每秒通过 1 亿个离子[1,2]。在此之前，大家很难了解细胞质膜内外离子的变化，究竟是通过少数几个大量离子的通道，还是经由许多只能通过少量离子的通道引起的。接着，他们应用这些新技术发现，细胞质膜上各式各样的离子通道，大约有 20～40 种：有的只能通过正离子，如 Na^+、K^+、Ca^{2+}，有的只通过负离子 Cl^-；组成通道的蛋白质在不同环境下，会改变形态，造成离子流量的变化。他们使用这种微电极技术，向细胞内注入一些生物活性物质，观察细胞通道的改变。很多调节机制，例如 cAMP 与 Ca^{2+} 的关系、胰岛素与血糖水平的调节机制等，就是用这个技术解释清楚的。

根据细胞离子通道的特性，可设计一些特殊的药物来控制这些通道的开关，进而调整细胞整体的功能。另一方面我们也可以透过离子通道，来认识细胞在不同环境中的应激机制。电压钳位技术对现代生物学的冲击是很大的，这也是一个技术上的突破引发重大科学进展的例子。

参考文献

[1] Neher E, Sakman B. Voltage-dependence of drug-induced conductance in frog neuromuscular junction [J]. Proc Natl Acad Sci U S A, 1975, 72(6): 2140-2144.

[2] Neher E, Sakman B. Single-channel currents recorded from membrane of denervated frog muscle fibres [J]. Nature, 1976, 260(5554): 799-802.

§4.4 大脑半球的分工

斯佩里(美，Sperry RW, 1913—1994)因大脑半球分工的研究成果而与休伯尔(美，Hubel DH, 1926—)、维厄瑟尔(瑞典，Wiesel TN, 1924—)发现视觉信息处理分析(内容请阅 §4.7)共同分享 1981 年诺贝尔生理学或医学奖。

解剖上，大脑是由两个半球组成的，两半球之间具有千百万神经纤维(称为胼胝体)相连接。胼胝体实际上是一束神经组织，负责协调左、右脑半球的工作。它使两个脑半球发生联系，使记忆和学习的传输活动得以实现，在不断地互相联系中，告知对方有什么情况发生。

一个多世纪以来,尽管我们已经了解两半球各执行不同的功能:左半球是语言中枢,在两半球中处于支配地位,右半球主管行动。除此以外,对于大脑的更高级的功能,不甚了了。

斯佩里 50 年代开始用猴子研究两大脑半球之间的联系,他发现如果切断两半球之间的联系,每半球仍能保持它的学习能力,但是学到了什么不能告知对方半球。临床上治疗顽固的癫痫,常常使用一个称作"连合部切开术"的神经外科手术(这个手术如同在斯佩里的实验中将猴子联系两大脑半球的神经纤维切断),术后大部分患者的症状得到改善,癫痫发作的次数减少了,同时患者在行为和反应上也没有很大的变化。当时还没有一种心理学测试方法来评价患者学习和感知的能力。

斯佩里设计了非常精巧的实验,显示出这些"连合部切开术"患者的每个大脑半球都有自己的意识世界,学习和记忆是完全独立的,每个大脑半球都有其自己的认知经验、感情、思想和记忆世界,一个大脑半球的神经活动完全不能通达到另一半球[1]。通过一系列的实验,斯佩里证明了,大脑左半球负责抽象思维、数字符号以及推理,专司语言、书写、数学计算。左半球比右半球对于神经系统的支配更具有强势。右半球默默无闻,缺乏与外部世界沟通的潜力。正如斯佩里的描述:"右半球,一个被动的、沉默的乘客,把驾车的权利交给了左半球。"斯佩里证明了右半球负责具体思维、空间意识和复杂关系的理解,听觉印象的解释,理解音乐、识别旋律、曲调、声音和语调。右半球缺乏计算能力,加法只能在 20 以内,不会作减法、乘法和除法[2]。

斯佩里对于"连合部切开术"术后患者的研究,取得了人们从未想到或可能达到的成功:为我们展示出几乎完全是隐秘的大脑的内部世界,使人们能够在一个全新的范围理解大脑更高级的功能。

著名的俄国生理学家巴甫洛夫(Pavlov IP, 1904 年生理学或医学奖得主)很早就曾经指出,人的智慧类型可以分为思想型和艺术型两类。这种说法的确有其正确性成分。斯佩里的工作证明了左脑思维冷静而具有逻辑,右脑充满想象而富于艺术创造,所以很可能是,思想家的左脑、而艺术家的右脑在大脑两半球中处于支配地位。

参考文献

[1] Gazzaniga MS, Bogen JE, Sperry RW. Some functional effects of sectioning the cerebral commissures in man [J]. Proc Natl Acad Sci U S A, 1962, 48: 1765-1769.

[2] Sperry RW. The growth of nerve circuits [J]. Sci Am, 1959, 201: 68-75.

§4.5 神经系统内的信号转导

2000年诺贝尔生理学或医学奖授予美国的坎德尔(Kandel ER，1929—)、格林加德(Greengard P，1925—)和瑞典的卡尔森(Carlsson A，1923—)三人，原因是他们发现了“神经系统中信号转导”的奥秘，也就是神经细胞间的慢速突触(慢神经信息)的传递原理。

人脑中共有数千亿个神经细胞，这些神经细胞通过一个异常复杂的神经网络相互连接。由一个神经细胞传往另一个神经细胞的信息可以通过不同的化学传送器进行，这种信号传送在特殊的接触点进行，这种接触点称作突触。一个神经细胞具有几千个这样的突触。

卡尔森从50年代开始的一系列先驱性研究，证明了多巴胺是重要的大脑神经递质，认为多巴胺只是另一个神经递质去甲肾上腺素的前体，并建立了一个具有高灵敏度测定多巴胺的方法，发现在大脑神经中枢基底部多巴胺浓度很高，说明多巴胺对于运动行为的控制的重要性。利血平是一种能够消耗突触递质的自然界物质，卡尔森发现，服用利血平的实验动物能够产生如同患帕金森病一样的不自主运动，再服用可以在体内转化成左旋多巴胺，并能使动物的这种症状消失[1]。根据这个原理，开发出以左旋多巴胺治疗帕金森症一系列有关疗法，例如，阻断多巴胺受体，影响突触传递安定药一类药物，可以用来治疗精神分裂症或是常见的精神抑郁症。脑内神经递质5-羟色胺(血管收缩素)主要分布于松果体和下丘脑，与睡眠、镇痛、体温调节有关，它的选择性摄入是新一代抗抑郁药物。一个利血平分子可以使受作用的组织释放出几百个5-羟色胺分子，因而产生利血平诱导的一系列生理作用。

卡尔森的发现为美国神经科学家格林加德、坎德尔的工作奠定了基础。

20世纪60年代末，人们已经了解多巴胺、去甲肾上腺素、5-羟色胺和一些神经肽是中枢神经递质，它们的突触传递被称为慢突触传递，意指由这种传递导致的神经细胞功能的改变能够延续几秒钟到几小时，这和神经系统的一些基本功能如警觉和情绪有重要关系。格林加德揭示了信号通过突触时有关分子的级联活动，突触是神经细胞间的联结。他发现，多巴胺与膜受体结合后，引起第二信使cAMP升高，激活蛋白激酶A，从而使神经细胞内的其他一系列蛋白质磷酸化，导致膜离子通道改变，出现电冲动传输，改变神经细胞的兴奋性[2]。

坎德尔开始在动物身上研究记忆和学习与突触传递的关系，但是这太复杂了。后来他找到一个简单实验模型海蛞蝓(一种海洋生物，俗名鼻涕虫，形似去壳的蜗牛)，它只有20 000个神经细胞，细胞很大。这种动物可以通过给予一定的刺激，逐渐形成并增大防御反射，这种学习的记忆可以延续几天或几星期。研究证明，从感觉神经细胞到肌肉组群之间的神经突触功能的变化，对学习和记忆起着关键作用，也就是说记忆发生在突触，而神经突触效能的变化是记忆的基础[3,4]。90年代，坎德尔将同样的实验应用到对小鼠大脑，取得了和海蛞蝓神经细胞上同样的结果[5]。

短时记忆也发生在突触，也是由于突触效能的变化产生的。所谓短时记忆是指延续几秒钟到几小时的记忆，它和蛋白质磷酸化作用、离子通道的改变、钙离子大量进入神经末梢有关。对于长时记忆的产生，蛋白质的合成也是必要的，因为它可导致神经突触形状和功能的转变，这正是格林加德所描述的分子机制[6]。

上述三位科学家的重大发现对于理解脑部在正常情况下的运作原理，以及类似信号的传送如果受到干扰就会引发何种神经和生理疾病，将产生至关重要的作用。他们的研究成果有益于人类研制出更有效地治疗帕金森症和精神分裂症等神经疾病的药物。这些发现还将导致医药学领域的重大进展。

参考文献

[1] Carlsson A, Lindqvist M. Magnusson T, 3, 4-Dihydroxyphenylalanine and 5-hydroxytryptophan as reserpine antagonists [J]. Nature, 1957, 180(4596): 1200.

[2] Miyamoto E, Kuo JF, Greengard P. Cyclic nucleotide-dependent protein kinases. 3. Purification and properties of adenosine 3′, 5′-monophosphate-dependent protein kinase from bovine brain [J]. J Biol Chem, 1969, 244(23): 6395－6402.

[3] Reik L, Petzold GL, Higgins JA, et al. Hormone-sensitive adenyl cyclase: cytochemical localization in rat liver [J]. Science, 1970, 168(929): 382－384.

[4] Castellucci V, Pinsker H, Kupferman I, et al. Neuronal mechanisms of habituation and dishabituation of the gill-withdrawal reflex in Aplysia [J]. Science, 1970, 167(926): 1745－1748.

[5] Kandel ER. Nerve cells and behavior [J]. Sci Am, 1970, 223(1): 57－67.

[6] Kandel ER, Hawkins RD. The biological basis of learning and individuality [J]. Sci Am, 1992, 267(3): 78－86.

§4.6 耳蜗刺激(听力)的物理机制

1961年的生理学或医学奖颁发给了哈佛大学的贝凯西(美、匈，

Békésy GV，1899—1972)，表彰他在研究耳蜗刺激(听力)的物理机制所作的贡献[1]。

贝凯西毕业于瑞士伯尔尼大学化学专业，在匈牙利布达佩斯大学获得物理学博士学位，后任物理学教授，曾在布达佩斯邮局和柏林西门子公司长途电讯部门工作，研究耳的听力机制一直是他的兴趣。1947年到达美国哈佛大学，建立心理-听力实验室。不久后，他建立了内耳及其神经的机械模型，开始实现他多年的研究愿望。

贝凯西对中耳和内耳进行了显微解剖，了解其结构；以遥控技术方法进行刺激和记录；采用高放频闪观测仪显微镜等方法，测量人工制造膜千分之一毫米的振幅，从而揭示了鼓膜的震动模式和中耳听小骨相互作用在听力产生机制中的作用，并导致有关内耳动力学机制的发现。

贝凯西对于中耳声音传导作出了很多重要的贡献，其中阐明耳鼓的振动形式与听小骨相互作用尤为重要，这些技术和理论直接导出了内耳动力学的基本原理。

耳蜗是一个充满液体、盘状且一端趋于狭窄的管道，其容积只有1 cm^3。它位于内耳，能区分声音信号中的不同频率，可听见的声音频率范围从20～20 000 Hz。耳蜗不同的位置识别音频率不同，螺旋的、宽阔的外口识别高频音，螺旋的内端识别低频声音。耳蜗还携有神经细胞，它们随着耳蜗液体的振动而活跃起来。

实验及临床资料都说明赫姆霍尔茨(Hermann von Helmholtz，1821—1894，德国生理学家，物理学家及解剖学家)的推测，即声波的频率决定对耳蜗基底膜的刺激部位，对于这种膜振动形式的物理特性和状态的研究，在当时只能进行理论上的推测。贝凯西发现了声音的刺激使得听小骨-镫骨的踏板在基底膜引起一个复合波，这个波从耳蜗僵硬的基底部分到达柔软的耳蜗顶部，如同一个绸带的舞动，波幅逐渐向前运动；最大波幅的位置取决于刺激声波的频率，振动频率愈低，复合波则传得愈远，最大波幅的位置靠近耳蜗顶部。贝凯西以一支细针触动基底膜，不同的部位产生不同方向的振动，从而发现毛细胞的刺激来自基底膜的局部压力，使我们对耳蜗的频率分析功能有了清晰的理解：声波的机械能量通过转变，产生电位而导致神经冲动的发生。

贝凯西的工作对听力学发展、精确的听力诊断方法和临床应用、耳疾患的治疗产生了巨大影响。

参考文献

[1] http//nobelprize.org/nobelprize_medicine/laureates/1961.

§4.7 视觉的生理和化学与视觉信息处理

1967 年生理学或医学奖颁发给了格拉尼特(瑞典,Granit R,1900—1991)、哈特兰(美,Hartline HK,1923—1983)和沃尔德(美,Wald G,1906—1997),表彰他们对有关视觉的生理和化学研究方面的重大贡献[1]。

我们周围的世界并不存在光、影和色彩,它们是某些电磁辐射作用于眼内视网膜上感觉细胞的结果,自然界中的光、物体的形状以及丰富的颜色,取决于相应辐射的频率和强度。光量子具有波动性和粒子性,当光量子打击在眼内的视网膜上时,它们被特殊的细胞视网膜杆状细胞和锥状细胞捕获,产生的信息通过转运传递,把感觉细胞的信号综合在一起,并将其翻译为大脑能理解的语言。第一个转运站在视网膜内,由复杂的神经网组成,其结构已由神经组织学家卡哈尔(西班牙,Cajal R,1852—1934,1906 年生理学或医学奖得主)详细描绘:大量感觉细胞的信息汇聚在比感觉细胞少得多的视神经纤维上,并使信号的模式发生转化。

沃尔德对生物学有深刻的理解并掌握了高超的生物化学技术,他成功地确定了视色素及其前体的存在。他和他的同事发现,感觉细胞中的感光物质(视色素)主要由两部分组成:一个是含有维生素 A 的较小的部分即生色团,另一个是大的视蛋白板块。通常情况下,生色团像七巧板中的一个钩形的板块,装配在视蛋白的表面上。此外,他们还描述了不同型视锥细胞的吸收光谱。

视色素接受光量子后,生色团就发生异构化,II-顺式变成全-反式,直挺起来,并从视蛋白的表面上释放出来,即产生视色素的分裂。这种由于光而引起的分子异构化触发了视觉系统一系列变化:化学的、生理的和心理的变化。沃尔德认为这一反应适合于整个动物界,因而他的发现具有广泛的意义。沃尔德研究了发生在眼和视网膜上由光引发的原初分子反应,并作出了极为重要的发现:这种原初反应是所有动物感受器的触发器,这是揭示视觉奥秘的一个重大的进展。

我们分辨颜色的能力,是不同的视细胞对光谱的不同部分的特异性反应。格拉尼特用电生理方法发现了视网膜有不同光谱敏感性的成分。从 1939 年他的第一项工作发表后,进行了一系列深入研究,发现有三种不同光谱敏感性特征的视锥细胞。格拉尼特的重要结论，最近已由沃尔德和其同事以及美国和英国的一些研究组用其他方法进一步证明。该发现表示视神经传递到脑的信号形式及引起的颜色感觉取决于三种视锥细胞的作用。

哈特兰利用鲎眼(鲎是一种大型海生蜘蛛)作为研究对象，仔细分析了感觉细胞在不同强度、持续光照的反应中产生的冲动和视感受器中冲动编码，发现了侧抑制现象，侧抑制由简单的神经连接调节。格拉尼特在30年代就指出过，在复杂的脊椎动物视网膜中抑制的存在及其重要性。哈特兰在证明邻近视觉细胞的相互连接后，以最有想象力的方式印证了格拉尼特的这一发现。

1981年生理学或医学奖的另一半由休伯尔(Hubel DH, 1926—　)和维厄瑟尔(Wiesel TN, 1924—　)获得，表彰他们对视觉信息处理方面的研究与发现。在他们研究视觉系统之前，人们只能支离破碎地认识大脑皮层的视觉功能。

视觉皮层神经细胞都是以规矩的柱状排列，每一个这样的柱状排列具有相同的功能，它们处理来自眼的冲动信号；很多个这样的柱组成一个超柱体，大脑皮层上的一个超柱体约为2 mm^2，每一个超柱体接受来自视网膜上相应一个区域的信号。三位诺奖得主以新的实验方法，证实了视觉皮层不同层次神经细胞冲动的存在。信息在大脑，要经过相关对照、线性图案和影像经过视网膜的运动等步骤，分析视网膜影像的各种成分的确切含义。他们还发现，动物出生后就具有视觉皮层细胞对来自视网膜冲动信息的解码能力，但是这种发育是有先决条件的：出生后一定要接受视觉刺激，如果眼睛在几天之内不能睁开，视觉皮层将发生永久性功能改变；视觉皮层的发育仅有光线的刺激是不充分的，必须要对视网膜有图案和轮廓的刺激。这个发现说明，刚刚出生后，大脑具有高度可塑性；在此期间接受丰富多彩的视觉刺激是非常重要的。

他们的发现是大脑解码来自眼信息冲动研究方面的重要突破，从此我们对于视觉系统的信号分析和最初视觉印象形成的基础有了更新的认识。

参考文献

[1] http//nobelprize.org/nobel_prize/medicine.

§4.8 嗅觉基因编码和信号大脑皮层定位

2004年生理学或医学奖授予了美国学者巴克(Buck LB,1947—)和阿克塞尔(Axel R,1946—),因为他们在研究嗅觉系统生理机制方面作出了很多突破性的研究工作,取得了显著的成果。

长期以来,机体对气味的感知一直是一个非常神秘的领域,识别和记忆几千种不同气味的基本原理一直不为人所知。气味是一些具有化学特征的分子,机体对它的感知是气味分子作为一种配基与位于鼻腔后隐窝的特殊嗅上皮(olfactory epithelium,OE)细胞神经元受体相结合的结果,然后将气味信息直接传送到分布于大脑皮层额叶的嗅球(olfactory bulb,OB),再投射到大脑皮层并和皮层进行高级的嗅觉信息处理,使大脑能够识别气味,产生气味记忆。

气味受体分子是一种蛋白质,其羧基端在膜内,氨基端在膜外,整个蛋白质链穿越嗅觉受体细胞质膜七次;庞大的气味分子受体家族的形成是由复杂基因编码控制的。每一类型的嗅觉受体细胞只表达一种气味分子受体,每一个气味分子受体只能感知有限的几种气味分子,不同的气味受体之间的差别只是链上的一些氨基酸残基不同而已。当一个气味分子附着到一个气味分子受体上,受体蛋白链的构型发生改变并引起G蛋白的激活,接着G蛋白活化腺苷酸环化酶使cAMP升高,激活离子通道并使细胞发生生理活动。

小鼠约有1 000多种不同类型的嗅觉受体细胞,犬类大约和小鼠相似;人类在进化中一些基因发生退化,但至少应该有350种嗅觉受体细胞。

开展任何一项有成果的前沿性研究,都需在当时其他科学及有关学科取得的研究成果基础之上进行,即所谓站在巨人的肩膀上观察世界。嗅觉研究是从90年代初开始的,当时有关研究有以下几个方面的进展。

(1) 鼻上皮纤毛即是嗅觉信号的感知部位:例如鱼类的嗅觉系统可以感知氨基酸的气味,游离的鼻上皮纤毛可与氨基酸发生特异性结合。选择性地切除鼻腔上皮的纤毛会导致嗅觉反应缺失,鼻上皮纤毛即是嗅觉信号的感知部位。70年代已有学者证实了以上发现。

(2) 神经递质和激素受体结构的发现:神经系统内各种细胞信息交换除了经典的神经递质突触传递学说之外,在研究多细胞机体内细胞间的信息传递的同时,也发现了很多非神经细胞来源的化学物质,如激素、细胞因子等,它们对神经系统细胞的作用也是通过突触传递方式实现的。80 年代，已发现很多的神经递质、激素、细胞因子以及一些其他信息物质与细胞质膜外的受体结合，以实现经受体转导跨膜的信息传递。其传递模式可分为三类：① 配体与受体结合后改变离子通道的活性，所有的化学性离子通道都归于此类；② 受体本身具有酶活性，如酪氨酸激酶，其催化部位在细胞质膜内；③ 配体与膜受体蛋白(具有一个七次穿越细胞质膜的肽链)结合后与 G 蛋白偶联，激活传导细胞内信号。当时已经发现，暴露在细胞外表面的特异性受体可以识别各种物理(如光)、化学信息并与之发生作用，使受体肽链上的氨基酸结构发生变化，激活 G 蛋白，接着 G 蛋白活化腺苷酸环化酶使 cAMP 升高，并激活离子通道，使细胞发生生理活动。经过证明，庞大的气味分子受体家族属于 G 蛋白偶联受体(GPCR)，分子克隆也已证明了，这些受体都属于一个七次穿越细胞质膜的超受体家族。

(3) G 蛋白受体偶联调节：与此同时，发现了众多的气味均可导致腺苷酸环化酶的快速激活并使 cAMP 水平升高，同时也观察到三磷酸肌醇的升高。腺苷酸环化酶的激活取决于三磷酸鸟苷(GTP)的存在，所以，整个嗅觉信号系统的信息上传导是由 G 蛋白受体偶联调节的。cAMP 的升高直接激活环核苷酸阳离子通道，使嗅觉神经元极化，从而改变膜电位。这些观察说明，气味与鼻腔上皮表面的嗅觉受体结合后，激活细胞质膜内的特异性 G 蛋白，然后 G 蛋白启动了一系列细胞内信号传导活动，导致一个活动电位的产生，再延着嗅觉神经逐步扩大传至大脑。如此看来，嗅觉信号传导通路的气味受体似乎也应该属于这样一个受体超蛋白家族。气味的感知可能与激素和神经递质同属于一样的信号转导系统，但是嗅觉系统广泛而精细的识别能力一定需要更高级的神经中枢的处理，以便能感知单一气味。

(4) 聚合酶链反应(PCR)：是一种实际上可以无限扩增某 DNA 片段的简单方法。在 1985 年的一次学术会议上，此方法首次被穆利斯(Mullis K)介绍，在分子生物科学家中也引起了强烈反响。大家很快地采用这个方法，并得到了广泛的实际应用，被许多科学家视为近十年来分子生物学领域最重要的一项技术突破。1993 年，穆利斯因此获得诺贝尔化学奖。气味受体的分子克隆即巧妙采用 PCR 方法，并获得了成功。

1991 年，巴克和阿克塞尔在“细胞”杂志上发表了他们有关嗅觉研究的第一篇论文，应用分子生物学技术，研究嗅觉系统上皮细胞蛋白质基因表达，克隆了只在鼻腔嗅觉上皮表达的、七次穿越细胞质膜的、超大多基因家族的 18 种不同的基因，确定了它们的基因编码，在分子水平解释了嗅觉系统感知机制[1]。这个基因家族由几百个基因组成，它们应该是编码单一气味受体基因家族成员，每个嗅觉受体细胞都只表达某一种特定气味受体基因[2]。

以凝集素或 *c*－*Fos* 基因标记作为神经传递的示踪物质，实验证实了：一个嗅觉受体的输入信号通过神经元的轴突转移到嗅泡，再通过神经元突触、轴突，传输到嗅觉皮层，集中于一些嗅皮层固定不变区域神经元簇，来自不同嗅受体的信号被不同的嗅小球和投射的神经元隔离开，因而形成了对单一气味的识别。这个模式概括了很多大脑区域神经元活动的模式，包括听觉、视觉和触觉。使用 *c*－*Fos* 基因标记方法，发现了专一的气味激活皮层前梨状叶(anterior piriform cortex, APC) 神经元的特定部位[3,4]。

在一个防止气味泄漏的聚碳酸酯小盒中，分别使小鼠单独暴露于各种气味中，如乙酸乙酯、橘味醚、香草醛、薄荷醇等。使用清醒的、能自由活动小鼠研究气味的表达。研究表明，气味作用部位在 APC，这是大脑的一个主要的嗅觉皮层，在基因追踪研究中这个皮层显示嗅觉受体输入信号处理的独特模式。用计算机检查 *c*－*Fos* 的免疫染色图像，在显微镜下对位于 APC 神经元 $c-Fos^{+}$ 进行标记，再进行统计分析，显示每一个气味都会使皮层神经元的一些小的亚单位兴奋，统计表明，这些皮层神经元在 APC 的分布是稀疏和不均衡的。不同的气味在 APC 的表现是不同的，部分是重叠的。这些特征具有个体相似性，也具有浓度依赖性，即随着气味浓度的增加，这种特性在数量与空间上都得到放大。因为 APC 激活的模式与由气味引起的激活在拓扑结构上极其相似，所以按这个逻辑进行推理，而将嗅觉信息在大脑皮层作图定位。

参考文献

[1] Buck L, Axel R. A novel multigene family may encode odorant receptors: a molecular basis for odor recognition [J]. Cell, 1991, 65(1): 175－187.

[2] Ngai J, Dowling MM, Buck L, et al. The family of genes encoding odorant receptors in the channel catfish [J]. Cell, 1993, 72(5): 657－666.

[3] Zou ZH, Li FS, Buck LB. The human olfactory receptor gene family [J]. Proc Natl Acad Sci U S A, 2004, 101(8): 2584－2589.

[4] Zou ZH, Li FS, Buck LB. From the cover odor maps in the olfactory cortex [J]. Proc Natl Acad Sci U S A, 2005, 102(21): 7724－7729.

第5章　新方法、新疗法和新发病机制的研究

§5.1　个体和社会行为模式的建立

1973年诺贝尔生理学或医学奖授予联邦德国慕尼黑大学动物研究所的弗里施(Frisch KV,1886—1982),奥地利布尔德恩的普朗克研究所的洛伦茨(Lorenz K,1903—1989)和英国牛津大学动物系的廷伯根(Tinbergen N,1907—1988),以表彰他们在个体和社会的行为模式的建立和阐述[1]。

20世纪初,关于动物行为本质的争论复杂纷纭,主要分为三个学派,即活力论学派、反射学派和行为学派。活力论者认为,个体行为是由本能控制的,这是一种无法解释的、固有的、与生俱来的神秘精神;而反射学家们机械的解释又失于片面;行为论者坚信,行为的变化都可以用学习来解释。后来,学者们在研究物种差异的过程中都注意到了不同行为模式的生存价值,如果把行为模式解释为类似于解剖和生理特征那样的自然选择,这个问题就迎刃而解了。1973年生理学或医学奖得主是“行为比较学”、“动物行为学”的奠基者,他们最初的发现虽然是来自于对昆虫、鱼类和鸟类的研究,但已经得到证实,其基本原理可以运用到哺乳动物包括人类行为的科学研究中。

弗里施研究蜜蜂的“语言”与行为：一个蜜蜂如果找到了蜂巢附近的采蜜地点,回巢时就会表演“圆舞”,若采蜜地点距离蜂巢50米,就表演“摇摆舞”,以通知蜂巢里的蜜蜂。回巢蜜蜂舞蹈动作的强度愈大,发现的采蜜地点愈近。通过一些实验,他仔细观察了蜜蜂社会的组织,得出了行动方向与太阳和紫外线有关等结论。这种复杂的蜜蜂社会的信息交流模式显然是来自遗传,而不是后天学习所得。弗里施建立了蜜蜂个体和社会行为的研究方法。

洛伦茨也是现代行为学的创始者,提出比较动物学的研究方法以研究动物及人类的行为。他从20世纪20年代开始研究鸟类的本能活动,发现大范围的“固定行为模式”只是来源于一个物种的“关键刺激”。他研究初生小鸟的行为,证实了固定行为模式只是对关键刺激

的反应，与以前的经验无关，即不是后天学习所得。但是，对于某些行为的形成，后天的充分学习又是非常重要的。他根据鸭、鹅的学习行为，提出"印记"的概念：孵化后不久的幼雏会通过视、听刺激学会辨识亲鸟(亲生父母或养父母)并跟随其行走。在生命的早期，一定形式的刺激对于正常发育是必要的，由这些刺激引发的行为模式是不可改变的。

廷伯根的贡献在于应用精心设计的、具有独创精神的实验来验证他自己和其他人的假说。例如他使用人体模型来测量关键刺激的强度，分析这些刺激引发出的行为。他发现，海鸥喙部的性质，如它的外形、颜色的差异，是由于雏鸟在鸟巢求食或啄食的结果；超常的刺激可能引发超常的行为。后来廷伯根又与洛伦茨合作，证明了不同形式的行为是互相协调的，进而组成行为序列，阐明了个体在发育过程中行为模式发展成熟的方式。

这一年的生理学或医学奖授予一个纯属动物学的科研成就，几乎和生理学或医学没有直接的联系，这在授奖史上是不多见的。

参考文献

[1] http//nobelprize.org/nobel_prize/medicine/laureates/1973/.

§5.2 X射线-CT扫描仪、核磁共振成像技术

5.2.1 X射线-CT扫描仪

1979年生理学或医学奖授予了科马克(美，Cormak AM，1924—1998)和豪恩斯菲尔德(英，Hounsfield GN，1919—2004)，表彰他们在研制X射线计算机断层(CT)仪器中的突出贡献[1]。

1895年，德国物理学家伦琴(Roentgen WC，1845—1923)在实验室研究阴极射线所引起的荧光现象时，意外地发现放在距离放电管两米远的涂有铂氢钡的屏也发出荧光。他当时不理解这射线哪里来，就叫它X射线。1901年，伦琴因为发现X射线而成为首届诺贝尔物理学奖得主。世界上第一张X线照片就是伦琴为他夫人的手摄制的，当时已经显示出常规X线片在医疗诊断上的巨大潜力，同时也存在它应用的局限性——只能显示骨的结构，对软组织的观察是无能为力的。

X射线的发现对人类的贡献是巨大的，X射线揭开了20世纪物理学革命的序幕，同时，许多科学家把X射线应用于医疗诊断和物质结构的研究。

常规医疗诊断用的 X 线片是 X 射线穿透身体和器官后使感光胶片曝光，医师根据胶片不同区域的不同曝光程度结合解剖以及病理解剖知识进行疾病诊断。因为 X 射线是从一个方向(称为阳极或阳极靶)发出的，它所穿透的组织器官的阴影全部重叠在一个平面上，如果需要进一步了解某一部位的情况，还要拍摄侧位片，等等。阳极越小，发出的射线越细，穿透组织器官后形成的 X 线片越清晰；感光胶片上的卤化银颗粒越细，X 线片越清晰。但是，这两个条件在常规医用 X 射线诊断中是有一定限度的，例如阳极有 75% 的热能消耗，即便使用旋转阳极靶，阳极也不能做得过小。这些问题在计算机引入医疗设施后才得以逐步解决。采用射线探测器接收透过的 X 线，信号经过放大后再进行数字分析，大大提高了敏感性；由于敏感性的提高，阳极可以接近点状；由于计算机可以处理大容量的数据，多方向横断扫描也成为可能。

计算机层析 X 射线照相术(Computer Tomograph，CT)是采用很细的射线，聚焦于身体某一个层面，从多个方向做横断层扫描，再用灵敏的探测器接收 X 射线，利用计算机计算出该层面各点的 X 射线吸收系数值，再用图像显示器将不同的灰度等级显示出来，从而为疾病诊断提供可以参考的重要依据。这些数字符号转化成了胶片图像，就是医生和病人都能看到的 CT 片。CT 检查方便，安全便捷。例如，脑部所有的组织均匀地被颅骨所覆盖，常规的 X 射线摄影不能显示其细节。CT 扫描首先用于脑部，对脑瘤的诊断与定位迅速准确；对脑出血、脑梗塞、颅内出血、脑挫伤等疾病，是一种准确可靠的无损伤检查方法，几乎可以代替过去的脑血流图、血管造型等检查。它的灵敏度远远高于常规 X 射线胶片。

美籍南非人科马克是一位理论物理学家，他经过几十年的努力，解决了计算机断层扫描技术的理论问题，并于 1963 年首次提出用 X 射线扫描进行图像重建，并提出了人体不同组织对 X 射线吸收量的数学公式。

1972 年，世界上第一台 CT 在英国问世。这是继伦琴发现 X 射线以来，在医学诊断领域的又一次重大的突破。CT 出现以后的 20 多年来，经过了一代代技术革新，其分辨能力日益提高，成为当代医学诊断技术的一个重要标志。它的发明者是英国的工程师豪恩斯菲尔德，他与创立影像重建理论的美国物理学家科马克共同获得了 1979 年的诺贝尔生理学或医学奖。

5.2.2 核磁共振成像技术

2003年生理学或医学奖授予美国科学家劳特布(Lauterbur PC, 1929—)和英国科学家曼斯菲尔德(Mansfield SP, 1933—),以表彰他们在核磁共振成像(MRI)技术领域的突破性成就。这两位科学家的成果对MRI技术的问世起到了奠基性的作用。

1945—1946年,哈佛大学的珀塞耳(Purcell EM, 1912—1997)研究小组成功地探测到固体石蜡中氢核(质子)的共振吸收,斯坦福大学布洛赫(Bloch F, 1905—1983)小组也成功地探测到水中氢核的共振。许多科学家敏感地意识到它在化学分析中的重要作用,可能带来巨大商机。布洛赫和珀塞耳因“建立精确核磁测量方法及其有关发现”而获得了1952年的诺贝尔物理学奖。

核磁共振成像是随着计算机技术、电子电路技术、超导体技术的发展而迅速发展起来的一种生物磁学核自旋成像技术。它利用磁场与射频脉冲使人体组织内运动的氢核(H^+)发生振动产生射频信号,经计算机处理而成像的。当把物体放置在磁场中,用适当的电磁波照射它,使之共振,然后分析它释放的电磁波,就可以得知构成这一物体的原子核的位置和种类,据此可以绘制成物体内部的精确立体图像。

医学家们发现水分子中的氢原子可以产生核磁共振现象,利用这一现象可获取人体内水分子分布的信息,从而精确绘制人体内部结构图。氢核是人体成像的首选核种,人体内含有非常丰富的水和碳氢化合物,不同的组织,水的含量也各不相同,如果能够探测到这些水的分布信息,就能够绘制出一幅比较完整的人体内部结构图像。氢核的核磁共振灵敏度高、信号强,这是人们首选氢核作为人体成像元素的原因。MRI信号强度与样品中氢核密度有关,人体中各种组织间含水比例不同,即含氢核数的多少不同,MRI信号强度有差异,利用这种差异作为特征量,把各种组织分开,这就是氢核密度的核磁共振图像。人体不同组织之间、正常组织与该组织中的病变组织之间,氢核密度、原子核从激化的状态回复到平衡排列状态的弛豫时间 t_1(纵向弛豫时间)、t_2(横向弛豫时间)三个参数的差异,是MRI用于临床诊断最主要的物理原理。

在这一理论基础上,劳特布发现,磁场梯度可产生二维图像,并于1973年开发出了基于核磁共振现象的MRI,进而应用他的设备成功地绘制出了重水中充满普通水的试管截面的结构图像。曼斯菲尔德建立了磁场梯度的快速有效的信号分析转换成图像的方法,是获得

MRI 的关键步骤,没有这项技术就不可能在十年后出现临床应用。在此之后,MRI 技术日趋成熟,应用范围日益广泛,成为一项常规的医学检测手段,广泛应用于治疗和诊断。

今天的 MRI 和 X 射线、CT 三大技术,早已成为医院的常规技术,它们为揭开疾病的奥秘作出了伟大贡献。这三个技术从发现到成熟,100 年来分别获得了 4 项诺贝尔奖,先后有 7 名科学家获奖。这正说明了科学家之所以伟大,是他们用艰苦卓绝的探索,为人类战胜疾病作出了最关键的贡献。

参考文献

[1] http//nobelprize.org/nobel_prize/medicine/laureates.

§5.3 手性催化剂合成具有新特性的分子

2001 年诺贝尔化学奖奖金的一半授予美国科学家圣路易蒙森托公司的诺尔斯(Knowles WS,1917—)和日本名古屋大学的野依良治(Noyori R,1938—),以表彰他们在“手性催化氢化反应”领域所作出的贡献;奖金另一半授予美国拉豪亚斯科瑞珀斯研究所的夏普勒斯(Sharpless KB,1941—),以表彰他在“手性催化氧化反应”领域所取得的成就。

手性是自然界物质的基本属性。在物理学中称为“对称缺损”,在数学中是“群论”中“对称性”的研究对象,在化学中称为手性。人的左手和右手在三维空间里不能叠合。在有机化学里,如果分子中的某个碳原子和四个不同的基团相连,在现实的三维空间里,就成为某些性质不同的两个分子,称为手性分子,那个连接四个不同的基团的碳原子称为手性碳或手性中心,通常用“*”标示出来。一个化合物的分子与其镜像不能互相叠合,则必然存在一个与镜像相应的化合物,这两个化合物之间的关系,相当于左手和右手的关系,即互相对映。这种互相对映的两个化合物成为对映异构体,这类化合物分子称为手性分子。镜面不对称性是识别分子手性与非手性分子的基本标志。手性分子对映体具有相同的物理性质,如相对密度、沸点、熔点、溶解度等,但是生理活性不同,如药理、毒性、气味、口味等。生物分子一般都具有两种形态,这两种形态互为镜像,在自然状态下,其中一种镜像形态通常居支配地位。生物体感知外界分子是通过生物体内的酶和细胞表面的受体分子完成的,而这些受体分子是手性的,它们仅与对映体中一个手性分子产生作用,因此表现出不同的生理活性。在人体细胞中,手性分子的一种形态可能对人体有用,但另一种却可能有害。我们体内的20种氨基酸除了甘氨酸没有不对称的碳原子外(不具备手性特征),其余氨基酸的α碳原子都具备手性特征,天然蛋白质中的氨基酸的α碳原子上的氨基都在不对称碳原子的左侧。药物中常常含有手性分子,这些手性分子两种镜像形态之间的差别甚至关系到重大的健康问题,如20世纪60年代就曾因此造成过酞胺哌啶酮(一种孕妇使用的镇定剂,已被禁用)的灾难,导致1.2万名婴儿的生理缺陷。因此,能够独立地获得手性分子的两种不同镜像形态极为重要。

诺尔斯发现可以使用过渡金属铑(Rh)来对手性分子进行氢化反应,以获得具有所需镜像形态的最终产物[1]。他的研究成果很快便转化成工业产品,治疗帕金森症的药物 *L*-DOPA 就是根据诺尔斯的研究成果制造出来的。野依良治进一步完善了用于氢化反应的手性催化剂的工艺,他的研究小组首先合成金属铑-BINAP [2,2′-bis(diphenylphosphino)-1,1′-binaphthyl]复合物,用以作为催化剂,在反应中可以获得100%有益手性化合物[2]。夏普勒斯在手性分子加氧的催化反应作出了相当重要的贡献,例如他开发出了金属钛用于环氧化反应的手性催化剂[3],从而获得很多有用中间产物,这些产物已经用于降压药物的生产。

这三位获奖者作出的重要贡献就在于,利用催化剂催化重要的反应,能保证只获得手性分子的一种镜像形态。这种催化剂分子本身也是一种手性分子,只需一个这样的催化剂分子,往往就可以产生数百万个具有所需镜像形态的分子。他们为合成具有新特性的分子开创了一个全新的研究领域。现在,像抗生素、消炎药和心脏病药物等许多药物,都是根据他们的研究成果制造出来的。

人类新陈代谢过程是由一系列相互衔接的化学反应组成的。从分子水平看,手性代表了生命过程中最本质的性质,因为组成生命的小分子如氨基酸、糖具有手性,而生物大分子如肽、蛋白、多糖也具有手性,这些不同的手性化合物在代谢、调控生命过程中具有明显不同的生理活性,而生命体中的每一步生化反应都是在高度立体专一性催化剂"酶"的催化下进行的。

参考文献

[1] Knowles WS, Sabacky MJ, Vineyard BD. Catalytic asymmetric hydrogenation [J].

Ann N Y Acad Sci, 1973, 214: 119 - 124.
[2] Sobue M, Habuchi H, Ito K, et al. Beta-D-xylosides and their analogues as artificial initiators of glycosaminoglycan chain synthesis. Aglycone-related variation in their effectiveness in vitro and in ovo [J]. Biochem J, 1987, 241(2): 591 - 601.
[3] Elbein AD, Szumilo T, Sanford BA, et al. Effect of isomers of swainsonine on glycosidase activity and glycoprotein processing [J]. Biochemistry, 1987, 26(9): 2502 - 2510.

§5.4 药物治疗的重要原理

1988年生理学或医学奖颁给了三位药学家：英国伦敦大学的布莱克(Black JW,1924—　)、美国威尔康(Wellcome)药厂的科学家希钦斯(Hitchings GH,1905—1998)和埃利翁(Elion GB,1918—1999)。诺贝尔委员会推崇这三位科学家在发展一系列治疗心脏病、胃溃疡、痛风、血癌等疾病的药物所作的贡献。

早在20世纪初药理学家就认为，药物必须通过细胞上受体的作用，才能发挥其功能。受体的概念不仅解释了许多药物或激素作用的专一性，同时也为设计新的药物提供了理论基础，布莱克可说得上是这方面的先驱。1964年，他首先应用受体阻断剂的想法，发展出迄今仍被广泛使用于心脏病的心得安(propranolol，一种β-受体阻滞剂，用于治疗心律不齐、心绞痛等)[1]。1972年他又发明了抗消化性溃疡药——甲腈咪胺(cimetidine)。心得安和甲腈咪胺都对现代临床医学产生了巨大的冲击与影响。甲腈咪胺的药理作用与心得安都属于受体阻断剂，不过甲腈咪胺阻断的不是β受体，而是组织胺H_2受体[2]。胃酸过多是胃溃疡的重要原因，正常生理情况下，胃酸主要受到促胃酸激素的刺激而分泌，组织胺和迷走神经分泌的乙酰胆碱也会刺激胃酸分泌。因此布莱克利用同样的作法，设计一种组织胺受体的阻断剂，作为抑制胃酸分泌治疗胃溃疡的药物。

希钦斯和埃利翁两人从1945年开始合作，进行了一系列有成效的研究工作[3]。他们有一套自己发展新药的哲学，那就是药的选择性，即正常细胞与癌细胞、病毒、细菌之间生物化学上的差异，设计出只杀癌细胞或病毒但不伤害正常细胞的药。这个理论今天听起来似乎并没有什么了不起，但希钦斯自己回忆说，在40年代，从事药物研究有两条途径：筛选和基础研究。筛选就是把所有的化学药品给受感染的老鼠服用，只要试得够多，总会找到一些有用的药。基础研究则致力于基础生理与生化的研究，希望在搞清楚所有的细节前不进行任何尝试。希钦斯选择了中间路线：研究一些基本的生命现象，然后把这些基本知识直接应用到药物研究中。他们首先把注意力集中在细胞核酸的代谢上。当时对核酸合成的步骤一无所知，所以希钦斯首先选择一种细菌作实验模型，探讨细菌怎么把嘌呤和嘧啶的碱基加进核酸里，他们发现如果没有叶酸和一些嘌呤的供应，细菌无法生长。此后，开始寻找一些抑制细菌的核酸合成的药品，进而探讨这些药物对那些快速生长的细胞如白血病细胞，是否有抑制的作用。结果他们找到了两种硫代鸟嘌呤(thioguanine)和6-硫基嘌呤(6-mercaptopurine)，作为治疗白血病的药物。它们主要的作用是抑制细胞嘌呤的合成，使癌细胞DNA合成的原料嘌呤缺乏，从而自然影响到癌细胞的生长。

1957年，希钦斯的研究小组把6-硫基嘌呤修饰成咪唑硫嘌呤(azathioprine)，原先希望能改善对白血病细胞的杀伤力，但后来结果并不理想。然而，远在波士顿的Tufts大学的研究小组发现，咪唑硫嘌呤对一些自体免疫疾病治疗效果非常好，直到现在，这个药还被用来治疗严重的风湿性关节炎和防止移植器官的排斥作用。

在发展抗癌药物的过程中，希钦斯的研究小组不断有一些意外的惊喜。例如他们合成了一个药叫异(别)嘌呤醇(allopurinol)，发现对癌症的治疗毫无起色，但他们注意到此药能抑制黄嘌呤氧化酶(xanthine oxidase, XO)的活性。XO能将黄嘌呤氧化成尿酸(uric acid)；而尿酸过多沉积在关节引起发炎，正是痛风的原因。因此异嘌呤醇能防止尿酸的产生，成了治疗痛风的有效药物。

希钦斯和埃利翁的研究后来又发现了治疗疟疾的新药：pyrimethamine(乙嘧啶，息疟定)和治疗上呼吸道感染的三甲氧苄二氨嘧啶(trimethoprim)。三甲氧苄二氨嘧啶到现在还被用来治疗艾滋病患者最常见的一种肺炎并发症。

1977年，埃利翁和她的同事发展出第一个抗疱疹病毒的药：Acyclovir(ACV，一种合成嘌呤核苷类似物，化学式为$C_8H_{10}N_5O_3$，来源于鸟嘌呤)。ACV对正常细胞与病毒之间的鉴别力非常高，主要的原因是疱疹病毒自己会制造出一个与正常细胞不同的酶：胸核苷激酶(thymidine kinase, TK)。当ACV进入细胞后，它就会被病毒的TK磷酸化，之后，再受到细胞里核苷单磷酸及双磷酸激酶的作用，转变成ACV-三磷酸而堆积在细胞里。相反地，正常细胞的TK与病毒的TK不同，不会活化ACV，因此正常细胞中ACV-三磷酸累积的量就非常少。寻找正常细胞和病毒之间差别，是埃利翁早在50年代发展新药的基本思想。由他同一研究所的其他科学家在 1985 年研制出的治疗艾滋病的药物 AZT(azidothymidine),就是在这种基本思想指导下成功应用的范例。

参考文献

[1] Black JW, Crowther AF, Shanks RG, et al. A new adrenergic betareceptor antagonist [J]. Lancet, 1964, 1: 1080-1081.

[2] Wyllie JH, Hesselbo T, Black JW. Effects in man of histamine H 2-receptor blockade by burimamide [J]. Lancet, 1972, 2(7787): 1117-1120.

[3] http//nobelprize.org/nobel_prize/medicine/laureates.

§5.5 乙型肝炎和库鲁病病因的发现

5.5.1 澳大利亚抗原的发现

1976 年生理学或医学奖授予了美国学者布卢姆伯格(Blumberg BS,1925—)和盖达塞克(Gajdusek DC,1923—),表彰他们发现有关传染病病因和传播的新的机制。

澳大利亚抗原(Australia antigen)是最初发现于澳大利亚本土人血清中的一种抗原物质,简称“澳抗”。后来观察到病毒性肝炎患者血清中经常出现这种抗原,故又称为肝炎相关性抗原(HAA)。后经各国专家反复研究,发现 HAA 只出现在乙型肝炎中,与甲型肝炎无关。为避免混淆,经世界卫生组织肝炎专门会议正式命名为乙型肝炎表面抗原。

布卢姆伯格是“澳大利亚抗原”的发现人,同时也是第一代乙肝疫苗的研制人,对发现乙肝病毒和防治有着巨大的贡献。

人们知道肝炎这一疾病已有几个世纪,具有传染性,但病因不明。它常发生于人口密度大、卫生条件差的地区,如何传播仍然是个谜。

20 世纪 40 年代发现血液能传播乙型肝炎,医学家就开始寻找引起乙肝的病原微生物,但是花了 20 多年的时间仍没有结果。1966 年初,布卢姆伯格在研究血清抗原的遗传多态性与疾病易感性的关系时,在一位患白血病的澳大利亚人的血液中,发现了一种抗原物质,当时他并不知道这种抗原物质在血液中存在的意义。由于这种抗原来自一名澳大利亚人的血液,所以便将它命名为澳大利亚抗原,简称为“澳抗”。这个偶然的发现使布卢姆伯格和合作者们开始考虑澳大利亚抗原与肝炎的关系。进一步研究证实,这种抗原与以往所称的“传染性肝炎”不同,它的潜伏期较长,主要经输血或注射传染,呈散发性,部分病人的病程很长，甚至形成慢性肝炎。而“传染性肝炎”（即甲型肝炎）则潜伏期较短，主要经消化道感染，往往呈暴发性流行，但预后较好，一般不会演变为慢性肝炎。显然这位澳大利亚白血病病人很可能是因为经输血而感染了另一种与甲型肝炎不同的肝炎，因而在血液中检出这种抗原物质。

在做了更多的试验后，布卢姆伯格等在 1966 年发表论文[1,2]，提出澳大利亚抗原与急性病毒性肝炎之间有密切关系，可能通过输血传染。

后来证实澳抗与乙型肝炎有关，便将澳抗改称为肝炎相关抗原。严格地说，应该称为乙型肝炎相关抗原。这种抗原物质，实际上只是乙型肝炎病毒的外壳，而不是乙型肝炎病毒的全部，所以后来把这种抗原物质正式命名为乙型肝炎表面抗原（Hepatitis B surface antigen, HBsAg）。在一个人的血液中查到表面抗原，表示他曾经感染过乙型肝炎病毒，当然他不一定是肝炎病患者。

1971 年从布卢姆伯格所在的研究机构获得许可，开始了用人血液病毒的一个子单位做乙肝疫苗的应用研究。经过多年大量的研究和测试，终于研制成功从血液中提纯乙肝表面抗原制备的乙肝疫苗的产品，该疫苗能提供高于 90%的乙肝免疫力，用血液生产的疫苗 1981 年投入使用，这就是第一代疫苗血源性疫苗。

5.5.2 库鲁病的研究

盖达塞克的贡献在于他对于库鲁病的研究。库鲁（kuru）病是 20 世纪 50 年代发现的流行于新几内亚丘陵地带部族里的一种脑病，妇女儿童多发，患者没有感染和炎症的表现，表现为严重的脑组织破坏，6～12 个月后死亡。

新几内亚位于澳大利亚北部，赤道附近的西太平洋上，为世界第二大岛。其特殊的地理环境，致使岛上部落众多，人类学家首次在该岛发现存在以人为食的土著部落。食人族也有不同的风俗，有专吃敌人的食人族，也有专吃亲人以示爱和怀念的食人族。kuru 在当地的含义是颤抖，因某种未知的寒冷或恐惧而颤抖。一旦库鲁病颤抖开始，就不可逆转，先是不可抑制的颤抖，然后丧失行走能力及无法言语，接着瘫痪，直至死亡为止。

当已经在医学界声名卓著的美国小儿科医生及病毒学家盖达塞克在澳大利亚做完传染性肝炎的相关研究，于 1957 年 3 月途经新几内亚回国时，当地的公共卫生署长官竭力说服盖达塞克暂留在当地着手研究这种新疾病。时年 34 岁的盖达塞克，没有想到在这里找到了自己的毕生事业，这一“短暂停留”竟长达数十年之久。

盖达塞克被这种病人的症状所震惊，他发现库鲁病是一种退化性脑部疾病，然而和所有已知的退化性脑部疾病如帕金森症、阿耳茨海默症、多重肌肉萎缩症等相比，库鲁病非常不同，因为它是可传染的，而其他的退化性脑部疾病并不是由传染引起，所以也不会构成地方性疾病。盖达塞克和当地官员一起巡视疾病流行区，穿过热带雨林，探访各个村庄，检查库鲁病患者，发现几乎每个群落都有人死于库鲁病，至少占总死亡人数的一半。

后来，盖达塞克进行了实验，将死者的脑子研碎，滤洗(除去微生物)，再以核酸分解酶处理(除掉核酸)，将只剩下的蛋白质滤液移入到黑猩猩脑中，结果导致黑猩猩发病。用这只黑猩猩的脑子提取出蛋白质颗粒移植到另一只健康的黑猩猩脑中，结果依然能够发病。若将蛋白质颗粒经过蛋白分解酶处理，就不会发病。于是盖达塞克得出实验结论：库鲁病的病原既不是微生物也不是通常的病毒，而是一种侵害人的脑子和神经系统的蛋白质颗粒，它以脑组织为主要宿主，可以长期潜伏。当地有在葬礼中食人肉和脑的风俗，这是本病流行的原因[3]。1959 年以后摒弃了这种恶俗，此后出生的人无一患病。

盖达塞克以他杰出的科研成就，荣获 1976 年诺贝尔生理学或医学奖。

参考文献

[1] Robinson JC, Blumberg BS. Further studies on a “new” human isoprecipitin system (Australia antigen) [J]. Blood, 1966, 27(3): 297-309.

[2] Blumberg BS, Melartin L, Guint RA, et al. Family studies of a human serum isoantigen system (Australia antigen) [J]. Am J Hum Genet, 1966, 18(6): 594-608.

[3] Gajdusek DC, Zigas V. Degenerative disease of the central nervous system in New Guinea; the endemic occurrence of kuru in the native population [J]. N Engl J Med, 1957, 257(20): 974-978.

§5.6 朊蛋白，一种新的传染机制

上一节所说发生在新几内亚的库鲁病的流行，虽然由于摒弃了食人恶俗而得到控制，但是此病的确切发病机理直到 80 年代末才逐步得以解决。

1997 年生理学或医学奖授予了普鲁西纳(美，Prusinar S，1942—)，表彰他在研究引起人类脑神经退化而成痴呆的克雅病(Creutzfeldt-

Jakob disease,CJD)病原体过程中,发现了朊蛋白(Prion),并在其致病机理的研究方面作出了杰出贡献。与CJD相类似的疾病还有人库鲁(Kuru)病、Gerstmann-Straussler-Scheinker综合征(GSS病)、山羊和绵羊的羊搔痒病以及牛群中的疯牛病,它们都是由类似病原体引起脑神经退化而产生的疾病,患病机体的大脑抽提物含有这种疾病的致病因素,但是这些抽提物中都不含有核酸,是一种以蛋白质为主体的颗粒,称为朊蛋白。由于朊蛋白在神经细胞上的聚集、积累,引起脑神经退化从而致病。

迄今为止,我们知道人类传染病的致病因素包括细菌、病毒、真菌和寄生虫,都具有遗传物质——核酸,而朊蛋白则是普鲁西纳刚刚加上去的一个新的人类传染病致病因素。

朊蛋白位于神经细胞的表面,是一种比病毒还小的(大约是最小病毒尺寸的1/100)简单的蛋白质,由于它不含有基因组,因此是一种独特的致病因素。机体的免疫系统没有识别朊蛋白为"非己"的能力,所以不能形成自然防范朊蛋白侵犯的机制。朊蛋白有两种存在形式:正常的、不致病的原型朊蛋白(PrPc),和致病的、称为羊搔痒病型朊蛋白(PrPSc)。正常情况下,朊蛋白如同细胞内蛋白一样,并没有什么危害;在某种未知蛋白质的作用下,PrPc可转变成为β-折叠的PrPSc,成为一种高稳定度的构象,形成长的纤维,逐步损伤神经组织,从而导致人或动物致命的痴呆型脑病。

朊蛋白可侵犯大脑的不同区域,患部脑组织表现为多孔的海绵状,广泛的神经细胞坏死,受累个体出现视觉系统症状,还包括对肌肉的控制减弱、失眠和智力减退。如大脑皮层受到侵犯,表现为记忆丧失、精神锐减、时有视力失去均衡症状,如克雅病;丘脑受损表现为失眠;小脑受损表现为身体协调能力降低或是行走困难,如库鲁病和GSS病;脑干受损,则有疯牛病表现。

普鲁西纳的发现有助于我们理解一些与精神有关的疾病如阿尔兹海默病(早老性痴呆)的发病机理,同时也是有关药物开发和治疗手段的理论基础。

普鲁西纳是美国加州大学旧金山分校生物化学教授,从事生化、神经和病毒的研究工作。1972年,他诊治的一个患者死于克雅病而束手无策时,他便开始致力于寻找这种病原体的艰苦工作。1982年,他和他的同事成功地分离出金黄地鼠脑部含有致病因子的抽提物[1];1984年分离出朊蛋白的基因探针,发现动物和人都具有这种蛋白,正常的朊蛋白在神经细胞表面是很丰富的，但并不是都得病[2]。继续研究发现，朊蛋白在发生一系列改变之后，由正常的 PrPc 转变成为致病性的羊搔痒症 PrPSc 才具有致病能力。PrPSc 非常稳定，可抵抗紫外线、蛋白水解酶、有机溶剂，甚至 100℃高温都不能破坏其结构。朊蛋白病可遗传、横向传播或自发。

遗传性疾病克雅病和 GSS 病是由于朊蛋白基因发生了突变。1992 年，其他学者获得朊蛋白基因敲除小鼠，这些小鼠完全能抵抗致病性朊蛋白的感染；而将朊蛋白基因引入之后，这些小鼠又变为容易被感染动物了，这是致病性朊蛋白致病的确凿证据。

普鲁西纳认为，将来可以发展稳定正常朊蛋白构造的药，预防正常的 PrPc 转变成为致病性的羊搔痒症 PrPSc，阻止它变形；或者干脆把朊蛋白的基因剔除。他已经在动物身上初步证明，剔除掉该基因，并不影响动物的健康，但是这还需要长期而谨慎的观察。

自 1987 年以来，普鲁西纳是继利根川进之后单人获得诺贝尔医学奖的医学家。过去 50 年也只有 10 人享有单人获得医学奖的殊荣，这更显示出普鲁西纳卓越的贡献。

参考文献

[1] Prusiner SB, Bolton DC, Groth DF, et al. Further purification and characterization of scrapie prions [J]. Biochemistry, 1982, 21(26): 6942－6950.

[2] Prusiner SB. Purification and structural studies of a major scrapie prion protein [J]. Cell, 1984, 38(1): 127－134.

§5.7 溃疡病与幽门螺杆菌

2005 年诺贝尔生理学或医学奖授予澳大利亚学者病理学家沃伦（Warren JR，1937— ）和内科医生马歇尔（Marshall B，1951— ），表彰他们发现胃和十二指肠幽门螺杆菌（*Helicobacter pylori*，HP）感染是消化性溃疡病（胃炎、胃和十二指肠溃疡）的病因，以及使这种疾病从原先的病因不明、难以治愈的慢性病，变成了一种采用短疗程的抗生素和酸分泌抑制剂就可治愈的疾病。

胃炎和消化性溃疡病是人类的常见病，一般认为人口中的 10%在其一生中患过此病。由于沃伦和马歇尔的发现，现在已经得到普遍证明，超过 90%的十二指肠溃疡和超过 80%的胃溃疡都是由幽门螺杆菌引起的。但是，20 世纪 80 年代以前，医学界普遍认为慢性胃炎和消化道溃疡的病因及发病机理很是复杂而且不能完全阐明，生活压力和生活方式被认为是胃溃疡的主要引发原因。通常的解释是胃、十二指肠局部黏膜损伤因素和黏膜保护因素之间失去平衡所至，当损害因素增强保护因素减弱，就可出现溃疡病。

1979年沃伦在进行胃黏膜的组织活体检查时观察到一种卷曲的细菌，并且在以后的两年研究中发现这种细菌只存在于胃黏膜上皮并且与各种胃炎的患病有密切关系。为了获得这种细菌致病的证据，马歇尔甚至自愿进行人体试验，在服食培养的细菌后，发生了胃炎。1982年4月，沃伦和马歇尔培养并鉴定出这种细菌是一种新的菌种，论文以作者来信的形式发表于著名的医学杂志《柳叶刀》（*The Lancet*，1983），后来命名为幽门螺杆菌[1—3]。1985年马歇尔证明了这种细菌与消化性溃疡病的密切关系，根除细菌后胃炎和溃疡即会得到康复[4]。

HP是存在于胃和十二指肠中的一种螺旋状细菌。我们知道，胃内充盈约2升含有消化酶和盐酸的胃液，用于消化各种食物和包括细菌、病毒在内的微生物，曾经认为胃内是不存在细菌的，但HP是一种能够在胃内苛刻条件下生存的细菌。胃黏膜通常是由其上皮细胞分泌的一层厚厚的黏液所覆盖，称为胃黏膜的保护屏障，HP就是存在这个保护屏障内的上皮细胞上。

一旦HP在胃黏膜上安了家，它就可以利用自己所具有的尿素酶去分解唾液和胃液内的尿素，在胃内生成碱性物质重碳酸根和氨，中和细菌周围的酸性，以利生存。利用幽门螺杆菌的这个性质，可用呼吸试验来诊断幽门螺杆菌的感染。

胃黏膜被HP感染会产生机体的免疫反应，即在感染部位即将出现白细胞、杀伤性T细胞以及其他一些介质，因为幽门螺杆菌常深入到黏膜细胞内部，这些杀伤性介质很难对幽门螺杆菌起作用。但是由于细菌的存在，免疫反应继续发生，这些杀伤性物质如过氧化物自由基将破坏胃黏膜，导致胃炎或十二指肠溃疡。很多学者认为HP可通过粪便污染的食物或胃-食管反流，经口腔传播。

幽门螺杆菌所引起的疾病包括慢性胃炎、十二指肠消化性溃疡、胃溃疡、胃癌。幽门螺杆菌感染的诊断：① 碳13/碳14尿素呼吸试验，原理是HP的尿素酶可以分解尿素，其产物是重碳酸根和氨并随呼吸排出。② 幽门螺杆菌抗体试验。③ 内窥镜及活体组织检查幽门。④ 螺杆菌的实验室培养。

在马歇尔和沃伦的发现发表后，全球范围内相关研究急剧升温，有关幽门螺杆菌的论文不计其数。通过人体试验、抗生素治疗和流行病学等研究，幽门螺杆菌在胃炎和胃溃疡等疾病中所起的作用逐渐清晰，科学家对该病菌致病机理的认识也不断深入。抗生素的治疗方法已被证明能根治胃溃疡等疾病。马歇尔和沃伦的发现，革命性地改变了世人对胃病的认识，大幅度提高了胃溃疡等患者获得彻底治愈的机会，为改善人类生活质量作出了重要贡献。

科学家目前正在研究幽门螺杆菌与胃癌和一些淋巴肿瘤发病之间的联系。胃溃疡这种常见疾病是由微生物感染引起的事实，正启发科学家研究微生物在风湿性关节炎等或其他疾病的发病中是否也起作用。虽然这些研究目前尚没有明确结论，但正如诺贝尔奖评审委员会所说："发现幽门螺杆菌加深了人类对慢性感染、炎症和癌症之间关系的认识。"

参考文献

[1] Warren R. Unidentified curved bacilli on gastric epithelium [J]. Lancet, 1983, 1: 1273.

[2] Marshall B. Unidentified curved bacilli on gastric epithelium in active chronic gastritis [J]. Lancet, 1983, 1: 1273-1274.

[3] Warren JR, Marshall BJ. Unidentified curved bacilli in the stomach of patients with gastritis and peptic ulceration [J]. Lancet, 1984, 1: 1310-1314.

[4] Marshall BJ, McGechie DB, Rogers PA, et al. Pyloric Campylobacter infection and gastroduodenal disease [J]. MJA, 1985, 142: 439-444.

§5.8　修改小鼠基因，创建人类疾病模型

2007 年诺贝尔生理学或医学奖授予了美国人卡佩基(Capecchi MR, 1937—　)、史密西斯(Smithies O, 1925—　)和英国人埃文斯(Evans MJ, 1941—　)，表彰他们在基础研究方面一系列具有突破性的发现，"将特异基因引入小鼠胚胎干细胞进行基因修饰"，也就是创造了一套完整的"靶向基因"技术，把任意改变小鼠基因变为现实，从而使生物医学的基础研究深入到了解单个基因在动物体内的功能，同时为人类攻克某些遗传因素引发的疾病，提供了药物试验的动物模型。

基因靶向技术经常用于抑制一个基因的活动，例如"基因敲除"实验，可解释单个基因的功能。利用"基因敲除"技术已经制造出 10 000 多个(将近哺乳动物基因组一半的基因)"基因敲除"小鼠模型。基因靶向技术可制造出任何小鼠基因组的 DNA 修饰物，使科学家确定单

个基因在健康或疾病状态下的作用,目前已经创造出 500 多种人类疾病,包括心血管疾患、神经退行性疾病、糖尿病以及癌症的小鼠模型。

5.8.1 胚胎干细胞

埃文斯首先鉴定分离出早期胚胎干细胞,建立细胞培养方法,进行基因修饰后再引入母体,从而产生遗传修饰的后代。

20 世纪 50 年代,杰克逊(Jackson)实验室的斯蒂文斯(Stevens L)就发现 129Sv 小鼠品系具有睾丸畸胎瘤高发倾向,这些细胞通过移植可以诱导小鼠体内其他各种细胞实体瘤的形成,说明这些细胞的全能性,称为胚胎肿瘤细胞(EC cell)。

杰克逊实验室于 1929 年建立在美国缅因州,70 多年以来,该实验室的科学家们一直从事小鼠的生物医学研究。1980 年诺贝尔生理学或医学奖获得者之一的斯内尔(美,Snell GD, 1903—1996)就是在这个实验室进行多年的小鼠近亲交配研究,发现了组织相容性,奠基一门新科学的基础即移植免疫学和免疫遗传学,为胚胎干细胞的利用拉开了序幕。

5.8.2 创造出生物界不存在的嵌合型小鼠

20 世纪 70 年代,一些科学家包括埃文斯等由于得到杰克逊实验室的 129Sv 小鼠,开始进行有关研究,并且报告了胚胎肿瘤细胞的培养技术。在此基础上,埃文斯和他的合作者将 EC 细胞注射到小鼠的胚泡中,后再移植到一个代孕母体小鼠体内,生下的小鼠即为嵌合型小鼠,这种小鼠的每一种细胞(除生殖细胞外)都含有 EC 细胞[1]。

1980 年,埃文斯小组掌握了胚胎单个干细胞分离技术,以培养 EC 细胞的方法培养,分离出来的细胞可在体外分化,具有预期的表面抗原和正常细胞的核型,证明这些细胞就是胚胎干细胞(embryonic stem cell, ES cell),它们完全可以发育成为饲养小鼠,并且能在胚泡培养时期进行基因突变和细胞筛选的实验[2]。ES 细胞可以作为载体用来传递小鼠基因组的突变等位基因,也可以在胚胎细胞培养时进行筛选或使用如电穿孔等转染技术,在细胞中插入特异的 DNA 片段,这是小鼠"基因敲除"和"靶向基因"的技术基础。

埃文斯小组首先以重组的逆转录病毒感染 ES 细胞,然后再注射到胚泡中去,结果在子一代细胞内发现逆转录病毒,说明引入的外源 DNA 是可以进入干细胞生殖细胞内传代的。接着,又成功地将次黄嘌呤-鸟嘌呤磷酸核糖转移酶(HGPRT)基因的突变体导入到 ES 细胞,然后把这种 ES 细胞注射到胚泡中后移植到代孕母体,出生的雄性子代全部缺乏 HGPRT 活性，表现为莱施-奈恩综合征(Lesch-Nyhan syndrome，该病患者因为 HGPRT 缺乏，嘌呤代谢异常，以高尿酸、行为异常、智力发育缺陷构成了典型的临床综合征，是一种 X 染色体连锁单基因突变遗传病)。这项开创性工作显示了“靶向基因”和“基因敲除”技术无限广阔的应用前景。

5.8.3 同源重组和哺乳动物细胞的基因特异性修饰

1958 年莱德伯格(美，Lederberg J，1925—　)因发现遗传重组获得诺贝尔生理学或医学奖。将一小段遗传物质导入到大肠杆菌体内后，变成了大肠杆菌 DNA 的一部分，改变了它的遗传性，称为“转导”。转导技术及其相关现象已经成为精细研究细胞功能和生长的研究方法，可用于研究人类基因在正常及病理状况下的功能，这也是第一次证明机体的遗传物质可以人为地通过转导一段 DNA 来改变遗传性状，并成为后来的基因工程的开端。

成对染色体基因序列的交换称为同源重组，同源重组能够增加种群的遗传变异，并在整个的进化过程中得到完整的体现。卡佩基和史密西斯两人对于同源重组有着深刻的先见之明，即同源重组可以用来特异性地修饰哺乳动物细胞的基因。他们各自独立地发现 DNA 分子片段之间的同源重组可以用于哺乳动物基因组靶向引入，并建立了产生基因修饰鼠的方法。

20 世纪 70 年代，卡佩基首创利用一只精细的移液管将 DNA 直接注射到细胞核内的方法，这种有效的方法很快用于小鼠的受精卵，并产生了一种转基因小鼠。但是这种方法导入的 DNA 在基因组的出现仍然是随机的。卡佩基在重复进行疱疹病毒胸苷激酶(thymidine kinase，tk)基因导入时发现，导入基因只在基因组的一个或两个位点处整合，这样就会形成头-尾相连的“连环体”的多重拷贝，他认为连环体的形成机制是：复制或重组。为此他进行了一系列精心设计的实验，逐步证明了哺乳动物的体细胞具有一种调节同源重组的酶学机制，如果能够控制这种机制，在导入的 DNA 分子和受体细胞基因组中与此 DNA 相同的序列之间就可以发生同源重组，从而使细胞基因发生突变。

当时，卡佩基向美国国立卫生研究院(NIH)申请关于哺乳动物细胞基因打靶的科研基金，但是评审者认为，导入的 DNA 绝对不可能在宿主基因组中找到与其相匹配的序列，于是这份申请没有被批准。无独有偶，与此同时，埃文斯小组也向英国医学研究委员会申请了相同内容的科研基金，也是被认为“野心太大”而被否决。

5.8.4 靶向基因技术

尽管卡佩基没有得到专项科研基金，他还是坚持进行同源重组的研究工作，培育出携带新霉素抗性基因缺陷(neo^r)的受体细胞，这种细胞导入功能性 neo^r 基因后，原来的基因缺陷得到修复，发生频率为1/1 000。此时史密西斯已利用一个 DNA 质粒同源重组，成功地整合到人的红细胞白血病染色体β-球蛋白基因中。但是这些研究成果都是在培养的细胞上进行的，与动物个体没有关系。

那么，同源重组能否用于胚胎干细胞，从而获得遗传改变的动物品系？

科学是没有国界的，科研成果属于整个人类，埃文斯慨然提供 ES 细胞及技术，卡佩基和史密西斯都建立了在胚胎干细胞上进行同源重组的实验研究。史密西斯率先使用同源重组方法在胚胎干细胞中纠正了突破的 HPRT 基因；卡佩基将 neo^r 基因插入 EC 细胞 HPRT 基因后，发现细胞具有 neo^r，而失去了 HPRT 活性，实验显示，有缺陷的基因引入宿主 DNA 能够进行同源重组修复，从而证明了不同物种间的染色体发生同源重组的可能性。他们的结论是：这种靶向基因技术在基础研究和实用技术中都显示出巨大的价值和前景[3,4]。

5.8.5 期望胚胎干细胞的富集——细胞筛选

如何把含有靶向基因的 ES 细胞筛选出来，是一个非常关键问题，因为只有筛选出来这样的细胞，经过富集培养，才能够得到嵌合小鼠。卡佩基于 1988 年首创正性-负性筛选方法使这一问题得到解决[5]。

构建靶向基因载体时，于同源重组 DNA 中间插入一个新霉素抗性基因(neo^r)并在载体末端联上一段单纯疱疹病毒胸腺嘧啶核苷激酶基因(HSV - tk，此酶是核苷酸合成代谢途径中的一种酶，能把胸苷转换为胸苷一磷酸)，这样做的目的就是为了筛选 ES 细胞，并得到期望的 ES 细胞富集。筛选过程是这样的：经过转染，少量细胞获得了靶向基因，这样的细胞对新霉素具有抗性，在含有新霉素的培养基中，不含新霉素抗性基因的细胞就会死亡；细胞在含有次黄嘌呤、氨基蝶呤和胸腺嘧啶核苷(hypoxanthine, aminopterin, thymidne, HAT)培养基中培养，由于在 HAT 培养基中补加有外源的胸腺嘧啶核苷，所以含有 HSV - tk 基因的细胞通过胸苷激酶的作用可把它合成为脱氧三磷酸嘧啶核苷(dTTP)，而继续存活下去；而不含有 HSV - tk 基因的细胞则不会发生这种合成，因而死亡。

哺乳动物的基因转移,是一种低效率的过程。迄今为止,已知的绝大多数的哺乳动物靶向基因载体,都得附加上标记基因才能进行有效的细胞选择。多数的选择系统都使用了嘌呤和嘧啶的代谢特性,HAT培养基选择法是最早出现的一种细胞筛选方法,这以后根据不同需要又发展出很多其他方法。

参考文献

[1] Papaioannou VE, McBurney M, Gardner RL, Evans MJ. The fate of teratocarcinoma cells injected into early mouse embryos. Nature, 1975, 258: 70-73.

[2] Evans MJ, Kaufman MH. Establishment in culture of pluripotential cells from mouse embryos. Nature, 1981, 292: 154-156.

[3] Doetschman T, Gregg RG, Maeda N, Hooper ML, Melton DW, Thompson S, Smithies O. Targeted correction of a mutant HPRT gene in mouse embryonic stem cells. Nature, 1987, 330: 576-578.

[4] Thomas KR, Capecchi MR. Site-directed mutagenesis by gene targeting in mouse embryo-derived stem cells. Cell, 1987, 51: 503-512.

[5] Mansour SL, Thomas KR, Capecchi MR. Disruption of the proto-oncogene int — 2 in mouse embryo-derived stem cells: a general strategy for targeting mutations to non-selectable genes. Nature, 1988, 336: 348-352.

第3篇

生命科学诺贝尔奖的方法论研究

整个科学的统一仅在于它的方法,不在于它的材料。

——皮尔逊

第 6 章　生命科学诺贝尔奖的研究层次

§6.1　科学、技术与科学方法

6.1.1　科学和技术[1，2]

科学和技术是两个不同层面的事物。“科学”一词的本意是指揭示一般真理和必然真理的经过逻辑证明的结论，现在这种证明更多的是与数学和几何学联系在一起，因此属于社会的意识形态和精神文化。“科学”含有客观性、实在性之意，而“科学性”已经成为客观性、普遍性、非主观性、非个人性甚至公正性的统称。我们必须认识到，科学并不是一系列试验，无论这些试验设计得多么精巧；同样，科学也不是一系列由试验或理论推导出来的事实。一门科学的真正内容，就是一个理论体系，这个体系以首尾连贯的一致形式包含、组织、叙述、阐明一系列看起来似乎互不相关的事实，而且这个理论体系能推导出关于未知世界的新结论。单个的事实或试验本身几乎没有价值，其价值在于把它们连接起来的理论。牛顿力学把苹果落地与地球绕太阳旋转两个毫不相关的事物，用万有引力理论把它们联系到一起；电和磁也是两不相关的事物，法拉第定律和麦克斯韦定律把它们联系到一起；生物的遗传性状和 DNA 的半保留复制则与遗传学联系到一起；等等。把这些事实连接起来的理论就是科学。

而技术是人类操纵、利用和改造自然的实践手段，本身就是直接的生产力元素。近代科学技术的发展规律表明：理论科学往往走在技术发明前面，甚至创造技术发明。科学技术发明(简称科技发明)表面看来是科学研究的物化形态，事实上，在“物化”之前，很多“概念”首先被人们创造出来：在蒸汽机、望远镜、飞机、电脑、宇宙飞船、基因工程还没有问世之前，它们的概念就被发明出来了。“科学发现”是一种探索，这种探索行为称为“科学研究”。科学的探索开始可能毫无目的，直到有了清楚的目的，即利用已知的原理、事实，针对某一个具体目标、问题进行研究和应用，这就是技术范畴的问题了。科学的原动力或目标完全是求知，就好像在没有边界的空间里进行可能什么结果也没有的探索，这种探索代表一种求知的欲望，我们又叫它纯粹科学。

6.1.2　科学方法

(1) 理性主义和经验主义

中世纪西方思想界占统治地位的理性主义产生于古希腊哲学家亚里士多德(公元前384—322)的一元论的世界观。这种世界观认为人的理智和思想可以洞察宇宙万物的奥秘,是衡量一切真理的标准。人可以通过自己的默想,在理智中设立大前提,然后以此推演下去,得出规律,并用以解释各种事物,这种方法称为“演绎法”。从古希腊到中世纪,“演绎法”是科学研究的主要方法,那时候,人们仅注重理性思维,却忽略或反对对于事物的观察分析。在理性主义的束缚下,以实验、观察为主的现代科学不可能得到发展。亚里士多德及其追随者,利用一些诸如起源、本质、形式、因果性、目的之类的概念研究自然界,这些概念本身不能定量化。近代科学技术从伽利略开始,逐步建立起以实验、观察为主的研究方法。伽利略首先着手将运动中能够测量的物质特性分离出来,然后将它们与数学定律联系上。通过分析和思考自然现象,他提出这样一些概念,如空间、时间、质量、速度、加速度、惯性、力和动量,后来的科学家又补充了能量和其他概念,所有这些概念均能测量和定量。因此,近代自然科学在某种意义上又称为“测量科学”。历史证明,这些概念的提出和应用在认识自然界、使自然界理性化的过程中,具有伟大的意义。

1543年,波兰天文学家哥白尼提出“日心说”,并得到伽利略和开普勒从观察中得到的资料的支持,推翻了“地心说”,从此,经验主义的治学方法开始抬头。经验主义强调观察的重要性,在观察的基础上思考、分析、发现规律,这种方法称为“归纳法”。经验主义哲学的兴起拉开了现代科学的序幕。但与此同时,也带来了怀疑主义,只相信经验过的东西,不承认因果关系的存在,认为科学只是经验的归纳,无法预测将要发生的事件。

近代科学、现代科学都脱胎于科学实验。16世纪下半叶,近代科学开始兴起,力学、物理学、化学、生物学等学科都发展出自己独特的研究方法,这些方法包括实验、解剖和观察等,统称为科学实验。经过300多年实验资料的积累、各学派的自由争论、资料的去伪存真,使人类对于自然界的认识不断深化,至19世纪上半叶,自然科学取得了一系列伟大成果,人类对自然过程相互联系的认识有了很大的提高。20世纪中叶后,电子计算机的出现,使各学科研究结果的定量处理成为可能，科学实验的对象也从“单一目标”发展到“系统目标”，即研究对象的组成元素更多，元素之间的相互关系更复杂。

(2) 科学的本质是模型

科学研究方法的另一个要素是建立模型。在认知领域，任何我们称为“技术”或“知识”的事物，都是一种内含的模型。在我们的头脑里存在着各种各样的模型。模型是一组长期经验积累和凝练而成的，铭刻在神经系统中的巨大而互相关联的操作程序。科学理论也是一种模型，它能描述和整理我们进行观察(观测)所得的信息，一种好的理论模型可在一些简单假设的基础上描述大范围的现象，并能做出可以被检验的、确定的预言。也就是说，通过试验和观察能够发现变量间的数量关系，并希望像欧几里得公理一样推导出其他大量的真理。

科学模型按其功能可分为五个类型：

① “解释模型”：如孟德尔的“遗传因子模型”是解释模型的一个典型例子，在化学、生物学、地质学中的很多模型也都属于解释模型。

② “结构模型”：结构模型是化学、物理学、生物学、天文学研究中常用的一种模型，例如在化学研究中，化合物的平面结构和立体结构通常用结构模型表示。“DNA 双螺旋模型”也是一种结构模型。

③ “假说-概念模型”：如拉马克为生物进化建立的“进化系谱树”模型。

④ “学说-理论模型”：如 RNA 催化模型。

⑤ “预测模型”：本质上是数学模型，例如“人工神经的网络模型”。

(3) 科学研究的第三个方法是数学的应用，数学的简洁性有助于提高思维的效率。数学不仅是一种方法、一门艺术或一种语言，数学还是一门有着丰富内容的知识体系。在最广泛的意义上说，数学是一种精神，一种理性的精神。正是这种精神，激发、促进、鼓舞和驱使人类去探索。英国著名历史学家汤因比(Arnold J Toynbee, 1889—1975)曾指出，世界上曾经存在 21 种文明，但只有希腊文明转变成今天的工业文明，之所以如此，就是因为在希腊文明中提供了工业文明的要素。什么是工业文明的要素呢？民主自由的社会制度、向外探索的冒险精神、务实理性的治学态度都是工业文明的要素，但最直接的原因是数学。数学不但是人类理性的最高体现，而且成为一种世界观和方法论，希腊人认为，上帝首先创造了数学，然后按照数学规律再创造世界，因此这个世界本质上是“数学的”。欧洲人继承了自然界具有数学设计的思想，相信理性可以应用于人类的所有活动，一旦人们掌握理性精神，西方文明和近代自然科学就诞生了。也就是这种精神，试图决定性地影响人类的物质、道德和社会生活；试图回答有关人类自身存在提出的问题；努力去理解和控制自然；尽力去探索和确立已经获得知识的最深刻的和最完美的内涵。

从现代观点看，科学是人类一系列的认识活动，即对于未知现象提出假说，用事实验证或否证假说，科学只能通过“试错法”，即通过推测和反驳而获得进步。科学并非真理的化身，科学本身可能包含错误，也必须能修改已作出的结论。科学是能够证伪的。

§6.2　诺贝尔奖的研究层次

6.2.1　科学发现

科学发现是科学研究的第一层次。在科学进入社会生活的早期，科学发现占主导地位。这种发现可以在实验室(实验)得到，也可以在自然界(观察)得到。科学发现是指自然界原本存在的现象和规律，由于实验手段和观测仪器的进步不断被揭露和总结出来。科学发现一般不被知识产权保护，科学发现的成果是全人类共有的。然而资本的介入，使这一不言自明的问题复杂起来，本来自然现象和自然规律的发现是全人类的公有财富，但因为某一科学发现可能孕育着巨大的商机和巨大的效益，可能变成某些人(或集团)的谋利手段，因此现在科学发现的公开就变得比较谨慎了，也就是说资本的介入正在改变着本来意义上的科学发现。

一般意义的科学发现必须具有重现性。这需要科学家彻底搞清楚现象(或规律)产生的环境、条件和结果。这就是哲学意义上的“证实”和“证伪”。科学实验是“证实”和“证伪”的重要手段。科学实验的正结果为“证实”；科学实验的负结果为“证伪”。“证实”和“证伪”在科学研究中的作用都是积极的。

早期的科学实验，往往是单因素实验，即固定其他因素，只研究某因素和研究对象的数量关系、因果关系，其方法论的基础是：认为各因素是独立的(没有交互作用)，各因素对研究对象的作用也是独立的。然而随着研究对象的复杂化，单因素的研究方法已经无法适应这种研究。现代科学的研究成果表明，复杂系统的奥秘和规律来源于整体的涌现性，因此我们应该重视这种整体涌现性研究，复杂系统的整体涌现性只有统计意义，因此和经典的科学发现的重现性有所区别。

近50年的诺贝尔生理学或医学奖奖项中以科学发现为主，就其科学模型的类型来说，多属于解释模型，总数约占全部的70%。

这些发现的内容在第2篇中都有过比较详细的论述，有如下特点。

(1) 与其他自然科学的发现不同，生理学或医学奖中大多数发现不是在某些理论的指导下完成的。在天文学里，天王星、海王星的发现是在万有引力理论的指导下进行的；在物理学里，电磁波的发现是麦克斯韦关于电磁的微分方程组得出的必然结论；在生物化学里，酶促反应的米氏方程是化学平衡理论的推论等，换句话说，生理学或医学奖中的发现是都是对于个别的事物进行独立研究的结果，它们之间没有或还没有找到一个理论把它们联系起来。为什么会产生这种现象，这当然与我们研究的系统的复杂性有关。生物体、生命现象是自然界最复杂的事物，迄今为止，人类对于复杂事物的研究还没有找到一种有效的思路、方法、工具。20世纪80年代以后，复杂性研究成为一个世界性课题，很多物理学家、化学家、生物学家、经济学家都投入到这个研究中，美国的圣菲研究所、欧洲大陆的自组织理论、英国的复杂性论坛、中国的系统学都是研究复杂性的机构。这门学科如此之新，范围如此之广，至今还无人知道它的边界在哪里。然而，这正是它的全部意义所在，因为它企图解答一切常规科学无法解答的问题。正因为一些基本问题没有解决，所以生理学、医学所研究的复杂系统的理论性相对薄弱，到目前为止，它还不可能像物理学、化学那样成为一种理性的科学。

(2) 一些生命机制的发现基本上是化学原理的推广。自从赫维西使用同位素示踪研究化学反应过程以后，生物医学科学家纷纷利用这一个强有力的手段研究生命过程各种生物化学过程，并且取得了极大的成功。从RNA和DNA的生物合成机制、DNA半保留复制的证实，到可逆性蛋白质磷酸化过程、胆固醇和脂肪酸合成调节机制等，都是生物化学家们以对生命系统的深刻理解并运用化学原理揭示某一生命机制的应用。

(3) DNA双螺旋模型对生理学或医学奖产生了巨大影响，其后的很多奖项都与此有关，例如核酸合成酶的发现、DNA转录及蛋白质合成、逆转录病毒癌基因的发现、跳跃基因的发现、抗体的多样性、细胞凋亡及其分子机制、双链 RNA 对基因表达的抑制及其机制等。因此，可以说 DNA 双螺旋模型对于整个生理学或医学有重大的指导意义。在生物学发展历史上，有一些划时代的事件对以后的科学发展产生过重大影响：达尔文的进化论，细胞的发现，孟德尔和摩尔根的遗传学说，能够和这些事件相提并论的就是 DNA 分子双螺旋模型的发现。这一模型不但解决了困惑了生物学家几百年的遗传机制问题，而且以它为基础建立了一系列的新兴学科，例如分子生物学、分子遗传学、分子免疫学、生物信息学等。

6.2.2 科技发明和技术创新

科技发明是科学研究的第二层次。今天人类生活的各种工具、器械、电器、计算机等都是科技发明的产物。科技发明与资本结合是现代企业的运作模式之一，也是产生利润的主要手段。科技发明是人类主观能动性的产物。如果说科学发现使人类对自然界的认识不断深化，那么科技发明对人类物质文明的进步有着不可估量的贡献。一个科技发明小到影响某个产品的产量、质量，大到促进生产力的发展并影响人类的生活质量和生活方式(如电视、电话、计算机)。

科技发明分两类：一类是在科学发现和科学理论(包括现象和规律)的基础上进行应用研究、实现产业上的应用。例如，1831 年法拉第成功地完成了“磁生电”实验，并在后来确立的被称为法拉第电磁感应定律的现代电工学的基础上发明了发电机和电动机。1873 年，麦克斯韦出版了它的电磁学专著《电磁学通论》，在这部著作里，麦克斯韦以他特有的数学语言，建立了麦克斯韦方程(即电磁学的微分方程组)，揭示了电荷、电流、电场、磁场间的普遍联系。在这一理论的指导下，发明了无线电通讯、广播、电视、雷达等。

另一类是从自然现象或偶然事件中得到启发，经过设计改进，找到应用领域。例如 1690 年法国人巴本从炼铁厂广泛使用的活塞式风箱中得到启发，发明了一个带活塞的汽缸，第一次将汽缸、活塞结构和蒸汽冷凝形成真空的原理运用于蒸汽机，为以后瓦特实现蒸汽机的革命(1784)开辟了道路。又如，人们从自然界的风力、水力能做功的现象中受到启发，1769 年英国人阿克莱发明了“水力纺纱机”；1785 年英国人卡特莱特发明了“水力织布机”。

50 年来，诺贝尔生理学或医学奖中也涉及很多发明，约占整个得奖成果的 14%，列于表 6.1。

表 6.1　诺贝尔生理学或医学奖中的技术发明项目

年份	国别	主要研究工作所在的工作机构	获奖者	发现或成果
2007	美	犹他大学	卡佩基	小鼠胚胎干细胞中引入特异性基因修饰,基因打靶技术的建立
	美	北卡罗来纳大学	史密西斯	
	英	卡的夫大学	埃文斯	
2003	美	伊利诺伊大学	劳特布	核磁共振成像
	英	诺丁汉大学物理天文学院	曼斯菲尔德	
1990	美	伯明翰妇科医院	默里	细胞和器官移植
	美	弗瑞德-哈钦森癌症研究所	托马斯	
1988	英	伦敦大学国王学院医学院	布莱克	开发治疗心脏病、溃疡、痛风、白血病药物
	美	威尔康(Wellcome)药厂	希钦斯	
	美	三角科技园区	埃利翁(女)	
1985	美	得克萨斯大学西南医学中心	戈尔茨坦	
1984	丹麦	瑞士巴塞尔研究所	耶纳	免疫抑制机理的研究及单克隆抗体研制
	德	瑞士巴塞尔研究所	克勒	
	英	MRC 分子生物学实验室	米尔斯坦	
1979	美	塔夫茨大学物理学院	科马克	X 射线 CT 扫描仪
	英	伦敦电磁干扰中心研究实验室	豪恩斯菲尔德	
1978	瑞士	巴塞尔大学医学中心	阿尔伯	限制性内切酶的发现及应用研究
	美	约翰斯-霍普金斯大学医学院	内森斯	
1977	美	退伍军人医院,布朗克斯	耶洛	创建放射免疫分析

科学研究和技术创新的结合点就是科技发明。在科学技术高度发达的今天,一个科技发明的产生往往需要资金、人力、管理的大量投入。与科学发现不同的是,科技发明可以申请知识产权保护,但有时两者没有明显的分界,例如,工业使用的菌种如果是自然界采集、筛选的不能申请专利,它是一种自然形态的物体,在发酵、制药工业的使用仅属于科学发现。但如果该菌种经过人工诱变或基因改造变成一株"工程菌",就可以得到专利保护,属于科技发明。

在诺贝尔生理学或医学奖中的发明有些什么特点呢?

首先,这些发明主要集中在两个领域:仪器(器械)和疗法(药物及生物大分子的临床应用)。例如计算机 X 线断层照相术(CT)和核磁共振成像(MRI)、细胞和器官移植中一系列免疫抑制剂的应用。其次,仪器(器械)发明得益于物理学的进展,而药物发明得益于有机合成化学和分离技术的进步。

CT 是将一束很细的 X 射线,聚焦在身体某一层面,从多个方向进行断层扫描,以灵敏的探测器接收 X 射线,利用电脑计算出该层面各点的 X 射线吸收系数值,形成不同灰度等级的图像,从而为疾病诊断提供可以参考的重要依据。这些数字符号转化成了胶片图像,就是医生和病人都能看到的 CT 片。这是继伦琴发现 X 射线以来,在医学诊断领域的又一次重大突破。

MRI 则是在珀塞耳、布洛赫(Purcell EM、Bloch F,1952 年物理学奖获得者)的"建立精确核磁测量方法及其有关发现"基础上,探测水中氢核的共振,进而探测人体内部结构的技术。劳特布和曼斯菲尔德发现水分子中的氢原子可以产生核磁共振现象,利用这一现象可以获取人体内水分子分布的信息,从而精确绘制人体内部结构。

器官移植的想法虽然从古代开始人们就曾经做过无数次尝试,但都未获得成功。这是因为体内的白细胞抗原(HLA)可以识别移植物,并将其视为"异己成分"进行排斥的结果。如何去减弱并控制这种反应,则得益于免疫抑制剂的发明。默里发现全身照射或细胞毒素药物可以抑制这种反应,并且发明了一种细胞毒素药物(azathioprine,硝基咪唑硫嘌呤);而托马斯在骨髓移植中使用另一种细胞毒素药物氨甲碟呤(methotrexate)来抑制移植物抗宿主疾病(graft versus host disease, GVHD),效果显著。以后类固醇的使用以及近年来环孢灵素的应用,使 GVHD 的控制更加理想,而骨髓移植的成功率也大为提高。

发明已经脱离了意识形态的范畴,是科学研究"物化"的一种形态。

科学发现、科技发明只回答了"怎么样"的问题,没有回答"为什么"的问题。回答"为什么"需要基础理论定律。

6.2.3 科学理论和模型

科学理论(包括工程理论)是科学研究的第三层次。如果把科学发现罗列起来,就无所谓科学。人们试图把自然现象(包括科学发现)概括出一个简明的规律,即爱因斯坦说的以最适当的方式画出一幅简化和易领悟的世界图像,这就是科学理论。自然科学理论可以通过演绎法和归纳法得到。牛顿力学定律的建立是归纳法的典范。

物理学、化学等实验科学使用的归纳法称为“不完全归纳法”。为什么“不完全”呢？因为有限次实验得出的结论不能保证有限次以外的相同实验也得到这个结论，也就是说，该实验并不能证明规律(科学理论)成立(为真)，而只能证明规律有可能成立(可能为真)，实验仅仅是为了确认某结果产生的原因(因果关系)。在科学史上，用实验确认的规律，在以后被新的实验否定的例子屡见不鲜。例如，牛顿提出的万有引力与距离的平方成反比的关系，直到现在科学家仍在用实验证明它的正确性；18 世纪，科学家相信的所谓“热素”，直至 19 世纪，德国物理学家克劳修斯(Clausus, 1822—1888)用新的实验和理论(热力学)才否定“热素”的存在等等。只有数学归纳法才是一种“完全归纳法”。数学归纳法是用来证明“对所有自然数都成立”的命题，因此，被数学归纳法证明的命题必定为真。

自然科学理论建立的另一个方法是演绎法。演绎法是在理智中设立大前提，然后以此推演下去，而得到结论。爱因斯坦相对论的建立是演绎法的典范。

在诺贝尔生理学或医学奖奖项中，有些项目是在科学发现的基础上形成的理论或学说，它们的共同特点是：

第一，与物理、化学中的科学理论相比，生理学或医学奖奖项中的理论基本上为定性的、描述性的理论。

第二，这些理论仅适用于特定的、范围比较狭窄的对象，而不像物理、化学理论的普适性较强。物理中的力学理论可用于生物(生物力学)、化学中的反应热力学理论和反应动力学理论，也可用于生物研究(生物化学)，而生理学或医学奖中理论仅能用于相似的特定的系统中。例如伯内特和梅达沃的获得性免疫耐受性理论只是对于免疫耐受现象，即机体免疫系统接触某一抗原后形成的特异性无应答状态的解释，提出的免疫耐受理论，仅仅适用于机体的免疫系统。德尔布吕克的噬菌体遗传学虽然证明了 DNA 就是遗传物质，为 DNA 双螺旋模型的建立奠定了坚实的基础，但也只是适用于生物系统，并不能扩展到其他领域中去。

6.2.4 哲学的思考

哲学是物质世界(自然界和人类社会)运动规律的高度总结。在自然科学史上，很多优秀的自然科学家对自己的科学成就都有哲学上的总结，并成为后来影响深远的世界观和方法论。哲学的总结是科学研究的第四个层次。

从诺贝尔生理学或医学奖的成果中提炼出相应的哲学原理是一项重要的、紧迫的任务，要完成这项任务首先需要科学家和哲学家的合作、交流、探讨。生命科学的知识经过几个世纪的积累已经使生命现象越来越清晰地展现在人们面前，虽然还有很多问题有待探索，但及时对这些成果进行哲学总结，不但是必要的，也是可能的。

杰出的科学家不仅要注重本学科的科学发明、科学理论和模型的建立，更应该注重支撑这些知识的哲理精神，优秀的科学家需要有哲学思考的自觉性。

6.2.5 结论

科学研究的四个层次：发现、发明、理论和哲学的总结是一个对研究对象的认识逐渐深化的过程。前两个层次回答了"怎么样"的问题，第三个层次回答了"为什么"的问题，第四个层次是前三个层次的总结。然而这不等于说，后面的层次比前面的层次更高级。事实上，自从1901年开始颁发诺贝尔物理学奖、化学奖和生理学或医学奖以来，获奖的科学发现和发明占有很大的比例。直至今日，科学发现和科技发明仍然是科学进步的推动力。世界是无限的，其物质运动形式也是纷繁复杂的，人类对于自然界的认识逐步深入，由于实验和观测手段的限制，今日没法发现的现象，明日就可能发现。因此，科学发现、科技发明永远不会消失。相反，它们会永远向人类显示、提问，让人类的理性不断思考，以回答"为什么"的问题。

参考文献

[1] 许国志.系统科学[M].上海科技教育出版社，2000：37.
[2] 许国志.系统科学[M].上海科技教育出版社，2000：32.

§6.3 生命科学诺贝尔奖中的重要发现和发明

前已述及，至19世纪上半叶，自然科学取得了一系列伟大成就，被誉为19世纪科学三大发现中的两项就是生命科学的重大成果。生命科学的成就在过去的50年中更是辉煌灿烂，从DNA双螺旋模型的建立，奠定分子生物学的基础开始，到人类基因组图谱绘制的完成，揭示了大量的全新的有关生命的信息，可以预见，还有大量的新信息将被发现。

我们正在经历着一场生命科学革命，在这场革命中，潮水般的新知识每天都涌到我们的面前，并冲进了以前认为是科学研究空白的领域。纵观50年来有关生命科学60多个诺贝尔奖项，科学发现占了大多数。这些发现并没有取代已有的人类认识，就像分子生物学并没有排斥细胞内部的结构和功能的知识，细胞凋亡及其分子机制的发现只是填补对于细胞的死亡和归宿的认识一样，生命科学的各个学科好像都只是从头建立基础，搭建自己的理论大厦的框架。生物学目前的发展态势与20世纪初的物理科学一样，当年，放射性、原子核和电子的发现，氢原子模型的建立，尤其是“相对论”和“量子力学”的创立，每一个发现都为将来的新学科奠定了理论基础。

6.3.1 从科学发现层次上看DNA双螺旋模型

(1) 控制生命信息的遗传问题

近年来，几乎所有的生命科学新知识都和DNA双螺旋模型的建立有着直接或间接的种种联系。这个模型一经公布，就立刻使世界各国的科学家十分兴奋。著名化学家鲍林(美，Pauling LC，1901—1994，1954年诺贝尔化学奖得主)写道：“我相信DNA双螺旋的发现以及这个发现将要取得的进展，必将成为近一百年来生命科学以及我们对生命认识的最大进步。”这是因为DNA双螺旋模型解决了DNA如何控制生命信息的遗传问题，这是千百年来人类孜孜探求而未得其果的有关生命研究的里程碑式的成果。

关于遗传理论，最早要追溯到古希腊学者希波克拉底(Hippocrates)和德莫克里特(Demokritos)在公元前5世纪提出的第一个遗传理论——“泛生论”，认为子代具有亲代的特征是因为精液和卵子里包含着来自亲代体内的所有元素，只是这些元素十分微小而已。在遗传史上，他们第一次提出了“获得性遗传”。几十年后，亚里士多德反对“泛生论”，认为“泛生论”解释不了隔代遗传现象，生物的遗传也不是通过那些微小因素来传递，而是通过卵子和精液中的具有遗传信息的因子来传递的。此后，尽管有充满臆测的各种争论，最终也基本上笼罩在唯心主义和宗教的色彩之下。直到1809年法国学者拉马克(Lamark JBP，1744—1829)提出器官“用进废退”以及获得性遗传的观点来解释他的进化理论，矛头直接冲击“神”造万物的传统观念。1859年英国生物学家达尔文(Darwin C，1809—1882)发表了“进化论”。达尔文同意拉马克的关于获得性遗传的观点。

获得性遗传并不能解释生物性状的连续或隔代遗传，例如薛定谔就惊异地发现一个王室家族成员的面部特征竟然在几百年间保持不变。在他1944年的《生命是什么?》一书中,预言了在生命运动中必然存在着“占支配地位的新的物理学定律”,设想染色体上的基因就是生命信息遗传的基本因素,预言生命科学的理论与方法正面临着重大的突破,生命科学的研究深度将从生命的一般表面现象和细胞的层次,深入到分子的水平。

(2) 现代遗传学的发端

现代遗传学应是从奥地利的修道士孟德尔(Mendel G, 1822—1884)进行了8年的豌豆杂交试验后开始建立的。他的重要论文“植物杂交试验”发表于1865年,在人类历史中,他第一次揭示了遗传的基本规律,即遗传因子的分离律和自由组合律。孟德尔科学性的生物学实验及其极具说服力的实验结果取代了几千年来人们对于遗传学的种种臆造和猜想。“基因”这个术语是孟德尔学派学者、丹麦人约翰逊(Johannson WL, 1857—1927)创造的,基因就是决定遗传性状的孟德尔因子。以后随着显微镜的使用,细胞学研究进展,染色体遗传和基因遗传终于统一起来。1909年,在美国哥伦比亚大学工作的摩尔根发现并证实了果蝇的白眼性状基因位于X染色体上,从而第一次把一个特定的基因定位和一条特定的染色体联系起来。以后的工作终于使摩尔根和他的研究小组在孟德尔发现两大遗传定律——遗传因子的分离定律和自由组合定律的基础上,提出了遗传上的连锁定律,绘制了基因位置图谱,全面提出了“基因论”学说。

(3) 基因学说的建立

尽管基因论能够科学地解释从高等哺乳动物,包括人,到细菌、病毒所有生物的遗传现象,但是基因是由什么物质构成的,仍然是科学界中的一个未知。摩尔根学派将基因称为遗传的粒子,说它“像化学家和物理学家看不见的电子和原子一样,遗传学家也假设了看不见的因子——基因”。这个说法尽管表现了摩尔根的丰富的想象力和科学上的大无畏精神,但是仍然显得有些形而上学,殊不知就在他发表此言论的当时,原子和电子至少可以在汤姆孙(英,Thomson JJ,1856—1940,1906年物理学奖得主)云雾室中追寻到它们的踪迹,更不用说玻尔(丹麦,Bohr NHD,1885—1962,1922年物理学奖得主)氢原子模型完全解释原子和电子的关系了。这个问题经过埃弗里在1944年证实DNA是遗传信息的载体物质;比德尔、塔特姆和莱德伯格创立生化遗传学、建立细菌遗传学;德尔布吕克、赫尔希、卢里亚研究噬菌体遗传学;英国卡文迪什实验室(MRC分子生物学实验室)一批运用X射线衍射研究生物物质结构的科学家卓有成效的结果,最终导致了DNA 双螺旋模型的建立,从分子水平解释了所有的遗传现象。

6.3.2 生命科学中的重大技术革新和发明

(1) 聚合酶链反应(PCR)

1985 年美国 PE - Cetus 公司的穆利斯(Mullis KB, 1944—)发明了具有划时代意义的聚合酶链反应(PCR),因此获得了 1993 年诺贝尔化学奖。1991 年 PE - Cetus 公司将这项专利以 3 亿美元卖给了瑞士罗氏(Roche)制药公司,当然在此之前,穆利斯曾经获得过公司的小额奖金。

聚合酶链反应是一种体外核酸扩增技术,具有特异、敏感、产率高、快速、简便、重复性好、易自动化等突出优点;能在一个试管内将需要研究的目的基因或某一 DNA 片段在数小时内扩增数百万倍;可以从微量的生物物质中,包括一根毛发、一滴血、甚至一个细胞,扩增出足量的 DNA,供分析研究和检测鉴定。这种无需通过烦琐费时的基因克隆程序,便可获得足够数量的精确的 DNA 拷贝,所以有人亦称之为无细胞分子克隆法。PCR 技术是生物医学领域中的一项革命性发明和技术创新。

解释 DNA 遗传密码作出突出贡献的考拉纳(Khorana G)曾于1971 年最早提出核酸体外扩增的设想:“经过 DNA 变性,与合适的引物杂交,用 DNA 聚合酶延伸引物,并不断重复该过程,便可克隆 tRNA 基因。”[1] DNA 的半保留复制是生物进化和传代的重要途径,PCR 技术的基本原理类似于 DNA 的天然复制过程,其特异性依赖于与靶序列两端互补的寡核苷酸引物。双链 DNA 通过加热完全变性解链成为单链,同时引物自身和引物之间存在的局部双链也得以消除,在 DNA 聚合酶与启动子的参与下,根据碱基互补配对原则复制成同样的两分子拷贝,当温度降低后又可以复性成为双链。因此,通过温度变化控制 DNA 的变性和复性,并设计引物做启动子,加入 DNA 聚合酶、寡核苷酸(dNTP),就可以按照半保留复制的机理沿着模板链延伸,直至完成新的 DNA 合成,即特定基因的体外复制。另一方面,新合成的 DNA 片段也可以作为模板,因而 PCR 技术可使 DNA 的合成量呈指数型增长。

穆利斯最初使用的 DNA 聚合酶是大肠杆菌 DNA 聚合酶 I 的克列诺(Klenow)片段,但是这个酶在温度达到 90℃时即变性失活,那么在 DNA 模板进行热变性过程中,每加入一次酶就只能完成一个扩增反应周期，技术操作程序繁杂，因此 PCR 技术在一段时间内没能引起生物医学界的足够重视。1988 年初，改用 T4 DNA 聚合酶进行 PCR，其扩增的 DNA 片段很均一，真实性也较高，产物只有所期望的一种 DNA 片段。但每循环一次，仍需加入新酶。同年有人从温泉中分离的一株水生嗜热杆菌（*Thermus aquaticus*）中提取到一种耐热 DNA 聚合酶。此酶耐高温，在热变性时不会被钝化，因此不必在每次扩增反应后再加新酶[2]，这样就大大提高了扩增片段特异性和扩增效率，增加了扩增长度(2.0 kb)。由于提高了扩增的特异性和效率，因而其灵敏性也大大提高。为了与大肠杆菌多聚酶 II 克列诺片段区别，将此酶命名为 Taq DNA 多聚酶（Taq DNA polymerase）。此酶的发现使 PCR 方法得到广泛应用。

PCR 方法问世以前，要获得一个目的基因，首先要建立基因文库，然后从成千上万的菌落中通过 DNA 印迹(Southern blot)杂交，筛选含有靶基因的克隆，这样既费时、费力又费钱，特别是在克隆真核生物基因时难度更大。自从建立了 PCR 方法后，使克隆已知序列的基因变得非常容易。为了适应分子生物学的快速发展，PCR 方法也得到了不断发展，现在 PCR 技术已应用到生命科学的各个领域。

① 基础研究方面的应用。目前从事分子生物学的实验室和研究人员，几乎每天都在使用 PCR，无论是扩增目的基因和鉴定重组子，还是研究基因功能和表达调控，或是进行基因组测序等，可以说几乎没有一个分子生物学家没有使用过 PCR。因此，PCR 与分子克隆一样是分子生物学实验室的常规方法。

② PCR 在临床上的应用也很广泛。例如人类的遗传性疾病往往是因为某一碱基序列发生了突变，通过 PCR 结合限制片段长度多态性分析(PCR－RFLP)，就可以从基因的水平对遗传性疾病进行分析诊断。PCR 已日益广泛应用于肿瘤的病因与发病机理研究以及肿瘤诊断与治疗的研究中。例如，差异显示 PCR 技术能针对不同肿瘤寻找其特异而敏感的标志物，并用于肿瘤早期诊断、判断预后及疗效评估。另一方面，在使用普通放疗、化疗的同时可结合定量 PCR 技术检测微小残留病灶，以进一步改进治疗方案。此外，由于癌症的发生在一定意义上是单个细胞分子发生变化，因而可以使用单细胞 PCR 技术对癌症的发病机理进行研究。器官移植时须先进行组织配型工作，此时常应用序列特异性寡核苷酸多态性 PCR(PCR－SSOP)对人类白细胞抗原（HLA）进行分型，使移植成功率大大提高。此外 PCR－

RFLP 也可用于对 HLA 的分型。

③ 在法医学中的应用。最早应用 DNA 限制性片段长度多态性结合 PCR - RFLP 来进行法医学个体识别和亲子鉴定。目前发现在真核生物基因组编码和非编码序列中的短串联重复序列的重复次数在个体间存在着差异,因此可使用短串联重复 PCR 技术对其进行分析。使用 PCR 技术进行法医鉴定的优点是样品用量小并且适于对高度降解材料的检测。

综上所述,PCR 在 30 多年的发展中衍生出了诸如 PCR - RFLP、PCR - SSOP,以及免疫 PCR、致突变 PCR 和定量 PCR 等十几种不同的技术方法。PCR 技术可以为基因工程提供目的基因,并广泛地应用于个体识别、亲子鉴定、免疫配型、疾病诊断等方面。可以说,PCR 已经渗透到了生命科学的各个领域。

(2) 限制性内切酶、DNA 重组——基因工程

将一种生物的 DNA 中的某个遗传密码片段连接到另一种生物的 DNA 链上去,将 DNA 重新组织一下,就可以按照人类的愿望,设计出新的遗传物质并创造出新的生物类型,这种做法称为"基因工程",或者"遗传工程"。就像技术科学的工程设计,按照人类的需要把这种生物的这个"基因"与那种生物的那个"基因"重新"施工"、"组装",成为新的基因组合,创造出新的生物。基因工程是生物工程的一个重要分支,它和细胞工程、酶工程、蛋白质工程和微生物工程共同组成了生物工程。基因工程是在分子水平上对基因进行操作的技术,是将外源基因 DNA 大分子提取出来,在离体条件下用适当的工具酶进行切割后,通过体外重组,即把它与作为载体的 DNA 分子连接起来,然后导入更易生长、繁殖的受体细胞内,让外源物质在其中"安家落户",使这个基因能在受体细胞内复制、转录、翻译、表达。

能够在分子水平上对基因进行操作的复杂技术,建立基因工程,首先要研究并掌握了分割和拼接遗传物质 DNA 的技术,这归功于阿尔伯、史密斯和内森斯三人发现的限制性内切酶和伯格首创的 DNA 重组。1972 年伯格首次成功地在体外把 SV40 病毒的 DNA 与 λ 噬菌体基因和大肠杆菌的乳糖操纵子基因组合起来,后来的一二年内,其他科学家开展并完善 DNA 重组技术。正是由于基因工程技术具有为人类造福的巨大潜力,所以 DNA 重组技术一诞生就成为一些具有远见卓识的科学家和追求财富的企业家进行深入研究和投资的主要目标。1977 年旧金山加州大学的博耶(Boyer HW)等首次研制成功促

生长素抑制素 DNA 克隆，并且能够在大肠杆菌内表达[3]，其实那时博耶已经是刚刚成立的第一家基因工程公司的技术首脑。以后生物学家、基因工程的工程师们又相继把胰岛素、干扰素等进行了分子克隆，在不同细胞中表达，获得相当量的产物。到目前，通过这种技术已经可以使细菌产生胰岛素和人生长激素，提高乳牛产奶量，还能将抗御病虫害的特殊基因注入马铃薯、玉米、棉花等农作物中，培养出抗病虫害植株。医学界已治愈了几种可能致人于死地的酶缺乏症（属于遗传病范畴），并且几乎每周都能发现引发某种疾病的基因。生物技术正在以令人目不暇接的速度和不可思议的方式改变着这个世界。正如 1996 年诺贝尔奖获得者、美国莱斯（Lyse）大学的化学家柯尔（Curl RF，1933— ，由于发现碳原子的第三种结构——C_{60} 而获奖）说："本世纪（指 20 世纪）是物理学和化学的世纪，但下个世纪显然将是生物学的世纪。"

人们可以利用基因技术生产转基因食品，但是应该注意转基因技术为作物改良提供了新手段，同时也带来了潜在的风险。环境保护上，我们可以针对一些破坏生态平衡的动植物，研制出专门的基因药物，既能高效地杀死它们，又不会对其他生物造成影响，能节省成本。在军事上，传说中的基因武器更加令人胆寒。基因武器只对具有某种基因的人（例如某一种族）有杀伤力，而对其他种族的人毫无影响。

许多疾病是由于基因结构与功能发生改变所引起的。科学家将不仅能发现有缺陷的基因，而且还能够对这些基因进行诊断、修复、治疗和预防。这项成果将给人类的健康和生活带来不可估量的利益。基因治疗是用基因工程的技术方法，将正常基因转入到患者的细胞中，以取代病变基因，从而表达所缺乏的产物，或者通过关闭或降低异常表达的基因等途径，达到治疗某些遗传病的目的。1990 年 9 月，美国国立卫生研究院批准了基因治疗并进行了第一例基因治疗，对象是腺苷脱氨酶缺乏而患了严重的免疫缺陷症的两个女孩，科学家对她们进行了基因治疗并取得了成功。这一开创性的工作标志着基因治疗已经从实验研究过渡到临床实验。胎儿基因疗法用以防止出生患遗传病症的新生儿，从而从根本上提高后代的健康水平。

用重组 DNA 的表达产物作为治疗药物，称为基因工程药物。广义地说，凡是在药物生产过程中涉及用基因工程的，都可以成为基因工程药物。这方面的研究具有十分诱人的前景。

科学家们在利用基因工程技术改良农作物方面也已取得重大进

展，一场新的绿色革命近在眼前。这场新的绿色革命的一个显著特点就是生物技术、农业、食品和医药行业将融合到一起。

在伯格发表了DNA重组的当时，也许还没有人立刻想到我们现在所称为的基因工程。那时科学家们主要是用一个分子生物学方法，寻求解决一个重要的科学问题。但是不久，一些生物学家就推测到人为地造出在自然界根本就不存在的组合可能是有危险的事情，例如细菌可能被构建成为含有肿瘤病毒的菌种，甚至科学狂人想利用DNA重组造出在进化上相隔很远的杂交体怪物来，诸如后来关于克隆人的一些伦理道德方面的忧虑，那时也是存在的。因此在1975年2月，100多位分子生物学家聚集在美国加州海岸的阿斯洛马(Asilomar)召开了一个讨论DNA重组危险性的会议，形成了一个以伯格为主席的委员会。科学真是一把双刃剑，如同核能的研究和利用，基因工程也不例外，我们要发挥基因工程中能造福人类的部分，抑制它的危害。

(3) DNA序列分析(桑格直读法)

要进行分子生物学研究，DNA序列分析手段是必不可少的，它是进一步研究和改造目的基因的基础。目前用于测序的技术主要有桑格发明的双脱氧链末端终止法和吉尔伯特发明的化学降解法。这两种方法在化学原理上是不同的，但思路基本相同，都是根据同样生成互相独立的若干组带放射性标记的寡核苷酸，每组寡核苷酸都有固定的起点，但却随机在某一个特定的碱基处终止，产生A、T、C、G四组不同长度的一系列核苷酸，然后在尿素变性的聚丙烯酰胺凝胶电泳(PAGE)上进行检测，获得DNA序列的信息。

桑格法测序的原理就是在待测定序列模板引物的作用下，以一种DNA聚合酶来复制延伸DNA链，直到参入一种链终止核苷酸为止。每一次序列测定由一套四个单独的反应构成，每个反应含有所有A、C、G、T四种脱氧核苷三磷酸(dNTP)，并混入限量的另一种不同的双脱氧核苷三磷酸(2′,3′ddNTP)，与普通dNTP不同之处，ddNTP在脱氧核糖的3′位置缺少一个羟基。由于ddNTP缺乏延伸所需要的3-OH基团，双脱氧核苷三磷酸(ddTBP)作为链终止剂，使延长的寡聚核苷酸链选择性地在G、A、T或C处终止。每一种dNTP和ddNTP的相对浓度可以调整，这样，整个反应就得到一组长几百至几千碱基的链终止产物。它们具有共同的起始点，但终止在不同的核苷酸上，可以通过高分辨率变性凝胶电泳分离大小不同的若干组带放射性标记的寡核苷酸片段，凝胶处理后可用X线胶片放射自显影或非同位素标记进行检测，直接读出 DNA 序列。

由于桑格法既简便又快速，因此得到了广泛的应用。目前大多数 DNA 测序策略尤其在人类基因组计划(human genome project, HGP)中的 DNA 测序策略都是以桑格法为基础设计的。

由美国、英国、法国、德国、日本和中国科学家共同参与的研究基金达 30 亿美元的人类基因组计划，旨在精确测定由 30 多亿个碱基对构成的人类基因组 DNA 的序列，发现所有人类基因并搞清其在染色体上的位置，破译人类全部遗传信息。在美国，这个计划与曼哈顿原子弹计划和阿波罗登月计划并称为三大科学计划。

杜尔贝科是人类基因组计划的发起人，1986 年他在《科学》杂志发表的“肿瘤研究的转折点：人类基因组测序”一文中指出：“……我们从现在起必须关注细胞的基因组。……人类肿瘤研究将因对 DNA 的详细知识而得到巨大推动。”

基因组就是一个物种中所有基因的整体组成。人类基因组有两层意义：遗传信息和遗传物质。要揭开生命的奥秘，就需要从整体水平研究基因的存在、基因的结构与功能、基因之间的相互关系。在人类基因组计划中，还包括对五种生物基因组的研究：大肠杆菌、酵母、线虫、果蝇和小鼠，称为人类的五种“模式生物”。1988 年，美国成立了“国家人类基因组研究中心”，由沃森出任第一任主任。1990 年 10 月 1 日，经美国国会批准美国 HGP 正式启动，总体计划在 15 年内投入至少 30 亿美元进行人类全基因组的分析。2001 年 2 月 12 日，美国赛勒拉(Celera)公司与人类基因组计划分别在《科学》和《自然》杂志上公布了人类基因组精细图谱及其初步分析结果。至此，两个不同的组织使用不同的方法都实现了他们共同的目标：完成对整个人类基因组的测序的工作；并且，两者的结果相似。人类基因组测序工作的基本完成，为人类生命科学开辟了一个新纪元，它对生命本质、人类进化、生物遗传、个体差异、发病机制、疾病防治、新药开发、健康长寿等领域，以及对整个生物学都具有深远的影响和重大意义，标志着人类生命科学一个新时代的来临。

迄今为止，因为生命系统的复杂与庞大，在现代生命科学研究中，科学发现仍然是占多数，科学家们有太多的生命现象需要认识，阐明机制。生命科学的发明和技术革新可以为人类造福，也可能具有负面影响。生命科学的理论，或者能够以数学形式表达出来的理论，仍然需要科学界有识之士的共同努力。

参考文献

[1] Khorana HG. Total synthesis of the gene for an alanine transfer ribonucleic acid from yeast [J]. Pure Appl Chem, 1971, 25(1): 91-118.

[2] Innis MA, Myambo KB, Gelfand DH, et al. DNA sequencing with Thermus aquaticus DNA polymerase and direct sequencing of polymerase chain reaction-amplified DNA [J]. Proc Natl Acad Sci U S A, 1988, 85(24): 9436-9440.

[3] Itakura K, Tadaaki H, Crea R, et al. Expression in Escherichia coli of a chemically synthesized gene for the hormone somatostatin [J]. Science, 1977, 198(4321): 1056-1063.

第7章 自然科学诺贝尔奖的定量研究

诺贝尔生理学或医学奖大体可以分为三种形式——发现、发明、理论(含模型),事实上,自然科学的其他奖项物理奖和化学奖也同样以这三种形式出现。如果我们横向比较,即把不同学科中三个奖项进行定量分析,可以给我们提供很多有价值的信息。首先,它使我们看到现代科学技术发展的轨迹,同时也可以看到科学技术发展的某些统计规律。研究这些规律不但有助于了解本学科的历史,更有助于自觉地在科学研究中把握研究项目在本学科中的性质(发现、发明、理论)、地位、作用、深度、广度,并用以指导自己的研究;其次,学科间的借鉴、交融已成为当前科学研究不可阻挡的潮流,在横向比较的过程中,我们可以研究学科间交融的思路、方法、工具,这无疑对于学科交叉研究起到促进作用。

为此,我们从1900年颁发诺贝尔奖开始,至2000年,即整个20世纪的获奖成果进行统计。特别是与诺贝尔生理学或医学奖关系最密切的化学奖,我们把统计的范围扩大到2006年,以便与相关的数据有可比性。

§7.1 数据的选取

从1901年开始,诺贝尔奖每年颁发一次,由于战争或其他原因,在上世纪的100年中,物理学奖有6年、化学奖有8年、生理学或医学奖有9年未颁发。

我们把20世纪诺贝尔奖按科学发现、科技发明、科学理论(含科学模型)这三个类型分类,并用如下方法进行数据的采集和分析。

① 以十年为间隔(如1901—1910年等),以瑞典皇家科学院和斯德哥尔摩卡罗琳斯卡学院诺贝尔委员会业已公布的"颁奖公告"为依据,分析中奖成果属于哪种类型(发现、发明、理论)。

② 每个奖项为一分,如果一年中同时有两个工作中奖,则每个工作各得一分。

③ 工作性质交叉的(即发现、发明界限不清或理论与发现兼而有

之)，把 1 分分别给相关的两个类型，如：1901 年，范托夫(荷兰，van't Hoff JH，1852—1911)因发现化学动力学(科学发现)和渗透压的规律(科学理论)得到第一个诺贝尔化学奖，将 1 分分配给科学发现和科学理论各 0.5 分；1950 年，鲍威尔(英，Powell CF，1903—1969)以研究原子核的摄影法和有关介子的发现得奖，涉及科技发明和科学发现，但科技发明(摄影法)的权重较大(没有这个发明就不可能有随后的发现)，得 0.75 分，科学发现(介子)权重较小，得 0.25 分；1981 年，肖洛(美，Schawlow AL，1921—1999)发展激光光谱技术，布洛姆伯根(美，Bloembergen N，1920—　)和西格班(瑞典，Siegbahn KM，1918—　)发展高分辨电子能谱学得奖，涉及科技发明和科学理论，把 1 分分解给科学发明和科学理论，各得 0.5 分；1983 年，福勒(美，Fowler WA，1911—1995)因在有关天体物理中恒星演变核反应的重要实验，探索和建立宇宙中化学元素生成理论方面的贡献得奖，涉及科学发现和科学理论，把 1 分分解给发现和理论，各得 0.5 分等等。

④ 分别求出每十年发现、发明、理论各自的分数和总分。

⑤ 分别求出每十年科学发现、科技发明、科学理论的百分比，即每项总分与三项总分之比。

这种分类统计的方法在很多科学研究(包括自然科学和社会科学)中被采用，并已被证明是科学的、有效的。

§7.2　诺贝尔物理学奖

20 世纪诺贝尔物理学奖按照前述的方法分类、打分，求出每十年科学发现、科学发明和科学理论的分数、百分比和一百年的小结，列于表 7.1。为了直观，把每十年科学发现、科技发明和科学理论的百分比数据作图(图 7.1)。

表 7.1　诺贝尔物理学奖性质分类情况(1901—2000)

年　代	科学发现		科技发明		科学理论		总分	备　注
	分数	百分比	分数	百分比	分数	百分比		
1901—1910	8	80%	2	20%	0	0	10	
1911—1920	5.5	61%	2.5	28%	1	11%	9	1916 年未颁奖
1921—1930	7.25	72.5%	1.75	17.5%	1	10%	10	

续表

年代	科学发现		科技发明		科学理论		总分	备注
	分数	百分比	分数	百分比	分数	百分比		
1931—1940	5.5	78.6%	1	14.3%	0.5	7.1%	7	1931、1934、1940年未颁奖
1941—1950	7.25	90.6%	0.75	9.4%	0	0	8	1941、1942年未颁奖
1951—1960	5	50%	4	40%	1	10%	10	
1961—1970	2.5	25%	1.5	15%	6	60%	10	
1971—1980	3.5	35%	1	10%	5.5	55%	10	
1981—1990	3	30%	3	30%	4	40%	10	
1991—2000	5	45.4%	3	27.3%	3	27.3%	11	
小结	52.5	55%	20.5	22%	22.0	23%	95	

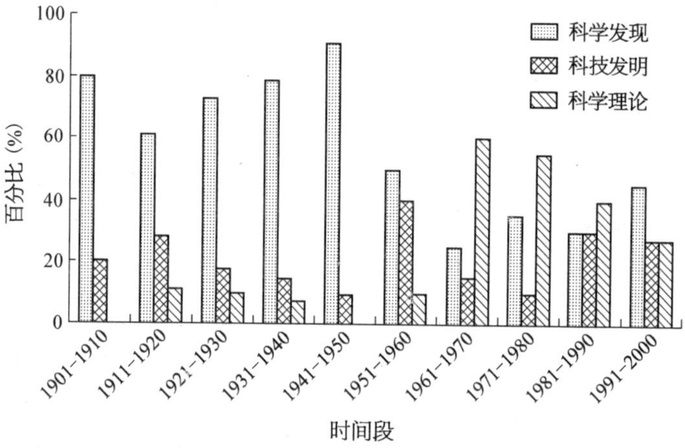

图 7.1　诺贝尔物理学奖性质分类

20世纪诺贝尔物理学奖共颁发94次，其中科学发现占55%，科技发明占22%，科学理论占23%，从表3.2.1和图3.2.1，我们可以发现几个规律。

① 诺贝尔物理学奖的前50年，科学发现占较大比例，平均为76.5%，科学理论仅占5.6%；后50年，科学理论的比例大幅攀升，平均为38.5%。科学理论是人类理性思维的产物，是自然规律的总结，它产生的物质基础是科学发现，只有科学发现的事实足够多，人们才可能找出其中的规律性，并上升为理论。这不但需要足够长的时间，也需要人类思维方式的革命。诺贝尔物理学奖中的科学发现对人类认识宇宙、

地球、物质结构有重大贡献。

② 与科学理论在 1901—1910 年和 1941—1950 年出现空白相比，科技发明从未间断。诺贝尔物理学奖前 50 年，科技发明获奖比例为 17.8%，后 50 年为 24.5%，随着科学技术的进步，在一段时间间隔内，科技发明的绝对数还会不断增加。诺贝尔物理学奖中的科技发明为原子时代和电子时代的来临提供了技术支持。几乎每一个科技发明都很快在工程技术、医疗诊断等方面找到应用。

③ 从表 7.1 的数据可以看出，20 世纪诺贝尔物理学奖中的科学发现、科技发明和科学理论的比例大约为 2.5∶1∶1。诺贝尔物理学奖中的科学理论对人类在深层次上认识物质世界的运动规律有不可磨灭的功绩，最著名的是 1921 年爱因斯坦因对数学物理作出的贡献和阐明光电效应规律得奖，遗憾的是，他的"狭义相对论"和"广义相对论"并没有得奖。爱因斯坦是近代物理学的奠基者之一，他对当代物理学中的很多领域都作出了决定性贡献，他的科学成果使人类改变了传统的宇宙模式，大大开阔了人类眼界；他提出的问题和研究方向至今仍然是物理学的前沿；同时他的世界观也强烈地影响着它的同代人和后来人。因此 2000 年，美国"时代周刊"把他评为 20 世纪最伟大的人物。1932 年海森伯(德，Heisenberg WK)因创立"量子力学"得奖，标志着人们对于微观世界运动规律的描述彻底摆脱了经典力学的束缚。"相对论"和"量子力学"引发了 20 世纪的物理学革命，也引发了人类世界观和方法论的深刻变革。

物理学自文艺复兴到 1900 年已经发展成一门最具理性的科学，其最重要的标志是数学的大量应用。观察是自然科学最重要的获取信息的方法，但仅仅依靠观察不能得出科学理论，物理学发展的事实告诉我们，理论的获得必须首先将观察的现象理想化和模型化，并将问题几何化，然后使用演绎和逻辑推理得出定律。物理学在整个发展过程中，深受伽利略、牛顿、笛卡儿、惠更斯等物理学家的影响，他们认为，演绎方法总比实验方法所起的作用大得多。在研究程序上，他们提出：第一，找出物理现象的定量描述，并把它们包含在数学公式中；第二，分离并测量最基本现象的性质，即公式中的变量；第三，在基本物理学原理基础上，建立起演绎科学。由此不难理解，在一个世纪的诺贝尔物理学奖中，科学理论的比例比化学、生理学或医学奖大的原因。物理学的巨大成就得益于它的研究方法，这种方法也成为其他自然科学甚至社会科学效仿的楷模。

§7.3 诺贝尔化学奖

1661 年，英国科学家波义耳提出元素定义，把“化学”确定为科学的事件，标志着近代化学的开端，比近代物理学晚了 70 多年。总结 20 世纪诺贝尔化学奖，采用同样的方法进行数据采集和计算，得到表 7.2 和图 7.2。

表 7.2　诺贝尔化学奖性质分类情况(1901—2000)

年　代	科学发现		科技发明		科学理论		总分	备　注
	分数	百分比	分数	百分比	分数	百分比		
1901—1910	5	50%	3.5	35%	1.5	15%	10	
1911—1920	3.5	50%	2	28.6%	1.5	21.4%	7	1916、1917、1919 年未颁奖
1921—1930	4	44.4%	2.75	30.6%	2.25	25%	9	1924 年未颁奖
1931—1940	4	50%	3	37.5%	1	12.5%	8	1933、1940 年未颁奖
1941—1950	5	62.5%	3	37.5%	0	0	8	1941、1942 年未颁奖
1951—1960	6	60%	3	30%	1	10%	10	
1961—1970	3	27.3%	3	27.3%	5	45.4%	11	
1971—1980	1	10%	4.5	45%	4.5	45%	10	
1981—1990	1.5	15%	2	20%	6.5	65%	10	
1991—2000	3	25%	2	16.7%	7	58.3%	12	
小　结	36	38%	28.75	30%	30.25	32%	95	

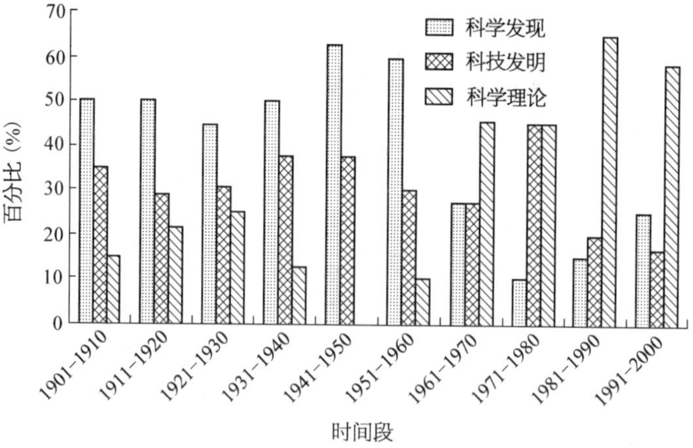

图 7.2　诺贝尔化学奖分类情况

20 世纪诺贝尔化学奖共颁发 92 次，其中科学发现占 38%，科技发明占 30%，科学理论占 32%，由表 7.2 和图 7.2，我们可以发现如下规律。

与物理学的规律相似，前 50 年科学发现的比重很大，平均为 51.4%，后 50 年科学理论大幅攀升，占 44.7%，科学发现下降到 27.5%，而这些发现几乎都伴随着新元素发现和新化合物的合成及分析方法的改进。

科技发明是 20 世纪诺贝尔化学奖的主旋律，80 年代之前始终维持在 40%的平均水平，20 世纪被人们称为“化学世纪”是恰如其分的。化肥、农药、合成材料(塑料、生物分子、橡胶等)的广泛应用极大地丰富了人类的物质生活，使人类的生活品质大幅度提高。

从表 7.2 可以看出，20 世纪 100 年中，化学奖中的科学发现、科技发明和科学理论比例约为 1∶1∶1。在科学理论中有几个工作特别值得纪念，普里戈金(比利时，Prigogine Ilya，1917—2003，1977 年化学奖)对非平衡态热力学，特别是耗散结构理论的研究得奖。耗散结构理论解决了 200 多年来热力学第二定律和生物学的进化论的矛盾，它提出的很多概念(如“自组织”“自催化”“有序”等)改变了化学研究的历程，并且在化学、生物化学、生态学、生物进化、社会学、经济学等方面获得广泛的应用，被誉为“70 年代化学的辉煌成就之一”。普里戈金提出的世界模式比爱因斯坦的更加丰富，更加完美；此外，巴顿(英，Barton DHR, 1918—1998)和哈塞尔(挪威，Hassel O, 1897—1981) 1969 年以研究分子的三维空间形态得奖，为手性化合物的不对称合成和对映体的拆分奠定了理论基础。20 世纪化学在发现、发明和理论上的进展是空前的、革命性的，其研究成果为现代生物科学的发展准备了条件。

化学和生命科学有着紧密的联系，因为生命科学的本质是生物大分子的运动和相互作用。化学奖中有很多奖项与生理学或医学有关。表 7.3 列出了 1957—2006 年与生理学或医学有关的化学奖项。

表 7.3　诺贝尔化学奖与生命科学有关的奖项

年份	国家	获奖单位	获奖人	获奖工作和分类
1957	英	剑桥大学	托德	确定由磷酸连接核糖而形成核酸链 (发现：结构模型)
1958	英	MRC 分子生物学实验室	桑格	确定胰岛素结构 (发现：结构模型)

续 表

年份	国家	获奖单位	获奖人	获奖工作和分类
1962	英	MRC 分子生物学实验室	肯德鲁 佩鲁兹	血红蛋白和肌球蛋白结构 (发现：结构模型)
1964	英	牛津大学	霍奇金	确定青霉素、维生素 B_{12} 等生物分子结构 (发现：结构模型)
1977	比利时	比利时 莱博尔大学	普里戈金	对于非平衡态热力学，特别是对耗散结构理论的贡献 (学说/理论模型)
1978	英	格林研究所	米切尔	化学渗透理论阐明 ATP 氧化磷酸化及光合作用 (学说/理论模型)
1980	美	斯坦福大学	伯格	DNA 重组的研究(发明)
	英	MRC 分子生物学实验室	桑格	DNA 测序方法(发明)
	美	哈佛大学	吉尔伯特	
1982	英	MRC 分子生物学实验室	克卢格	建立晶体电子显微镜技术，测定核酸-蛋白质复合体的结构
1988	美	得克萨斯大学 西南医学中心	戴森霍弗	细菌光合作用反应中心的三维结构 (发现：结构模型)
	德	马克斯-普朗克 研究所	休伯 米歇尔	
1989	美	耶鲁大学	阿特曼	发现与对 RNA 的催化特性的研究 (发现：学说/理论模型)
	美	科罗拉多大学	切赫	
1993	美	PE-Centus 公司	穆利斯	PCR 方法的建立(发明)
	加	大不列颠 哥伦比亚大学	史密斯	寡核苷酸-点突变方法建立以及对蛋白质研究(发明)
1997	美	洛杉矶 加州大学	博耶	三磷酸腺苷(ATP)合成的酶学机制 (学说/理论模型)
	英	MRC 分子生物学实验室	沃克	
	丹麦	奥尔胡斯大学	斯科	钠-钾离子转移酶的发现 (发现：结构模型)
2001	美		诺尔斯	手性催化氢化反应 (发明：学说/理论模型)
	日	名古屋大学	野依良治	
	美	斯科里珀斯 研究所	夏普勒斯	手性催化氧化反应(发明)

年份	国家	获奖单位	获奖人	获奖工作和分类
2002	美	弗吉尼亚联邦大学	芬恩	生物大分子的质谱分析方法(发明)
	日	岛津制作所	田中耕一	
	瑞士	联邦理工学院	维特里希	NMR 谱测定生物大分子三维结构(发明)
2003	美	琼斯霍普金斯大学医学院	阿格雷	细胞质膜水、离子通道 (发现：结构模型)
	美	洛克菲勒大学	麦金农	
2004	以色列	以色列理工学院	切哈诺沃	发现由泛素介导的蛋白质降解 (发现：学说/理论模型)
			赫什科	
	美	欧文加州大学	罗斯	
2006		斯坦福大学	R. 科恩伯格	真核细胞 RNA 转录分子机理的研究 (理论：学说/理论模型)

注：其中科学发现、结构模型占 47%，学说/理论模型占 41%；科技发明占 12%。

如果把化学奖按年代分为前 53 年和后 53 年，我们发现前期与生理学或医学有关的化学奖约占 15%，而后期已经增长到 33%。根据这种趋势，我们相信这一比例还会加大。

化学曾经被认为是一门实验性科学，19 世纪后，物理学研究方法开始渗入化学研究，并产生了化学的一个重要分支——“物理化学”；20 世纪中叶以后，量子力学的原理和方法也进入化学领域，产生了“量子化学”(美国称“理论化学”)。物理化学把“熵”、“焓”、“自由能”等概念引入化学研究，使其向理性化的目标迈进了一大步；量子化学则把分子轨道概念和理论引入化学研究，这对预测化合物性质、构效关系，进而对筛选优化药物结构起了巨大的推动作用。然而，就系统而言，化学研究的是大量分子的集体行为，其复杂性比物理系统要高，因此在没有更好的思路、方法和工具以前，化学不可能像物理学那样成为一门“真正”的理性科学，实验仍然是化学最重要的研究手段。

§7.4 诺贝尔生理学或医学奖

1543 年以比利时医生和解剖学家维萨里出版的“人体的构造”为标志，宣布了近代医学、生理学的诞生，比近代物理学开端早 40 多年。100 年后，显微镜的发明开始对细胞进行观察，直到 18 世纪林耐的植物分类，19世纪初拉马克、达尔文的“进化论”、孟德尔的豌豆杂交实验得出遗传定律后，才建立近代生物学的理论基础。近代医学发源于解剖学，并与生理学、病理学、药理学、病毒学、微生物学及免疫学等学科有密切的联系。近代、现代医学的进步与应用物理学(X透视、NMR、CT、超声波医疗器械的应用)、应用化学(合成药物、化疗等)和生物学的进展(基因药物、器官移植、基因治疗等)同步发展。考察20世纪诺贝尔生理学或医学奖不难发现，因化学、物理学、生物学的研究成果在医学领域找到应用而获奖的不在少数。医学的进步使很多疾病得以医治，从而使人类的寿命大大延长。但是，我们仍然要面对一些可怕的疾病，这些疾病的机理仍然得不到满意的解释，更缺乏有效的治疗方法和手段。因为医学基础科学的进展和临床之间，存在着众多的技术问题，而一个新药或一个新的医疗手段在进入临床之前，必须在有关法规的指导下接受严格的检验，这不但需要时间，还需要大量的投入。因此，诺贝尔生理学或医学奖在难度上比其他两奖项高。生命科学的基础研究远没有达到能够普遍解释疾病机理的程度。

总结20世纪诺贝尔生理学或医学奖，其数据列于表7.4和图7.3。

20世纪诺贝尔生理学或医学奖共颁发91次，其中科学发现占72%，科技发明占13%，科学理论占15%，由表7.4和图7.3可以总结出如下规律。

表7.4　诺贝尔生理学或医学奖性质分类(1901—2000)

年　代	科学发现		科技发明		科学理论		总分	备　注
	分数	百分比	分数	百分比	分数	百分比		
1901—1910	6.5	65%	2	20%	1.5	15%	10	
1911—1920	5	83.3%	1	16.7%	0	0	6	1915、1916、1917、1918年未颁奖
1921—1930	7.5	83.3%	1	11.1%	0.5	5.5%	9	1921、1925年未颁奖
1931—1940	7.5	83.3%	1	11.1%	0.5	5.5%	9	1940年未颁奖
1941—1950	8	100%	0	0	0	0	8	1941、1942年未颁奖
1951—1960	5	50%	4.5	45%	0.5	5%	10	
1961—1970	7.5	68.2%	0	0	3.5	31.8%	11	
1971—1980	6.5	59.1%	3	27.3%	1.5	13.6%	11	
1981—1990	7	63.6%	0	0	4	36.4%	11	
1991—2000	6	75%	0	0	2	25%	8	
小　结	66.5	72%	12.5	13%	14	15%	93	

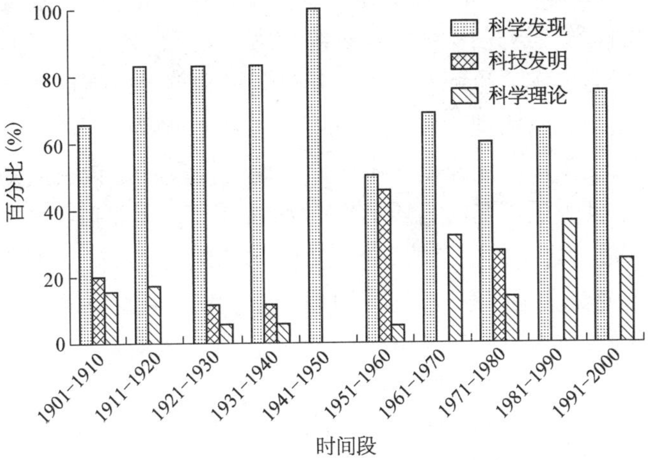

图 7.3　诺贝尔生理学或医学奖性质分类

① 科学发现在每一个十年间隔都占极大的比例，约 72%，尤其是前 50 年竟高达 83%，后 50 年也达到 63%。而科学理论始终不占主导地位，平均为 15%。后 50 年虽然上升至 22%，高于前 50 年 5.2% 的水平，但与物理学、化学相比仍然是偏低的。这种现象一方面说明医学是一门实践性、经验性、应用性很强的学科，理论对于实践的指导性不强；另一方面也说明了人类对于自己身体的认识还非常肤浅。

② 科技发明在诺贝尔生理学或医学奖中占的比重也不大，平均为 13%，前 50 年为 12%，后 50 年为 14%。生理学或医学奖的科技发明一般是与医疗器械、新的医疗方法、药物、疫苗的发明相关联。这些发明对治疗人类疾病、延长人类寿命的贡献是无法估量的。

③ 从表 7.4 可以看出，20 世纪 100 年，生理学或医学奖中的科学发现、科技发明和科学理论的比例大约为 5∶1∶1。科学理论在诺贝尔生理学或医学奖中不占主导地位，与物理学和化学不同的是，生理学或医学中的科学理论多以定性描述为主，其功能仅为“解释”而不是“预报”。特别值得指出的革命性成果有两个：1962 年沃森和克里克由于应用物理学 X 射线衍射和氢键结构及能量计算，确定了遗传物质脱氧核糖核酸(DNA)分子的双螺旋结构模型获奖，这一成果直接导致了“分子生物学”等多个现代生物学学科的诞生；1958 年，莱德伯格因发现细菌或病毒的遗传物质以无性繁殖的方法转导到另一个细菌中，从而发生基因重组而获奖，建立了细菌遗传学，这无疑为物种起源、个体生长发育以及肿瘤学研究开辟了一个新的局面。

与物理学和化学相比，生理学或医学缺少理性，它基本上还是一门描述性科学。这是因为生命系统巨大而复杂，生命现象神秘而深奥，要解释它的本质也绝对不能以几何运算和苹果落地后的冥想所能领悟出来。然而，物理学和化学的研究方法已经为生物学家、生理学家所接受，在生理学或医学奖中大量出现的模型就是该领域知识几何化的表现，其中最著名的当属DNA双螺旋模型，沃森和克里克使用三个几何参数构建出的优美的三维模型可以和物理学、化学中的任何一种模型相媲美。生理学或医学的理性化与物理学家和化学家的参与是分不开的，在后面的章节中，我们将论述有关的内容。

第 8 章　生命科学的研究方法

§8.1　把复杂的生命现象简单化

物理学的研究可以从研究简单的物体运动开始，逐步到星体的运动到宇宙的起源；原子结构的研究是从 α、β、γ 三种射线的发现开始，深入到基本粒子及其性质探讨；化学的研究应该是从物质的元素组成开始，研究化合物组成、结构、性质及变化规律。在人类认知的历史过程中，对生命的研究虽然起于远古，但是因为生命系统的巨大和复杂，人们感觉无从下手，从而产生对生命的神秘感和敬畏感，充满了猜测和臆想，以至于用神话和宗教解释生命现象。文艺复兴以后，哥白尼“日心说”对宗教产生巨大的冲击，伽利略在数学物理方面的研究方法和建树，构建了近代科学研究的基础，在绘画艺术对人体认识的基础上出现了解剖学，随着显微镜的发明以及以后建立的植物分类学、进化论等都是人类在生命科学研究方面取得的巨大进展。

地球上生命的总体是相当复杂的，迄今存活于世界上现存的物种总数约为 1 000～1 500 万，可分为五界：原核生物界、原生生物界、真菌界、植物界和动物界，各个生物界的物种数以百万计，千变万化，各不相同，只有予以分类，方可认识。生命即使作为一个个体来说，它也是一个巨大而复杂的系统。人体的细胞总数达到 1×10^{14} 个，人的一生其细胞要进行 10×10^{16} 次分裂。人大脑是由几十亿个神经细胞组成的，每一个细胞的突触都有复杂的形态，这些突触形态包含了成千上万的神经元，它们支配着人类的感觉、思想和行为。就是一个长度不到 2 微米的小小的大肠杆菌也有 3 000 多个基因，酵母有 6 000 多个基因，而人类的基因组是由 30 亿个碱基组成，基因数目约为 3 万以上，可想而知，对于生命的认知和研究是多么艰巨的任务。但无论如何，人的求知欲望驱使我们从古到今孜孜不倦地探索包括生命系统在内的宇宙秘密，试图回答自身的存在以及自身提出的问题，因为人类是世间万物中唯一的具有概念、判断和推理的思维活动的理性动物，科学技术即是人类理性的产物。

8.1.1　选择简单的研究对象

话题又要从孟德尔的豌豆杂交说起。孟德尔并不迷信传统的、权威的遗传学假说，对从古代的“泛生说”到拉马克、达尔文的“获得性遗传说”都持有怀疑态度，他以一种大无畏的精神寻求前所未有的、新的遗传规律，要独具匠心地开创一种新的生物学实验研究的方法。孟德尔意识到，他所面对的是一个巨大庞杂而多变的生命系统，他也充分认识到，前人之所以对于遗传学的解释往往出于猜想和臆测，是因为先哲们把世界上的物种作为一个整体，当作研究对象，无法获得精确的实验数据，从而不能得出令人信服的结论。他要从选择简单的研究对象、观察少量明显可见的遗传性状入手，进行他的实验性科学研究。

孟德尔对植物有着广泛的兴趣，同时用不同的物种进行过实验，最后把注意力集中在豌豆杂交后的性状表现上，并确定它作为遗传学研究对象。豌豆通常是自花授粉植物，只要把花中的雄蕊去除，就可以进行杂交的遗传学实验了。他只仔细观察了 7 对具有鲜明差别的遗传性状：花的红和白色、豆粒的圆与皱、子叶的黄和绿、植株的高和矮……。经过 12 年持续不断的艰苦劳动，以其惊人的毅力和耐心，孟德尔终于得出了遗传学的两条定律，作出了重大发现。

摩尔根的遗传学研究对象改成了果蝇。果蝇的生长周期很短、繁殖率高、易于培养，比起豌豆来工作效率提高了几十倍；果蝇只有 4 条染色体，性染色体是 XY 型，非常适合遗传学研究。因此摩尔根小组在一年之内就完成了基因伴性连锁的重大发现，4～5 年时间在 X 染色体上发现了 200 个基因，逐步绘制了果蝇的基因位置图，1926 年完成了他的“基因论”学说。

作为研究对象的果蝇，直到 1995 年的生理学或医学奖中仍然还在发挥作用，这一年三位发育遗传学家刘易斯、福尔哈德和维绍斯完全依靠对果蝇胚胎的研究，揭开了如何由一个受精卵细胞发育成器官，建立了基因控制早期胚胎发育的研究模式。

8.1.2　科学研究在不断寻求更合适的研究对象

比德尔、塔特姆和莱德伯格对链孢霉菌遗传的研究，得出“一个基因一个酶”的结论，开创了生化遗传学。比德尔最初是根据在果蝇身上的实验结果，提出“一个基因—控制一个酶—产生一个遗传性状”的假说，但是利用果蝇来证实这个假说，其工作量、复杂性和研究中的困难是无法想象的，因为果蝇是真核细胞，一般为二倍体，实验产生的突变常常是隐性的，突变基因的检出要经过几个世代的杂交。后来比德尔和塔特姆终于找到了链孢霉菌，由于它是单倍体，突变能够直接表现，马上就能进行基因分析。

德尔布吕克、卢里亚、赫尔希由于进行了著名的噬菌体实验，证明DNA就是遗传信息的物质载体，可以说他们以及其他科学家在噬菌体上的工作成果是现代分子生物学的基石之一。噬菌体含有核酸的核心，外壳的酶能特异性地与宿主细胞质膜发生作用，在其表面产生一个蚀空，噬菌体的核酸通过该空洞进入宿主细胞内部，其遗传信息得以复制，产生新的噬菌体颗粒。一个病毒颗粒可在10至15分钟内产生1 000个以上的新颗粒。噬菌体增殖迅速，这使得在短期内收集大批突变体和进行系统的交叉实验成为可能。通过这种方法，噬菌体的遗传结构被精细地记录下来。

利用大肠杆菌和噬菌体作为分子生物学的研究对象和材料几乎充斥了从20世纪40年代到70年代的几十年，自从DNA双螺旋模型建立后，检验这个模型，半保留复制的验证，RNA聚合酶结构的确定，DNA的复制机制，遗传信息流中心法则的提出和证实，DNA、RNA三联密码子的确定以及限制性内切酶的发现，都是以大肠杆菌为实验对象。其中有多项项目获奖，包括：科恩伯格发现并制备出高纯度的大肠杆菌DNA聚合酶，揭示了DNA的生物合成。雅各布、莫诺以大肠杆菌为研究对象，建立了基因调控的“乳糖操纵子模型”。美国遗传学家德尔布吕克、赫尔希、卢里亚早在40年代组成了著名的“噬菌体小组”，研究一切生命过程中最基本的一项活动——复制。通过噬菌体实验，证明DNA就是遗传信息的物质载体。霍利、尼伦伯格、科勒拉揭示遗传密码的本质及其在蛋白质合成中的功能，获得了1968年诺贝尔生理学或医学奖。巴尔的摩、杜尔贝科、特明1964年总结了他们研究肉瘤病毒(一种RNA病毒)的实验资料和结果，提出了前病毒假说。60—70年代，阿尔伯、史密斯、内森斯分析大肠杆菌的所谓“宿主-受限修饰”现象，分离、纯化出第一个内切酶，获得了第一个DNA的内切图谱。为此，阿尔伯、史密斯和内森斯共享了1978年的生理学或医学奖。

长期以来，这种在大肠杆菌里发挥作用的基因结构、转录机制也适用于所有类型细胞的概念统治着整个学术界。但是大肠杆菌是原核生物，没有细胞核，生命过程比具有细胞核和细胞质的真核细胞要简单。利根川进对70年代生物学研究状况具有十分敏锐透彻的分析，他在自传中写道：“和大家一样，我相信原核细胞分子生物学的黄金时代即将结束，令人感到鼓舞的将是对高级生物的研究。但是，高级生物的复杂性令人困惑，又缺乏必要的研究工具，这都是我们前进路上的障碍。”因此，要进一步研究就要寻找更合适的研究对象和材料。

8.1.3 寻找适合研究真核细胞的对象与材料

分子生物学是建立在 DNA 双螺旋结构的发现和遗传信息流中心法则确立的基础上，主要研究从核酸到蛋白质的结构、作用关系及其功能以解释生命的奥秘。尽管我们已经在分子生物学方面取得了相当大的成绩，但是绝对不会满足于来自原核细胞的信息。因为真核细胞 DNA 是和蛋白质结合在一起的，先组成核小体、再组成染色质，这跟大肠杆菌的结构是根本不同的。真核细胞的转录机制要比大肠杆菌复杂，它包括不同水平的调节控制，而了解真核细胞的 RNA 聚合酶及其调节机制即转录水平的调控，是研究真核细胞基因表达的重要环节。

1977 年，罗伯茨和夏普各自独立以腺病毒作为实验材料，结果发现高等生物包括人的基因在 DNA 链上的排列被一些不相关的片段隔开，是不连续的，即所谓的 mRNA 的剪接现象，罗伯茨和夏普因此获得了 1993 年的生理学或医学奖。腺病毒是一种能引起人类感冒的病毒，这种病毒基因组的很多性质类似于高等生物如人本身的细胞，同时腺病毒的结构简单，是一种很有价值的高等生物的基因和功能的研究材料。

重组 DNA 的首创者伯格在研究微生物的同时，不满足只在原核细胞上进行实验，他在索尔克研究所(Salk Institute)杜尔贝科实验室进修，作了一年多的哺乳动物细胞多瘤病毒和腺病毒培养的实验，回到斯坦福大学后，最初的想法就是要利用猿病毒 SV40 把新的基因引入到哺乳动物细胞中去，他取得了成功，由此奠定了基因工程的基础。

70 年代，哈特韦尔和他的同事选择一种单细胞生物芽殖酵母，用遗传学方法来研究细胞周期。他在回忆当时的情景写道：“我们立刻为那些温度敏感突变株所显示出来的有关细胞分裂的大量信息感到惊讶。”他的研究小组从这些温度敏感突变株中鉴定出了很多破坏细胞周期进程的突变基因，最终发现细胞从 S 期向 M 期进程转换的关键基因 *cdc28*。而努尔斯则选择了另一种酵母裂殖酵母，采用和哈特韦尔相似的方法发现 *cdc2* 基因(与 *cdc28* 同源)，不久以后他就找到人细胞中同源基因 *cdk1* 基因。同样是研究细胞周期的亨特却选择了海胆的受精卵细胞，寻找在细胞周期中发生周期性变化的蛋白质。

进行真核细胞转录研究的科恩伯格以酵母为研究对象建立了真核细胞转录模型。科恩伯格选择酵母作为研究对象是至关重要的。酵母是一种最简单的真核细胞，易于大量培养；酵母细胞的转录机制与哺乳动物细胞相似，又可以进行遗传学上的修饰。科恩伯格把生物化学方法和X射线晶体学方法结合起来，成功地显示出酵母细胞转录分子模型，在这样的模型中，甚至可以辨认单个的原子，并且从这些模型里得出新的重要的规律。科恩伯格对真核细胞转录的研究结果使我们首次在分子水平理解了：转录启动的启动子识别机制即转录从何处开始，RNA聚合酶活性部位如何准确选择引入与DNA模板互补的核糖核苷酸，加入核苷酸之后DNA-RNA杂交螺旋在转录时的位移，RNA聚合酶处的帽状环如何从DNA模板位分离，并形成新的RNA链。

§8.2　对线虫研究取得的成果

目前，最值得一书的生物学研究对象和材料的线虫(*Caenorhabditis elegans*)。线虫是一种常见的、自由生活的小型土壤蠕虫，能够很容易地在有控制的实验室条件下生长，通常在20℃下，用大肠杆菌作为它的食物来源，在小的琼脂平板上或在溶液中培养，在理想的条件下生命周期大约为3天。作为实验研究用的通常是线虫的野生型，它有两种性形式：一种雌雄同体和一种雄虫，其成体的外部形态是有区别的。雌雄同体的线虫既产生卵，又产生精子，可以自体授精进行繁殖。雄体以很低的频率自发产生，可以与雌雄同体交配，但雌雄同体相互之间不能进行授精。一条未经交配的雌雄同体在它的生殖期中可以产生大约300个受精卵。幼虫孵化和发育经过4个幼虫阶段，其间由蜕皮所间断。成年线虫的身长不过1毫米，仅由959个细胞(经过程序性死亡131个细胞后)组成。

线虫有1对性染色体和5对常染色体，其基因组有8×10^7bp，约有13 500个基因，为人类基因组的3%左右。然而，这种简单的生物却是绘出完整基因图谱的第一种生物。当人类基因组计划与赛勒拉基因公司共同于2000年6月公布人类基因组图谱时，科学家们发现，线虫与人类基因重合之处的数量多得惊人。线虫的著名研究者之一苏尔斯顿就曾指出："人类的基因远比从前想象的更接近于这种1毫米长的蠕虫。"

当代著名生物学家布伦纳20世纪50年代初期进入英国MRC分子生物实验室，成为科研骨干，沃森、克里克以及其他著名的分子生物学家都曾和他有过学术上的讨论与合作，是当代分子生物学开创者之一。1979年布伦纳任MRC分子生物实验室主任，后来到美国索尔克、伯克利研究所工作。60年代，他首先提出要在MRC建立以线虫作为研究材料的生物模型，分析基因突变与器官发育的关系，从而导致程序性细胞死亡（细胞凋亡）的深入研究，揭示出一个重大的生命现象。

细胞凋亡是细胞在一定生理和病理条件下，由基因调控的主动有序的自我消亡过程。1972年首先由澳大利亚病理学家科尔及其同事用来描述具有一系列特征形态学变化的细胞死亡，但这仅仅是一种细胞死亡的病理描述，并没有接触到这种细胞死亡的机制。

一个多细胞生物，从受精卵到发育成为完整个体的过程是最基本的也是最复杂的生命活动。揭示发育过程的机理一直是有关生物学家的理想。但是要研究生物学家身边的哺乳动物甚至更低级动物几乎是不可能的，因为它们都非常复杂。布伦纳的正确而新颖的思想是：要研究个体发育的首要条件是寻找一个简单的生物体，以便易于在实验室进行现象的观察和研究。他选中了线虫。布伦纳早就发现，线虫是一个很好的研究细胞分化和器官发育的材料，生长周期短，通体透明，它的细胞分裂易于在显微镜下观察。选准了一个恰当的生物学实验材料，的确是生物学研究成功的关键，这已经在生物学的研究历史上反复证明。当然选准一个恰当的生物学实验材料要比进行一个具体的生物学问题研究困难得多，这需要科学家具有高瞻远瞩的战略眼光和坚持不懈的努力才能达到目的。

1974年，布伦纳用乙酰甲基硫酸酯造成线虫基因突变并引入其基因组，由于不同的突变是与特异的基因有关，从而能有效影响线虫的各个器官的发育。这是细胞凋亡研究工作的开端，奠定了细胞凋亡的研究基础。

同在布伦纳小组工作的苏尔斯顿受到布伦纳研究成果的启发，也进行了对于线虫的研究工作，1976年他在研究线虫的神经系统发育时发现，在线虫发育过程中，幼虫都要经过固定程序的细胞分裂、分化，成虫的细胞数目是恒定的；幼虫的细胞经过细胞固有的死亡程序，他发现了参与细胞凋亡的一个基因。

1974—1978年霍维茨在布伦纳小组作博士后研究，把线虫的研究带回了麻省理工学院(MIT)，研究细胞基因突变对 PCD 的影响，终于在 1986 年首先鉴定出程序性细胞死亡基因，并且证明人类基因组其同源基因；后来又克隆出其他细胞凋亡基因以及抗细胞凋亡基因。霍维茨的发现一改以前人们对程序性细胞死亡尚存模糊的认识，明确显示出程序性细胞死亡是一个由基因精确控制的过程。

现在我们已经了解，所有在线虫程序性细胞死亡过程中发生作用的基因，都能在哺乳动物和人细胞基因组中找到相对应的基因。

细胞的程序性死亡与细胞凋亡是同一种现象，其机制的发现出乎人们意料。在此之前没有几个生物学家对细胞的死亡感兴趣，因为细胞死亡是一种被动、消极的自然现象，而细胞分化和增殖才是个体形成的关键。但是细胞凋亡的发现者们却意识到，特定的程序性细胞死亡方式可能在个体发育过程中扮演着重要角色。已经证明细胞凋亡不仅参与个体发育、维持机体处于稳态，为正常生命过程所必需，而且与医学中的一些重大疾病都有着密切关系。爱因斯坦曾经说过，提出一个问题比解决一个问题更重要。细胞凋亡机制的发现为生命科学提出一个“细胞为什么要自杀”的问题，这样一个问题在某种程度上改变了生命科学研究者们的思维。

普遍开展线虫的研究大约是从 1980 年代开始，学者们纷纷对线虫发育过程中的各种基因表达控制表现出极大的兴趣，这其中又孕育了一项生理学或医学奖，那就是 2006 年对于 RNA 干扰研究的奖励。

1995 年，康奈尔大学的一个研究小组在试图以反义 RNA 阻断杆线虫的 *par*－1 基因(负责受精卵不对称分裂的基因)时发现，本来是利用反义 RNA 技术特异性地阻断上述基因的表达，而同时在对照实验中给线虫注射正义 RNA 以期观察到基因表达的增强。但得到的结果却是两者都同样地切断了 *par*－1 基因的表达途径。这是与传统上对反义 RNA 技术的解释正好相反的。该研究小组一直没能给这个意外以合理解释。

1998 年 2 月，法尔和梅洛首次揭开这个悬疑之谜。他们证实，正义 RNA 抑制基因表达的现象，以及过去的反义 RNA 技术对基因表达的阻断，都是由于体外转录所得到的 RNA 中污染了微量双链 RNA。当他们将体外转录得到的单链 RNA 纯化后注射线虫时发现，基因抑制效应变得十分微弱，而经过纯化的双链 RNA 却正好相反，能够高效特异性阻断相应基因的表达。该小组将这一现象称为 RNA 干扰，他们的发现揭示了遗传信息流的一个基本原理并且使得很多以前实验观察中的困惑和矛盾的结果得到了解释，同时又开辟了一个新的研究领域。

§8.3 DNA 双螺旋模型及复制假说的验证

8.3.1 DNA 双螺旋模型及“半保留”复制假说

1953 年 4 月 25 日，《自然》杂志发表了沃森和克里克提出的 DNA 双螺旋模型[1]，整个模型如同右手螺旋上升的楼梯，其宽度为 20 Å（1 Å$=10^{-8}$cm），由两条多核苷酸单链组成，平行地围绕一条公共的轴旋转，螺距为 34 Å。两条链的原子排列方向相反，一条是从 5′到 3′方向，另一条则是从 3′到 5′方向。楼梯两侧“扶手”是磷酸二酯键连接的脱氧核糖，“台阶”是由氢键连接的两边核糖上的碱基，碱基与公共轴垂直。与核糖连接的碱基共有四种：鸟嘌呤(G)、腺嘌呤(A)、胸腺嘧啶(T)和胞嘧啶(C)，它们之间以氢键结合，其配对关系为：A—T，C—G，相邻的两个碱基的距离为 3.4 Å。根据热力学计算，A—T 之间由两条氢键连接，C—G 之间由三条氢键连接。

由于磷酸和核糖是简单地相间排列，而只有碱基的排列顺序具有变化，所以复杂而美妙的遗传信息就是碱基的排列顺序。由此沃森、克里克推演出一条分子生物学的重要法则，即碱基互补法则。根据这一法则，DNA 的两条链中，只要决定一条链的碱基排列顺序，就会“复制”出另一条链的碱基排列顺序，DNA 就是这样控制遗传信息的传递。

沃森、克里克几个星期后又提出了 DNA 复制假说，即亲代的两条链可以分开，每一条单链根据碱基配对原理，可以利用机体中的脱氧核糖核酸复制成另一条单链，两条母链能够分别聚合成另外两条子代 DNA 链。复制的结果产生出了碱基排列顺序完全一样的子代双链 DNA 分子，子代 DNA 分子中有一条 DNA 来自亲代，而子 2 代 DNA 分子中有一条 DNA 来自子1 代。这就是沃森和克里克根据他们的 DNA 双螺旋模型提出的称为“半保留”复制的假说。

8.3.2 “半保留”复制假说的验证

假说是对于某种自然法则和规律的描述，在自然科学发展道路上随处可见被遗弃的假说模型。因此“半保留”复制的假说必须经过实验证明才能成立。

沃森和克里克对 DNA 晶体的 X 射线衍射图谱的测量分析，捕捉螺旋的重复周期(螺距)、螺旋宽度等信息，根据查加夫定律(不同物种

DNA 的碱基组成在数量上，A＝T，G＝C，即嘌呤数量之和等于嘧啶数量之和）计算碱基之间配对的能量分布和碱基之间的距离，建立了 DNA 双螺旋模型。由这一模型而提出的“半保留”复制的假说必须要通过实验的检验，才能证明它的正确性。

要证明“半保留”复制，就必须区分子 1 代 DNA 分子的两条链有一条是新合成的，而另一条链是来自亲代的母链。要区分两条组成和结构相同的化学物质除了使用同位素标记，恐怕没有别的办法。用同位素标记化学物质，研究化学反应过程是赫维西首先使用的，为此他获得了 1943 年诺贝尔化学奖，此后生物学家纷纷用来研究生命过程。1958 年，加州理工学院的梅塞尔森（Meselson M）和斯塔尔（Stahl F）在美国科学院学报发表了“大肠杆菌的 DNA 复制”的论文[2]，他们用^{15}N标记的 NH_4Cl 作为氮的来源培养大肠杆菌，待细菌的 DNA 碱基全部都是^{15}N后，再放到无标记的培养基中培养。按照“半保留”复制的假说，就应该出现具有标记的和未标记的“杂种”双链 DNA。他们提取了这些细菌的 DNA，进行氯化铯密度梯度离心，由于两种氮的“质量”不同，就可以按分子量的密度分离含有标记和未标记氮的 DNA。这样他们证明了，亲代全都是含^{15}N的 DNA，子 1 代的 DNA 有两种密度的 DNA，子 2 代含^{15}N的 DNA 比子 1 代更少，说明 DNA 的确是按照沃森和克里克所说的那样进行“半保留”复制。

梅塞尔森和斯塔尔工作发表之前两年，亚瑟·科恩伯格已经发现并制备出高纯度的大肠杆菌 DNA 聚合酶，虽然已经证明了 DNA 的生物合成，但还是梅塞尔森和斯塔尔的实验是最具说服力的。

参考文献

[1] Watson JD, Crick FH. Molecular structure of nucleic acids; A structure for deoxyribose nucleic acid [J]. Nature, 1953, 171: 737 - 739.

[2] Meselson M, Stahl FW. The replication of DNA in escherichia coli [J]. Proc Natl Acad Sci U S A, 1958, 44(7): 671 - 682.

第9章 关于交叉学科

§9.1 科学发展的一般趋势

9.1.1 学科发展趋势

科学技术的发展经历了一个由整体化(古代)到专业化(近现代)再回到整体化(当代)的发展过程。近代各门实验科学、经验社会科学在文艺复兴以前,是以自然哲学、道德哲学或人文知识的方式存在于哲学的母体之中。

文艺复兴以后,物理学、化学、生物学等各门实验自然科学纷纷从自然哲学的母体中分化出来,成为独立的学科领域。以生物学为例,生物是生命的存在形态,对于生命的兴趣,可能在人类远古时期,尤其是进入文明时期之后就产生了,并且一直是宗教和哲学的势力范围。只是到了近代,科学才涉足这一领域。至18世纪末到19世纪初,各门实验自然科学以及数学已经成熟,并且占据了人类知识领域的至高无上的地位。到20世纪中叶,自然科学的跨学科交叉研究以及整体化的趋势开始出现,并且不断加强。这在诺贝尔奖的成果中得到充分的体现。

二战后,尽管自然科学的学科分化仍在继续,但新学科、新知识系统分支以及新思潮,更多地是以学科的交叉融合的方式出现。20世纪40年代以来,贝塔朗菲(Betalanffy LV, 1901—1972)创立了“一般系统论”,韦纳(Weiner N, 1894—1964)创立了“控制论”,香农-韦弗(美,Shannon C, 1916—2001; Weaver W,1894—1978)等创立了“信息论”,丘奇曼等创立“运筹学”。“控制论”、“信息论”和“系统论”(通称“老三论”)的出现就是学科交叉融合的成果,它们显示的原理具有“普适性”的特点。尤其是60、70年代,跨学科交叉研究得到了迅速发展。哈肯(德,Haken H,1927—)创立了“协同学”、托姆(法,Thom R, 1923—) 创立了“突变论”、艾根创立了“超循环论”、费根鲍姆(美,Feigenbaum R)创立了“混沌学”、芒德布罗创立了“分形学”、钱学森创立了“系统工程学”,普里戈金创立了“耗散结构”理论。在西方特别是美国,各种跨学科研究机构纷纷成立,跨学科的研究文献大大增加，并涌现大量的交叉、横断和边缘性学科。在这个时期，美国的各大学纷纷成立跨学科研究中心，兴起跨学科研究，各种不同的组织机构尤其是各种基金会也都热心支持跨学科研究。因此，60、70年代被人们称为“跨学科研究的时代”。尤其是“协同学”、“耗散结构”和“混沌论”（通称“新三论”）在更广阔的科学视野和更深的理论背景下研究非线性问题，使各学科的交叉融合建立在统一的理论基础上。

自然科学之间交叉学科的出现不但极大地扩展了人们的眼界，而且更引起哲学层面上的革命，例如，关于时间、空间概念的深刻变化，关于统计性和概率在事物发展过程中起的关键作用，关于世界简单性、复杂性、整体涌现性、决定论和非决定论的转变等，都使人们的世界观产生了一次又一次的革命。

进入80年代，跨学科交叉研究蓬勃发展，杂交整体化趋势更加强劲，传统的学科的边界日益模糊，难以清晰界定。80年代后，跨学科交叉研究发展有两个重要标志，一个是跨学科研究体制的国际化：1980年“跨学科研究国际协会”成立，到1986年已召开了4次国际大会；联合国教科文组织1986年召开了首次跨学科会议，主题是“科学与知识的边界”，1991年12月在巴黎召开第二次会议，主题是“科学的传统——面向21世纪的跨学科展望”（会后发表了《巴黎宣言》）。第二个标志是，各学科普遍存在的“复杂性”问题成为新的研究热点。复杂性研究是80年代席卷世界的一个热门研究领域，美国的圣菲研究所、欧洲大陆的自组织理论、英国的复杂性论坛、中国的系统学都是研究复杂性的机构。这门学科如此之新，范围如此之广，至今还无人知道它的边界在哪里。然而，这正是它的全部意义所在，因为它企图解答一切常规科学无法解答的问题。

9.1.2 什么是学科交叉融合

在知识空间里，每种传统学科都占据一块属于自己的领地，领地之间是一些不属于传统学科研究范畴的知识空间。随着传统学科研究对象的扩大，学科边界开始接触甚至交叉，两个或两个以上的不同学科之间的紧密或明显的相互作用，包括从简单的实验仪器、实验设计，直到程序、认识、术语，更重要的是学科研究的思维方法包括逻辑、抽象、模型等的相互借用和相互渗透。这种跨学科或交叉学科的研究方式，导致了传统各学科的融合和重组，产生了一系列新的综合性知识分支，推动了当代科学的杂交、整体化趋势的形成与发展。例如，物理学和化学交融产生的“物理化学”和“化学物理”；化学和物理学与生物学交融产生的“生物化学”、“生物物理”和“生物物理化学”等。在DNA双螺旋模型出现以后,生物学进入了分子时代,它带动了生物学各分支的研究向分子水平深入,出现了众多新学科,如表9.1。

表9.1 分子生物学带动的新学科

学　科	研　究　内　容
分子发育生物学	细胞活动、遗传、发育
分子神经生物学	神经活动的分子基础
分子进化生物学	进化论(宏观)
分子系统分类学	分类学(宏观)
分子生态学	生态学(宏观)
生物信息学	处理和研究基因和蛋白质数据,大规模数据分析
数学生物学	细胞和神经等复杂系统和网络研究
功能基因组学	网络、整体涌现性等复杂性行为
数量遗传学	研究连续性性状
表观遗传学	研究基因组印记等修饰性遗传现象
系统生物学	生物系统中所有组成成分和相互关系
计算生物学	如何构建复杂模型
合成生物学	根据生物系统设计的最基本规则,人工建造一些基本的生物部件(模块),然后把它们组装成生命复杂网络
蛋白质组学	一个基因组内所有基因表达的全部蛋白质
亚细胞蛋白质组学	高尔基体蛋白质组学、核膜蛋白质组学
基因组学	研究生物基因组和如何利用基因

9.1.3 特点、方法和途径

(1) 自然科学的交叉

自然科学交叉主要体现在研究方法的移植、模仿和渗透;研究主题或对象领域的交叉、重合或融合;概念、假定和理论的相互借用等方式。以研究方法的移植为例,用量子力学的方法研究化学、生物学(“量子化学”及“量子生物学”),用分子生物学方法研究遗传学(“分子遗传学”)。把“控制论”的基本原理应用于生物、神经、经济、社会等领域,产生了“生物控制论”、“神经控制论”、“经济控制论”和“社会控制论”等边缘学科。“信息论”与其他学科结合,产生了“化学信息学”、“信息生物学”、“信息传播学”、“信息经济学”、“信息法学”等新兴学科。“系统论”在工程领域更是大显身手,逐步形成了一些专门的系统工程分支,包括“社会系统工程”、“经济系统工程”、“区域规划系统工程”、“环境生态系统工程”、“能源系统工程”、“水资源系统工程”、“交通运输系统工程”、“农业系统工程”、“企业系统工程”、“工程项目系统工程”、“科技管理系统工程”、“人口系统工程”、“军事系统工程”、“教育系统工程”等。二战期间，战争的需要推动人们研究如何合理地、优化地使用现有武器系统，如何搜索敌机、敌舰等军事问题，形成“军事运筹学”这个与自然科学性质不同的新学科。这些成果战后被迅速推广并应用于经济、社会等问题，正式产生了“运筹学”。

(2) 数学和计算机的广泛应用

文艺复兴以来，以试验、解剖和观察的经验主义的研究方法逐渐取代了古希腊理性主义的研究方法。伽利略和牛顿等一大批物理学家把问题的研究转化为参数的提取和测量，再把参数用数学公式联系起来——定量化和形式化，这些数学公式不仅是参量间因果关系的抽象表达，而且为系统的未来行为的预言提供了方便。这种方法被其他科学作为典范纷纷效仿，越来越多地采用了定量分析方法及数学模型方法，结果它们研究问题的途径、方法论以及问题切入点的各自的独特性被削弱了，使研究的主题与方法日益重合。社会学家沃勒斯坦(Wallerstain I)关于社会科学交叉的论断，对于自然科学也同样适用，他说：“这些学科多方面的重合产生出双重的后果：一方面，无论是依据研究的对象还是依据处理数据的方法，要想为这几门学科找到明确的分界线都越来越困难；另一方面，由于可接受的研究对象有了范围上的扩大，每一门学科也变得越来越不纯粹了。这样便导致了对这些学科的统一性和学术前提的合法性的不容忽视的内在质疑，而在以前，每一学科正是借此而为自身的独立存在权利进行辩护的。”[1]

计算机的应用使以前很多无法定量化的问题的模型化、定量化成为可能，很多不同学科的模型具有相似或相同的数学形式，这不能不引起人们深思学科的共性，这为学科交叉提供了动力。研究主题、对象范围的交叉、重合或融合产生了由以学科为方向，转移到以问题为方向的研究途径或知识产生方法。这在客观上推动了各学科的研究主题或对象范围的交叉、重合或融合。

(3) 概念、理论的相互借用

这是跨学科交叉研究及杂交化、整体化的又一途径或方式。概念的提出、应用和传播是一个学科概念发展的三个基本阶段，概念在各学科的交叉、杂交中起着中介或桥梁的联系作用。每个学科的新概念都有可能对其他学科的发展产生影响，因为人们可以借助这些新概念来观察世界，进一步加深或拓展对因果关系的认识。学科交叉使新名称层出不穷，并且都获得了适当的制度化基础：大学里新的研究规划甚至新建的系、新的学术团体、新创办的期刊，以及图书馆制定的新的分类目录[2]。20世纪后半叶，由于对复杂大系统，尤其是对生物的研究，“整体论”发展起来。由“整体论”提炼的一些概念，如系统、结构、层次、环境、行为、功能、状态、演化、过程、有序、无序、偶然、必然等已逐渐被所有科学家接受和使用，甚至成为社会大众的时髦用语。

(4) 在学科交叉过程中传统学科的地位仍然是不可动摇的

方法论的成熟程度及独特性是一个学科“范式”或“研究纲领”中最基本的构成因素之一。当代跨学科交叉研究以及杂交化和整体化趋势，首先是通过方法论上的移植、模仿和渗透来实现的。然而，自然科学的所有学科都与本学科的一些基本定律相联系，这些基本定律有一些特点：首先，它不能从其他原理推导和证明，它的推论可经受实验检验，但它本身不可能被证实。第二，它通常可用否定形式表达，而否定形式往往比肯定更强、更广。第三，每个基本定律通常与一个基本常数相联系[3]。物理学、化学、生物学中的基本定律并没有被替代，相反，在学科交叉中被证明仍然是正确的，并成为新学科的基本规律的基础。

9.1.4 学科交叉的意义

跨学科性是未来研究的最根本的特征。它涉及的课题及研究内容、研究主题大多是总体的、复杂的、多系统的问题；它的研究以问题为核心，需要依靠跨学科、多学科的专家智慧来解决；从研究方法及分析技术体系看，它基本上采用跨学科和多学科的研究方法和手段[4]。例如，“自组织”研究、“复杂性”研究、“混沌”研究、“宇宙起源”和“生命起源”研究等。纵观诺贝尔奖的获奖成果，20世纪50年代前，大部分成果都是本学科的；50年代后，大部分成果是交叉性的。在生理学或医学奖中，有2/3和化学有关；在物理学奖中有1/3和化学有关。著名的DNA双螺旋模型的建立开创了分子生物学、分子遗传学等新兴学科，阐明了困扰生物学家几百年的遗传本质，然而它的发现者获得的是诺贝尔化学奖。该模型中的分子几何形状、化学键、氢键作用、碱基堆积力等概念都是化学基本理论早已阐明的原理。获得1977年化学奖的“耗散结构”理论，其发现者是物理化学家，这个理论解决了困扰物理学家和生物学家两个世纪的热力学第二定律和生物起源、生物进化的矛盾，开创了“自组织”研究的先河，并对人们的世界观产生了革命性的影响。“耗散结构”理论所依据的试验事实或是物理学的(如贝纳德花纹、激光等),或是化学的(如 B-Z 反应、化学振荡等),它们都是经典物理学、化学理论所允许的。交叉学科的理论框架仅仅是经典理论的补充和扩展。

跨学科交叉研究以及杂交化整体化基本趋势出现,其积极作用就在于以下三个方面。

第一,它融合了不同学科的“范式”(尤其是研究方法及程序、研究主题、基本假定、概念、理论等),加强了各学科之间的交流,打破了以往专业化垄断现象,拓展了研究范围及研究主题,采用了新的研究方法或转换了研究视角,形成大量交叉性、综合性、横断性和边缘性的新学科,极大地开阔了人们的视野、增加了科学的知识内容。圣菲研究所的发起人和第一任所长、美国人考恩(Cowan G)是一位具有广阔视野和卓识远见的科学家。在他退休的时候,多年的思考促使他萌发了这样一个创意:建立一个冲破学科界限,研究各学科共同关心的“人类如何认识和处理复杂性”这个难题。考恩在其十年的科学生涯中,深深体会到近代科学中普遍存在的、片面强调“还原论”这一哲学思想的弊病,以及由此而来的种种问题,如学科分隔造成的隔阂,综合的、整体观念的缺乏,只见树木不见森林的短视和偏见,在丰富多彩的现实面前的僵化和无能等等。他认为,这些弊病不仅阻碍了科学的发展,而且是人类面临的许多现实问题难以得到有效解决的原因所在。他在其他科学家的支持下,于 1984 年成立圣菲研究所——复杂适应系统理论(CAS)的诞生地,圣菲研究所很快就吸引了一大批富有创新精神的、勇于探索的各领域的科学家。他们来自不同的传统学科:经济学家阿瑟(Arthur WB),他在经济学界首先研究了现代经济的重要特征——收益递增现象;计算机科学家霍兰(Holland),他是遗传算法(genetic algorithm)和 CAS 理论的首创者;从医学领域来的考夫曼;复杂性理论研究多种早期著作的作者卡斯蒂(Casti J)等。他们中既有德高望重的诺贝尔奖得主(如阿罗、盖尔曼、安德森),也有初出茅庐的青年学者(如当时正在攻读博士学位的兰顿)[5]。

第二,它用“以问题为中心”取代旧的“以学科为中心”的知识产生途径(方式)。传统的各学科所采用的基本上是一种“以学科为中心”的知识产生途径,它们利用本学科的基本原理研究本学科的问题,它们彼此划界,严格限定研究的范围,在本身的学术框架内活动,并产生关于界定为本学科的知识。然而,对于人类关心的一些根本问题,例如宇宙起源、生命起源、人类起源等，单学科研究显得无能为力。学科交叉创造了“以问题为中心”的知识产生途径，它从各学科不同的侧面或视角展开对同一问题的研究，从而促进了不同领域学者的交流与合作，大大拓展或加深了对相关问题的了解。混沌是一种极其混乱无序、极不规则、异常复杂的运动形式，这种运动形式普遍存在于自然界和人类社会中。100 多年来，科学家虽在不同场合碰到这类现象，但都没有意识到它代表了一种新的运动机制，未加深究。直到 20 世纪 60 年代后才发现，这种运动实际上是确定性方程描述的非线性动态系统的一种尚未被认识的运动形态。以“混沌”这一问题为中心，各个学科从不同角度进行研究，尽管目前还没有完全搞清这一问题，但它使各学科的研究者大大开阔了视野，对于自然现象和人类社会现象的共同性有了深刻的理解。

第三，交叉学科研究对于人才提出了更高的要求，数理基础扎实、知识全面、勇于和善于吸收新知识、富于创造性、逻辑思维和形象思维能力强将成为今后人才的基本素质要求。为此，交叉学科研究必将推动大学教学、研究与应用体制的改革与创新。各种跨学科系、所、学院、研究中心或研究所的创立，以及知识应用的思想库的兴起，对于打破传统的僵化体制以及彼此之间的封闭、分割状态，形成灵活的体制，对于加强各学科知识和人员的交流，增强其生机活力，起到了积极的促进作用。我国大学教育也紧跟这一世界潮流，虽然我们在学科设置上不如国外灵活，但在课程设置上仍然做了很大改进，国外的新思想、新方法、新成果也能及时被引进。交叉学科的形成是一种知识重组和创新的过程，21 世纪必将呈现给我们一种新的知识结构以及新的世界观。

9.1.5 学科交叉出现的问题

(1) 整体化与专业化的关系问题。在跨学科交叉研究以及杂交化、整体化过程中，仍存在不少问题。首先是整体化与专业化的关系问题。当代自然科学各学科的界限虽然开始模糊，但学科分类还是清晰的。以化学为例，从纵向看，在传统的四大化学（有机、无机、分析、物化）基础上分化出几十个分支，例如“生物化学”是“有机化学”分化出来研究生物大分子的结构和功能的学科，而“酶化学”又是从“生物化学”分化出来研究酶这种生物催化剂特性的学科，“酶化学”又有几个分支，每个分支都有自己特定的研究对象、研究方法和手段。随着人类化学知识的积累，原来某一类化合物、某一类现象都可能发展成一个新的学科,因此自然科学的学科分化是不可避免的,而且在可以预见的未来,这种以传统学科为基础的专业分工将继续存在。学科可以起到专业训练、知识归类的作用。另一方面,从横向看,化学又与物理学、生物学、天文学、地质学、海洋学甚至信息论等学科交叉产生了很多新学科,其他基础学科的情况也大致如此。因此,目前人类的知识空间已经不是一维的,而是三维的,在里面以各个基础科学为主干形成一个巨大的网络,在这个网络里,基础学科的原理仍然起决定性作用,但在学科之间的连接点上,新原理不断涌现。如何处理整体化与专业化的关系,就成为21世纪科学发展的一个重大问题。

(2) 同行专家的评价与认可问题。由于大量的交叉性、综合性、横断性、边缘性学科的出现,使得从事这些领域研究的学者尤其是先驱者的学术成就的承认,成为问题。著名科学哲学家托马斯·库恩认为:“常态科学”是科学群体共同分享的一系列模式和假设,通常在严谨的逻辑框架下运行,如果没有大胆的探索精神是不能打破这些框架的。而处于“常态”下的科学家们远非客观,他们有理由持守“正统”的理论,而倾向于在现有的架构内寻找问题的答案,这无疑成为交叉学科形成的阻力。按照以往的传统,研究成果只能在本学科的专业刊物上发表,其他方面的成果不论多么优秀,不能在专业刊物上发表,往往被视为异端,不被当作本学科、本专业的成果。以数学领域的“模糊数学”为例,自从70年代美国人查德提出模糊数学的概念以来,它使用的“格值逻辑”是我们传统的“二值逻辑”的扩展,但它一直被“传统数学”排斥。美国学者J.科尔和S.科尔在《科学界的社会分层》(1972)一书中曾指出,科学家的专业身份与科学成果的认可之间存在着一定的“马太效应”,不能达到一视同仁的“普遍主义”原则。在科学界,一个名字一旦显赫起来,那么这个名字将由于各种理由而被其他人不断引用。这种效应又通过颁发奖金而进一步加强,如果这种奖金是公众所熟悉的,“马太效应”则更强。如果这个科学家对某个交叉学科采取一种负面评价,那么它就面临被“扼杀”的危险。在科学史上,这样的例子屡见不鲜。这无疑抑制了人们从事跨学科交叉研究方面的热情与积极性,妨碍科学的杂交化、整体化趋势的迅速发展。

(3) 跨学科交叉研究中不同学科的交流问题。自然科学自从牛顿、爱因斯坦树立起“典范”以来,数学成为各学科通用的工具和方法。以实验、观察和理性为基础使自然科学之间的交流比较容易。然而,各学科仍然有自己独特的概念体系,而一个学科在开始形成的初期,不同"理论"间的争论是不可避免的。库恩认为,相互竞争或对立的科学理论之间是不可通约的,不同学科共同体所使用的语言也是不可翻译的。既然如此,在跨学科交叉研究中,不同学科如何做到充分完全的交流,各学科的概念、理论和方法如何真正得以融会贯通,就成了一个值得深思的方法论问题。

对于跨学科交叉研究中遇到的这些问题,国外学者做了不少研究。他们认为,在学科与跨学科研究之间,形成某些难以解决的"悖论"。美国学者 J. T. 克莱因在《跨学科的历史、理论和实践》中指出:学科的局限,与跨学科研究为打破这种局限,必然出现"悖论";法国学者 J. P. 雷斯韦伯在《跨学科方法》一书中认为,跨学科方法反对学科垄断,打破了科学传统的、以分化为主旨的统一的科学体系,但同时又在进行新的分化,跨学科研究出现了一种悖论。应该说,在知识空间中,任何未知领域都可能成为科学探索的目标,当不同学科的触角伸向这一目标时,不仅是本学科的分化,也是交叉学科形成的契机。这种悖论在自然科学从自然哲学分化出来之后就存在,只不过现在的形势更加突出、更加紧迫,然而,它并没有阻碍科学发展的步伐。科学是人类理性的产物,关键是我们对交叉科学的认识和态度。

如何解决跨学科研究中遇到的这些问题? 1991 年联合国教科文组织发起召开的第二次国际跨学科会议所发表的《巴黎宣言》提出了这样的思路: 跨学科研究并不寻求建立科学与传统之间的结合,而是探求使两者相互作用的方法,使两者在高度差异的基础上统一;日益显著的专业化趋势已把科学与文化分离了,跨学科性在承认专业化价值的同时,力求通过重新创立文化的统一和重新发现生活的内在意义而超越这一价值。的确,面对科学的杂交化整体化不断加强、传统的学科依然起作用这种两者并存的局面,正确的做法应该是,在承认专业分工差别的基础上,注重跨学科交叉研究,加速各学科的融合与统一,并在这种融合统一中提升人类对自然界的理解和认识。经过几个世纪的知识积累,人类对自然界画面中的各个细节有了一些了解,尽管还有很多东西没有认识,但现在,我们可以把它们初步联系起来,看一看整个画面究竟要向我们显示什么、说明什么。如果我们把各个学科作为局部,那么学科交叉形成的人类知识域就是整体。整体由局部构成,整体统摄局部,局部支撑整体。因此,正确的方法是把整体和局部很好地结合起来: 以整体为背景建立对局部描述,综合所有的局部描述,建立对于整体的描述。突变论的创立者托姆认为,用动力学方法研究系统,既要从局部走向整体,又要从整体走向局部。所以托姆认为:“在突变论中交替地使用上述两种方法,我们就有希望对复杂的整体情况做出动态的综合分析。”[6]。原则上说,一些动态系统理论都需要交替使用从局部到整体和从整体到局部两种描述方法。

参考文献

[1] 华勒斯坦.开放社会科学[M].北京三联书店,1997:50.
[2] 华勒斯坦.开放社会科学[M].北京三联书店,1997:51.
[3] 郝柏林.混沌与分形[M].上海科学技术出版社,2004:159-160.
[4] 金吾伦.跨学科研究引论[M].北京中央编译出版社,1997:307-308.
[5] 许国志.系统科学[M].上海科技教育出版社,2000:250.
[6] 托姆,R.突变论[M].周仲良译.上海译文出版社,1989:202.

§9.2 学科交叉与生命科学诺贝尔奖中的奖项

诺贝尔三个自然科学奖项只颁发给那些具有高度创造性的、获得突破性研究成果的科学家:在物理学方面有最重要发现或发明的人;在化学方面有最重要发现或新改进的人;在生理学和医学方面有最重要发现的人。

跨学科性研究是未来研究的最根本的特征,它涉及的课题及研究内容多是总体的、多系统的问题,需要依靠跨学科、多学科的智慧来解决,研究方法及分析技术体系也是采用跨学科和多学科的研究方法和手段,所得出的结论也是在大的尺度和范围解释自然的奥秘,也许难以适合诺贝尔奖三个奖项的要求。

沿着五十年来有关生命科学的奖项内容,我们可以清楚地看到现代科学学科之间交叉渗透的发展历史。

用化学的原理和方法探讨生命的奥秘,既是化学,又是生物学与物理学和化学之间的边缘科学,由此而建立的生物化学和分子生物学又是现代生命科学、医学临床研究的基础。很多化学奖已经直接颁发给生命科学领域里的重大发现。

迄今为止,诺贝尔生命科学奖项在物理学、化学与生物学之间的交叉融合,尤其是现代分子生物学时代以来,生物学利用物理学、化学的研究方法,使用物理学和化学研究概念、假定和理论屡见不鲜,并且得到长足的发展,取得了惊人的成绩。在诺贝尔生命科学奖项中,DNA双螺旋模型的建立就是一个学科交叉的典型范例;生命科学诺贝尔奖的摇篮之一,从剑桥大学物理系卡文迪什实验室到MRC分子生物实验室发展过程的本身就是一个跨学科过程。这些在本书中已有叙述。下面让我们来看看一些其他事例。

9.2.1 生物学和化学的交叉与融合

自20世纪下半叶开始到目前的50多年里,化学家已开始从以自然物质为研究对象朝着研究人和生命体转变,几乎与生命科学所有的学科都出现了交叉融合的趋势。在20世纪后20年里,有三分之一以上的诺贝尔化学奖颁发给了生物化学、分子生物学领域的研究成果;而在21世纪的头六年里,除了2005年的“有机换位合成法”外,全部的化学奖都颁给药物化学、生物大分子结构、细胞生物学和分子生物学领域的成果,很多诺贝尔化学奖得主的工作如同获得了生理学或医学奖。正是由于这样的原因,每年诺贝尔生理学医学委员会和化学委员会要举行联合会议,互通情报,才能保证一项科学发现的提名不会同时出现在两个领域。

(1) 水和离子膜通道的研究历程

细胞质膜是由不透水的双层磷脂分子组成,以保护细胞内物质,而一个活的细胞又必须和环境保持密切的联系,这样才能依照外界环境的变化,作出适当的反应。细胞质膜上的水和离子通道就是一种接收外界或是来自身体其他细胞物质,进行物质交换的途径。水和离子膜通道的研究是化学家和生物学家利用化学、物理以及生物学方法,经过一百多年努力,逐步阐明生命系统奥秘的学科交叉融合事例。

1901年,荷兰的范托夫(Van't Hoff JH, 1852—1911)由于在化学热力学和溶液渗透压研究方面的建树,获得第一个诺贝尔化学奖。他的研究表明,不透水的细胞质膜由于膜内外的渗透压不同而具有通透性。1909年,奥斯特瓦尔德(德,Ostwald W,1853—1932)因在化学催化方面的工作,以及建立化学平衡和反应速率的基本原理而获得化学奖。他早在19世纪末就指出,离子在细胞质膜内外的流动是生命组织电信号产生的原因。

埃克尔斯、霍奇金和赫胥黎利用电子学技术方法,以微电极记录神经纤维电脉冲,将信号放大后,显示在阴极射线管的屏幕上,定量测量两种时相的离子通透性,将结果写成一个公式输入计算机,这样就可预测许多已知和未知的兴奋性的基本特征,因为这些特性是由离子通透性变化所决定的,他们获得了1963年生理学或医学奖。

依赖电生理的技术研究细胞离子通道,记录不同生理情况下细胞质膜电位差的变化分辨率不够高,而且无法任意改变细胞内的各种成分，很难了解细胞质膜内外离子的变化。德国科学家内尔及扎克曼建立了电压钳位和斑点钳制的技术，应用这套技术顺利地记录了青蛙肌肉细胞上单一离子通道流过的电流约为 20×10^{-12} A，换算成离子数目，大约是每秒通过 1 亿个离子。使人们对细胞质膜有了全新的认识。1991 年这两位德国科学家获得了诺贝尔生理学或医学奖。

1997 年丹麦生物物理化学家斯科由于发现钠钾-ATP 酶(Na^+K^+-ATPase)，获得当年一半的诺贝尔化学奖。斯科的研究工作是在 1963 年生理学或医学奖得主埃克尔斯、霍奇金和赫胥黎结果的基础上进行的。当神经元激活时钠离子涌进细胞，钠离子被转运到膜外后，钠的浓度才得以平衡。由于这种转运要逆浓度梯度进行，所以这一过程就需要能量，而这个能量的来源就是 ATP。斯科于 1957 年发表论文，描述了一种蟹神经膜上的由钠钾激活的 ATP 酶性质，以后逐步揭示了这种酶的结构和作用机制[1]。钠钾-ATP 酶位于细胞质膜上，酶的两端分别在膜的内外，酶由两个亚基组成(α, β)，α 亚基携带酶的活性部分，β 亚基维持整个酶的稳定性。当 3 个钠离子和 ATP 结合在酶的内表面时，ATP 上的一个磷酸转移到酶的一个氨基酸(天冬氨酸)上，ATP 变成 ADP，导致酶的构型改变，于是钠离子被转运到膜外。

2003 年诺贝尔化学奖授予美国科学家阿格雷和麦金农，分别表彰他们发现细胞质膜水通道，以及对离子通道结构和机理研究作出的开创性贡献。

1988 年阿格雷从红细胞质膜和肾小管上皮分离出一种功能未知的相对分子质量为 28 000 的蛋白质 CHIP28，并进行了 cDNA 测序[2]。他意识到这可能就是人们寻找已久的水通道，并于 1992 年在《科学》周刊发表论文，证实了它就是水通道[3]。阿格雷证明了蟾蜍卵母细胞表达的 CHIP28 能使细胞在低渗介质中很快充盈起来，为了验证自己的发现，他又把 CHIP28 构建到脂质体中去，制成人工细胞质膜，进行了与没有这种蛋白的人工细胞质膜的对比试验：将这两种人造细胞质膜分别做成泡状物，然后放在水中，结果第一种泡状物吸收了很多水而充盈起来，第二种则没有变化，充分说明水通道蛋白具有吸收水分子的功能。现在称 CHIP28 为水通道蛋白(aquaporin 1, AQP1)，AQP1 是由四个相同的亚基构成，每个亚基的相对分子质量为 28 000，每个亚基有 6 个跨膜结构域，在跨膜结构域 2 与 3、5 与 6 之间有一个环状结构，是水通过的通道。目前发现人体的 AQP1 样蛋白有 11 种以上,植物有 35 种以上。

原核生物较容易高表达离子通道相关基因,而确定真核细胞质膜上离子通道的结构是非常困难的,因为很难把真核细胞离子通道相关基因表达出来。对一些真菌的钾离子通道的克隆和表达研究表明,它们与真核细胞钾离子通道高度同源,这就给一些学者很大的启示。1998 年,麦金农研究小组利用 X 射线晶体成像技术,获得了第一张取自链霉菌蛋白的、分辨率为 3.2 Å 的钾离子通道高清晰度照片,并第一次在原子层面揭示了离子通道的工作原理[4]。钾离子通道由 4 个相同的亚基组成,形状如同倒挂的圆锥,开口朝向细胞质膜外,长度仅为 12 Å,通道其余部分都是疏水氨基酸。钾离子通道的通透特异性允许钾离子通过质膜,而阻碍其他离子,特别是钠离子的通透。这些通道一般由两部分组成:一部分是通道区,它选择并允许钾离子通过,而阻碍钠离子;另一部分是门控开关,根据环境中的信号而开关通道。麦金农的方法是革命性的,它可以让科学家观测离子在进入离子通道前、通道中以及穿过通道后的状态,对水通道和离子通道的研究意义重大。

麦金农在回忆他在塔夫茨大学医学院求学医学博士学位,同时徘徊于医学和物理化学之间的过程时,写道:“医学学习需要大量的记忆,较少的分析和解决问题。为使我的头脑灵活,我开始学习数学并且保持到现今,……但是我还是愿意进行基础科学研究,我应该成为电化学、随机过程、线性理论等有关方面的专家。”最终他以极大的勇气和魄力放弃了即将完成的医学院学业,重新回到基础科学研究的行列中。这样的学习过程和交叉知识的积累就是他日后研究细胞质膜离子通道结构和机理并作出开创性贡献的基础。

(2) 生命的能量

从细菌到人,所有生命机体活动的能量来源都是腺苷三磷酸(ATP)的转化。地球上的所有能量都来自太阳。植物通过光合作用获取能量,把光能转化为化学能 ATP 储存起来,用以制造碳水化合物、脂肪和蛋白质,供动物和人类食用。动物和人类的新陈代谢是将食物分解,释放出食物的能量,制造 ATP,这个过程称呼吸作用。ATP 是由三个磷酸和腺苷酸组成,在代谢过程中,其末端的一个磷酸脱离开后就成为腺苷二磷酸(ADP),并且释放出供给机体活动的能量。光合作用和呼吸作用都是一系列氧化-还原(即电子转移)反应,在这些反应过程中产生或消耗 ATP。反应的发生部位在于真核细胞的线粒体和植物的叶绿体，两者都与细胞质膜有密切关系。

ATP是由一位德国科学家洛曼(Lohmann K)首先发现的，几年后，确定了ATP的结构。

1940年前后，美国生物化学家李普曼(Lipmann F, 1899—1986)发现ATP就是细胞内能量的来源，并且开创使用"高能磷酸键"一词，由于他发现辅酶A以及在糖代谢方面的贡献，于1953年和发现三羧酸循环的英国人克雷布斯(Krebs HA, 1900—1981)共同获得生理学或医学奖。

1948年英国科学家托德(Todd AR, 1907—1997)以化学方法合成了ATP，获得1957年的诺贝尔化学奖。

1961年米切尔(英，Peter Mitchell, 1920—1992, 1978年化学奖得主)提出化学渗透压假说，解释光合作用、氧化磷酸化过程[5]。假说的要点是：所有的营养素在体内进行有机物氧化或光合作用时，一系列氧化-还原反应使细胞内外膜产生电子的转移，质子向膜外移动，造成质子(氢离子，H^+)浓度差或称质子电位梯度，这种电势梯度造成的能量促使ATP的合成。氢离子顺浓度梯度进入线粒体内部，而失去的势能则通过ATP合成酶的作用转化为化学能，贮存在ATP分子中。他的这个想法是受到李普曼能量代谢、克雷布斯三羧酸循环和斯科的钠、钾-ATP酶(Na^+, K^+-ATPase)的启发，认为食物的营养成分被不断分解，最后与氧结合，变成水和二氧化碳，使水中的氢离子转移到膜外，当它再次转移到膜内的时候，就会使钠泵逆转，同时生成磷酸化合物ATP。要证明这个假说的正确，最重要的就是ATP合成酶的发现及其作用机制。

1973年博耶(美，Paul DB, 1918—)发现，在ATP脱去一个磷酸(Pi)、ADP结合一个磷酸的过程中产生生命能量，并且提出ATP合成酶的结合变构理论(The Binding Change Mechanism)[6]。1981年后，MRC分子生物学实验室的沃克获得ATP合成酶结晶，测定了酶的cDNA和蛋白质序列，并逐步搞清了整个酶的主要结构[7]。由于他们前仆后继对于ATP合成的酶学机制的研究和贡献，获得了1997年诺贝尔化学奖(与发现ATPase的斯科分享)。

生命能量的研究历程包括了一项生理学或医学奖和三项化学奖，为生命科学研究中学科交叉融合的另一个事例。

9.2.2 物理学对生命科学研究的影响和作用

在古代欧洲，物理学(希腊文 physis)一词是自然科学的总称。在现代，物理学虽然已经发展形成各个独立学科，但是物理学仍然是自然科学的基础学科，物理学的知识和方法已经成为自然科学和生产技术的基础。

物理学对于生命科学的影响，表现在物理学家探讨自然界奥秘的缜密思维对生命科学研究的指导，物理学和数学方法在生命科学中的应用。例如，1979 年生理学或医学奖，科马克和豪恩斯费尔德的“CT－X射线断层摄影”，和 2004 年生理学或医学奖，劳特布、曼斯菲尔德的核磁共振成像，都可以归类于应用物理学的奖项。我们可以看到，随着生命科学研究的不断深入，物理学的奖项也将会直接颁发给生命科学的重大研究发现。

科学界一致认为，现代生物学的发展是和 1944 年薛定谔的《生命是什么?》一书有着密切关系。

20 世纪 40 年代，奥地利物理学家薛定谔在爱尔兰都柏林从事教学和研究工作。他经常到各高等学府举办学术和科普讲座，其中生命科学的系列讲座特别受到听众的欢迎。1945 年，薛定谔把讲稿整理成一本不到 100 页的小册子——《生命是什么?》。书中，他总结分析了当时生命科学几乎所有的最新研究成果，包括 X 射线所引起的细菌、噬菌体的突变以及德尔布吕克的噬菌体实验，从物理学家的角度明确告诉世人，生命科学的理论与方法正面临着重大的突破，生命科学的研究深度将从生命的表面现象和细胞的层次，深入到分子的水平。他还提出将物理学的理论与方法引进生命科学研究之中。这本书产生了广泛的影响，一大批年轻人被吸引到生命科学的学习与研究之中，其中就有因建立生命遗传物质脱氧核糖核酸(DNA)的双螺旋结构模型而共同荣获 1962 年生理学或医学奖的克里克、沃森和威尔金斯，因发现噬菌体在细胞内增殖过程中作用获 1969 年生理学或医学奖的卢里亚，因完成世界首次分子水平上的基因重组、创立现代基因工程技术而荣获 1980 年化学奖的伯格，因发现 RNA 催化功能的奥尔特曼等人。因而，这本书被称为“给生物学界以革命的契机”的开拓性著作。

50 余年来，生命科学诺贝尔奖获得者多数为医学、生物学、化学及生物化学专业出身，以物理学专业进入生命科学的研究者为数不多，其中有“噬菌体小组”的德尔布吕克、化学法 DNA 测序的吉尔伯特、建立晶体电子显微镜技术、测定核酸-蛋白质复合体的结构的克卢格、确定细菌光合作用反应中心的三维结构而获得化学奖的戴森霍弗,和创立了放射免疫法的美国女科学家耶洛等人。

德尔布吕克本来是一位物理学家,在哥廷根大学(当时是量子力学研究中心之一)获得物理学博士后,转向生物学的研究,建立了细菌遗传学。德尔布吕克对生物学的兴趣,最初是由现代原子物理学的奠基者玻尔激起的(当时德尔布吕克正在玻尔的研究室做研究助手),这与玻尔的下述猜测有关:量子力学的互补性理论也许可以广泛应用于科学研究的其他领域,特别是与物理学和生物学的关系。

1932—1937 年期间,德尔布吕克从理论物理转向生物学研究,他与生物学方面的遗传学家、物理学家一起,在离子辐射能产生定量突变研究方面进行出色的工作,并完成了一篇关于诱变的论文。研究非常清楚地表明这种突变是由一对一对的或是一小群离子引起的,明确证明了基因遗传具有一种化学与分子类似的稳定性。在 30 年代中期,这可是一个新颖的、非常重要的、具有预言性的论点。因为按照那时摩尔根基因论的观点,基因只是遗传学研究性状组合的一个单位,如同物理学研究的原子,从化学角度是无法分析的物质。德尔布吕克于 1937 年到著名的摩尔根果蝇遗传学研究中心加州理工学院寻求他的生物学研究目标,并且很快就和卢里亚、赫尔希组成了著名的"噬菌体小组"。德尔布吕克以物理学家具有的数学头脑,制定了测定噬菌体生物效应精确的实验条件,从而把噬菌体研究从以前的经验知识变成了一门科学。他与卢里亚一起精心设计出定量的方法,并且确立了统计求值的标准,对结果进行理论分析,创立了"细菌遗传学",证明了 DNA 就是遗传物质的载体,从而揭示了生物遗传的秘密。他极力主张要通过严密的实验论证和数据处理,才能取得精确的结论。这就是因为他从当时科学最前沿的物理学界,把缜密、清晰的思维与生命科学研究融合的结果。

在物理学和生物学两种文化之间存在如下的对立因素,正是这股张力使生命科学探索取得了巨大的成就。两者的主要区别是:物理学家的冲动是找出任何系统都有的普适的和简单的定律;生物学家热衷于历史上偶然存在的、特殊的现象,而不是普适的规律。

这两种观点是互补的,根据具体情况灵活选择最适宜的途径,并且应认同另一种途径可能是有价值的。如何综合这两种途径呢?第一步是观察周围世界纷繁复杂的各种现象之间的丰富联系,然后有选择地忽略现象中几乎所有的细节,将留下的信息归纳为几条线索,这个过程包括三个步骤。

① 细致的研究选择简化真实的模型系统，如选择酵母、线虫等作为研究材料；

② 使用最少的独立概念和关系，用简单的数学模型表示这个简单系统；

③ 从数学模型中演绎出一些不是显而易见、定量的和实验可检验的预测。如果一个模型可以得到很多成功的预测，我们就有信心在①和②中找到几个关键因素。细胞周期的研究过程就体现这样的规律。

前两步可以用“神秘”和“洞察”形容，而用“排错”和“技巧”形容步骤③。

模型推演可以比语言陈述给出更丰富的内容，而开始时它们通常被大量的未经分析的现象所掩盖。最令人满意的物理模型可能包含了几条线索或假定的物理实在，其存在性并不明显地从所观察到的现象中得到，但是可以通过产生并检验定量预言获得证实或证伪。

物理学建立大量的模型，但过分依赖模型容易导致最终在理论和实验两方面不适当的结果。生物学善于系统收集大量细节方面的内容，其风险是错过了总体图像。为了避免这两种命运，研究者必须了解一个生物系统的所有细节，然后超越这些细节建立一个恰当的简单模型。

物理学对模型所坚持的简单性、具体性和可定量检验性是否对生物学是一个渴望不可及的期盼？有时如此，有时不然[8]。

生命科学由描述分析到多学科综合，探讨生物体中各种生命现象的内在联系，个体与群体之间及其与环境之间的相互联系，在数学、物理学、化学及整个工程技术的发展的前提下必将有更新的突破。系统论、控制论、信息论以及“非线性科学”、“自组织理论”、“混沌论”（新三论）为代表的科学思想的新概念、新思想向生物学渗透和运用，肯定会极大地促进生命科学的发展。

参考文献

[1] Skou JC. The influence of some cations on an adenosine triphosphatase from peripheral nerves [J]. Biochim Biophys Acta, 1957, 23(2): 394-401.

[2] Denker BM, Smith BL, Kuhajda FP, et al. Identification, purification, and partial characterization of a novel Mr 28,000 integral membrane protein from erythrocytes and renal tubules [J]. J Biol Chem, 1988, 263(30): 15634-15642.

[3] Preston GM, Carroll TP, Guggino WB, et al. Appearance of water channels in Xenopus oocytes expressing red cell CHIP28 protein [J]. Science, 1992, 256(5055):

385 - 387.

[4] Dovle DA, Morais CJ, MacKinnon. The structure of the potassium channel: molecular basis of K^+ conduction and selectivity [J]. Science, 1998, 280(5360): 69 - 77.

[5] Mitchell P. Coupling of phosphorylation to electron and hydrogen transfer by a chemi-osmotic type of mechanism [J]. Nature, 1996, 191: 144 - 148.

[6] Boyer PD, et al. A new concept for energy coupling in oxidative phosphorylation based on a molecular explanation of the oxygen exchange reactions [J]. Proc Natl Acad Sci U S A, 1973, 70(10): 2837 - 2839.

[7] Saraste M, Gav NJ, Eberle A, et al. The atp operon: nucleotide sequence of the genes for the gamma, beta, and epsilon subunits of Escherichia coli ATP synthase [J]. Nucleic Acids Res, 1998, 9(20): 5287 - 5296.

[8] 菲利普・纳尔逊.生物物理学[M].黎明,戴陆如译.上海科学技术出版社,2006: 216.

第 10 章　科学哲学与生命科学

§10.1　科学与哲学

20 世纪在人类历史上是个特别值得回忆和纪念的一段时间,其间人类经历了两次世界大战的痛苦,同时也享受了科技进步带来的生活方式的改变和生活质量的提高。以“相对论”、“量子力学”为代表的科学成就和以“控制论”、“系统论”、“信息论”(老三论)、“非线性科学”、“自组织理论”、“混沌论”(新三论)为代表的科学思想,使人们的世界观发生了根本的转变,随之而来的是科学方法论的革命。

以信息技术、生物技术、太空技术为代表的新技术把人类推向重新认识自身、认识宇宙的新台阶。然而,技术是一把双刃剑,在人们享受技术成果的同时,技术的负面效应也逐渐显现出来:大规模杀伤性武器、温室气体、工业废弃物等造成的环境问题,人类对于物质财富的无止境追求造成的资源枯竭,人类过渡繁殖造成的人口爆炸,都是我们共同面对的问题。在这种形势下,人们开始以科学本身为研究课题,在更深层次上研究科学技术发展的内在规律,企图解决人类面临的共同问题,促进社会进步,避免人类自身和地球的毁灭。

科学是研究自然界中具体的事物,总结出具体的规律和本质;哲学是研究这些具体规律和本质之中所蕴涵的更加广泛和更加深刻的规律和本质,同时总结出理性思维的一般规律。所以科学与哲学是相互依存、不断交融、共同发展的。科学哲学就是人类认识和把握、观察和体验的两种不同的方式,它们所表征的乃是人的存在的两种不同的状态。

科学总试图把一切在经验中可观察到的现象都纳入知识的体系,它的作用就是用经验事实检验已有的科学理论,用已有的科学理论解释在观察中不断出现的新鲜的经验事实。哲学是以思想为对象的思想过程,思想既是人的存在方式,也是哲学活动的方式。科学对对象的处理方式是数学运算、实验研究;哲学是在思想中把握对象,是一个对象思想化和思想对象化的过程。

科学需要对对象作出稳定的、确切的结论,因而科学的结论可以在经验事实中得到重复验证;哲学的结论是不确定的,因而在哲学上只有合理性。

科学在同一学科领域,对某个经验事实的研究的结论是唯一的;哲学则不然,面对同一个对象,有多少哲学流派,就有多少种不同的看法。

科学所能提供的是行为和操作的流程;哲学所得出的只能是指导行为的方法。

就其外在形态而言,科学研究总是把客观性作为最基本的原则,试图对经验事实、实验结果等均作出客观的描述,这种客观性不是绝对的,因为研究对象的选择,对研究结果的取舍都是以人的需要为尺度的,故科学的对象只是具有形式上的客观性;哲学从主体的体验和感受出发,思考人的处境和命运,揭示人生的本真意蕴。

科学在自己的研究活动中,以不掺杂人的情感因素的面目出现,以多数人的感官观察为依据,同时凭借感官观察到的经验事实和实验结果就是科学的实际对象;哲学的对象则是主体和心灵以及通过主体主观感知的客观世界的存在方式。

§10.2 科学结论的证实与证伪

20世纪以前的科学家普遍认为,人们发现的自然规律只要用“证实”的方法、逻辑的方法(即逻辑证实主义)证明是正确的,它就是真理。逻辑证实主义给出了获得自然规律的三条标准:

① 该规律能正确地解释已经观察到的事件和准确地预测没有观察到的可能发生的事件。

② 该规律是简单的。

③ 该规律不违背我们的背景知识(对周围相似事物运动方式的认识)。

然而,一个科学理论不管怎么好,它永远只是一种推测。它可能已经历过很多严格和精密的检验(证实),但只要一个反证(证伪)就可使人们拒绝它,因为自然科学定律不允许存在例外,而不能被“证伪”的科学假设应该被排除于科学之外,即“所有科学的假设是必须可以证伪的”。因此,科学家的任务不但要寻求支持科学假设的证据,更应该寻求反驳科学假设的反证,在没有得到反证之前,我们暂且认为这个科学假设为“理论”。也就是说在上述三个标准之外,必须还有更重要的第四个标准:经验上的一个反证的标准,即不论人们提出的某个规律多么符合前三个标准，如果有一个相反的事实，我们就不得不放弃前者。这就是科学哲学家波普(奥，Karl Popper，1902—1994)强调的证伪主义的标准。最有名的例子是牛顿定律，这个定律曾经千百次地被检验，但爱因斯坦的一个反证，就指出了它的局限性。

在生命科学中，这样的例子也是屡见不鲜的，例如“一个基因一个酶”学说。1946 年在冷泉港举行的第 11 届定量生物学会议上，报告了大量的真菌和细菌营养缺陷实验分析结果，都表明通过在培养基中补加单一成分即可使突变型的生长得到恢复，这些材料都强烈地支持“一个基因一个酶”学说。然而德尔布吕克却表示，这些实验材料虽然对“一个基因一个酶”学说能正确地解释已经观察到的事件和准确地预测没有观察到的可能发生的事件，但是还不能充分证实这个学说，必须寻找“一个基因一个酶”学说的证伪，即一个基因管多个酶。德尔布吕克是从当时物理学最先进的哥本哈根和格廷根实验室出身，转而投身于生物学研究的物理学博士，富有创新理念而且思路特别清晰，极力主张要通过严密的实验论证和数据处理取得科学结论，组建了著名的“噬菌体小组”并且创立了细菌遗传学。这样的证伪要求在 60 年前是非常难以做到的。直到人类基因组计划(HGP)于 2001 年基本完成后，才发现在所有的 DNA 中，只有 1%～1.5%DNA能编码蛋白质，在人类基因组中 98%以上序列都是所谓的“无用 DNA”，分布着 300 多万个长片段重复序列。经典分子生物学认为一个基因只能表达一种蛋白质，即“一个基因一个酶”的看法具有局限性，事实上，人体中存在着非常复杂繁多的蛋白质，说明一个基因可以编码多种蛋白质，蛋白质比基因具有更为重要的意义。

波普的这个理论被称为“证伪主义方法论”，证伪才是检验“真理”的最有效的手段，并成为现代所有科学发展的基本哲学原理。人类知识的增长始终是在先前知识的纠正和修改中得到的。在科学发展的长河中，一系列错误的理论可能正在和真理会聚，因此使用“证伪法”剔除那些错误的理论，才能不断地逼近真理。

§10.3 “科学革命”与“范式”

科学发展表明，在科学发展道路上随处可见被遗弃的错误的“科学理论”，这些“理论”曾经是人们世界观形成的基础或世界观的一部分。在科学发展史上，曾有过三次革命分别来自天文学和物理学，即哥白尼的“日心说”、牛顿的“万有引力学说”和爱因斯坦的“相对论”。

这三次革命不但是科学范式的转变,也是人们世界观的转变。

科学史的研究表明,与近代自然科学同时兴起的是各种科学模型的建立。事实上,科学家心中存在着各种各样的模型,这些模型来源于他们的观察经验,所谓“观察经验”是指科学家从实验室的操作和测量中得到的知识。科学哲学家库恩(美,Kuhn T, 1922—1996)认为,操作和测量是由“范式”(paradigm)决定的。

所谓“范式”是指科学家群体共同接受的科学研究范例(包括定律、理论、应用,及仪器的设计、制作、操作等要素)是特定的、连贯的科学研究传统的模型。也就是说“范式”是一种广义的模型,既可以是自然科学的模型(如“地心说”模型、“日心说”模型),也可以是社会科学的理念或传统。

虽然范式的首要含义在哲学方面,但是从科学的具体性,并把具体性当作是科学的基本特性来看,一套实际的科学习惯和科学传统对于有效的科学工作是非常必要和非常重要的;它不仅是一个科学共同体团结一致、协同探索的纽带,而且也是其进一步研究和开拓的基础;不仅能赋予任何一门新学科以自己的特色,而且决定着它的未来和发展。我们通常讨论和运用的范式是“社会学范式”和“构造范式”。对于把具体性看作是科学的基本特性的观点是自然科学家最容易理解和接受的,因为他们天天面对的不是抽象的概念,而是具体的事实,他们的工作需要哲学灯塔的指引。

生命科学是研究生物的科学,是研究生命现象的本质并探讨生物发生发展规律的一门科学。物质代谢和能量代谢是生命的基本特征,这些特征产生于生物的复杂结构基础之上,但是这些复杂结构都是由基本单位如核酸颗粒或细胞组成,而这些基本单位也都由生物大分子核酸和蛋白质组成。同时生物常以群体形式生活在一定的环境之中,生物与生物之间,生物与环境之间形成紧密的联系。因此生命科学要从不同水平包括分子、细胞、个体、群体以及环境水平来研究生物,深入探索其本质。

生命科学的研究范围是非常广泛的,自19世纪“细胞学说”建立以来,研究方法虽然也随着时代不断发展变化,研究水平也在不断深入,但是迄今为止对生物的研究方法依然是采用描述的方法。生物学家从实验室的操作和测量中得到的知识,生物学家群体共同接受的科学研究范例,即生命科学的“范式”是观察、测量、归纳、描述、解释,而不是像数学、物理学和化学那样用方程式就能够说明某一学科或学科内部一定范围内的规律。2006年的生理学或医学奖奖项所论述的RNAi(RNA干扰)仍然是现象的观察描述和机制的解释;当年的化学奖奖项揭示真核细胞转录机制,依然是以X射线晶体衍射与电子显微镜复合图的展示,并没有脱离生物描述的方法。

科学发现是如何发生的?只有那些不能为现有的概念框架所预期的、难以解释的例外的事实,才有可能成为一个科学发现。科学发现作为一个复杂的过程推动范式转换,是在旧范式中的“例外”。科学不是静止的,而是在于不断的演化之中发展的。在旧范式中运行的科学,称为是“常态科学”,“常态科学”是科学群体共同分享的一系列模式和假设,通常在严谨的逻辑框架下运行,如果没有大胆的探索精神是不能打破这些框架的。而处于“常态”下的科学家们习惯于用旧范式考虑问题,持守“正统”的理论,倾向于在现有的架构内寻找问题的答案,因此可能失去了观察的客观性。

现代免疫学的理论基础应该首推伯内特和梅达沃免疫耐受现象的发现和克隆选择学说的建立,使免疫学从抗感染免疫的概念中解脱出来,进而发展成为生物机体对“自己”和“非己”的识别,以维持机体稳定性的生物学概念。这就是“范式”的改变,是在旧范式中的“例外”。伯内特克隆选择学说提出后,很快就发现了T、B淋巴细胞是机体的重要免疫细胞,分别负责细胞免疫和体液免疫以及两种细胞在免疫过程中的协同作用机制;接着又阐明免疫球蛋白的结构和功能,从器官、细胞和分子水平揭示了机体的另一个重要生理系统——免疫系统的存在,对生物学和医学的发展都产生了重要的影响。

科学革命是由新概念驱动的,这一科学发展模式可表示为:前科学—常态科学—危机—革命—常态科学。当观察的事实与既定的范式产生不可调和的矛盾时,引发了科学革命。科学革命的结果是一种新范式的诞生。新范式与旧范式不是简单地继承和发展的关系,两个范式有的是部分兼容的,如牛顿运动定律是爱因斯坦相对论在远低于光速的特例,如“一个基因一个酶”是一个基因可以编码多种蛋白质的特例;有的是不兼容的,如关于燃烧本质的“燃素”理论和“氧化”理论,如“泛生论”、“预成论”和现代分子遗传学理论。

在一个新学科发展的早期,专业人员集中在主要是由社会需要和社会价值所决定的那些问题上。在此时期,他们在解决问题时所展示的概念,受到当时的常识、流行哲学传统或当时最权威科学的制约。然而,一门学术专业在建立以后的发展方式,总是与在科学革命时期由古典科学的发展所预示的模式有相当大的区别。一门成熟科学的专业人员，一定是在一个具有传统理论以及研究设备、数学和语言逻辑及其技巧的复杂总体中受到训练，他们组成了某种特定的亚文化群，其成员是彼此著作的唯一读者和裁判。这些专家们研究的问题，不再由外部社会提出，而是产生于内部，即为了扩大现存理论的适应范围并提高其精确度而提出的挑战。用来解决这些问题的概念，一般同以前专业训练中所提供的概念紧密相关。简而言之，与其他专业的创造性工作相比较，成熟科学的专业人员是从他们曾经过着特殊专业生活的文化环境中分离出来的。

在阐述现代科学规则的出现时，库恩从未忽视外部因素，而是解释内部与外部因素如何以十分自然的方式交织在一起。库恩在“科学的历史”一文中指出，“虽然科学史的内部方法和外部方法多少有些天然的自主性，其实它们也是相互补充的”。所谓的“内部”和“外部”交织以及相互补充，特别是“外部”对“内部”的作用，即各个奖项的科学环境、人文关系等有关分析，本篇第 7 章另有论述。

§10.4 “新工具主义”——科学革命产生的另一个源泉

库恩认为，科学家对范式的选择是受当时社会上流行的某种信念所左右，是一个非理性的过程，与新范式是否更好地揭示自然界的规律无关。

温伯格(Weinberg S，1933—　，1979 年物理学奖得主)指出：“科学革命能够符合库恩所描述的模式的，似乎只适合于近代科学产生前后的那一特殊历史时段内对一些特殊自然现象认识的变化。牛顿物理学的诞生可以说是一次旧范式转移，但是从此以后人们对运动的理解，不管是从牛顿力学到爱因斯坦力学，或者是从古典物理学到量子物理学的转变，都无法找到能够很好地符合库恩式范式转移的证据。”

美国物理学家、自称“业余科学史家”的戴森(Dyson F)认为，并不是所有科学革命都是由观念所引发的，“大多数新近的科学革命都是工具驱动的，像生物学里的双螺旋革命与天文学里的大爆炸革命”。毫无疑问，通过 X 射线衍射测定生物大分子结构的设备，以及导致发现河外星系光谱红移及宇宙微波辐射信号的仪器，都是新工具。

实际上存在着两种性质不同的科学革命：一种系由观念所驱动，如库恩所研究的“哥白尼—伽利略—牛顿”革命；另一种则是由工具所驱动，但是库恩及其后继者几乎都没有对其给予充分的注意。观念驱动的科学革命一向富有吸引力，容易对公众的认知造成冲击，然而它们比较罕见。戴森进一步指出："观念驱动的革命的功效，在于用新的方法解释旧的事物；反观工具驱动的革命，其功效在于发现需要进一步解释的新事物。""科学发源于两种古老传统的融合，开始于古希腊的哲学思索的传统与甚至开始得更早、而在中世纪欧洲繁荣起来的工艺技术的传统。哲学给科学提供概念，而工艺技术则提供工具。"从"哲学思索"与"工艺技术"这两种不同的传统出发，戴森界定了两种科学革命："有些科学革命产生于用于观察自然的新工具的发明，而另一些科学革命则产生于用来理解自然的新概念的发展。"[1]

就刚刚过去的20世纪而言，发生在物理学领域的由量子力学和相对论所代表的科学革命，基本上是由观念变革所驱动的；而以DNA双螺旋结构的发现为标志的分子生物学的诞生，和由此而来的一场涉及整个生命科学的革命，则主要是由工具改进和发展所驱动的。这是由于新方法、新技术在生命科学中的广泛应用所导致的科学革命。X射线晶体衍射图谱分析在蛋白质结构的研究、DNA双螺旋模型的建立、从原子层面揭示了离子通道的工作原理，以及真核细胞转录机理方面的建树，自然是不言而喻的，CT和MRI也在医学诊断学方面产生了革命性的变化。

1968年，史密斯分离纯化出第一个限制性内切酶，就是一个工具酶，由此产生的DNA重组、基因工程在生命科学中引起改变物种的巨大革命是显而易见的。

可以预言，继分子生物学之后，下一个由工具（电脑存贮、模拟、处理、网络等技术与相关的工具）所驱动的科学革命将发生在信息科学领域。

参考文献

[1] 弗里曼·戴森.太阳、基因组与互联网：科学革命的工具[M].覃方明译.北京三联书店，2000：178.

第 11 章　处理生物复杂性问题的现实与未来

虽然分子生物学在近半个世纪取得了极为显著的成就，但是我们距离完全揭示出生命奥秘的目标仍然十分遥远，原因就在我们目前研究的生命复杂性层次仅仅处于“线性”思维和“还原论”水平上，难以解释许多复杂的生命现象，不可能在更高的层次上解释生命。生命的复杂性表现在：复杂的生物组成成分与结构、组分之间复杂的相互作用，细胞生物化学代谢回路和信号转导过程复杂的层次与次序，复杂的细胞衰老与死亡原因，生命系统与环境复杂的相互作用及其以上各种复杂因素之间的相互作用。

§11.1　生命系统的三大特性——非线性、自组织性和系统性

生命系统的行为不能通过简单计算，即迭加系统的组分而推导出总体的结论。这是因为生命系统是一种具有非线性特征的系统，这个系统的基础是各种生物分子之间存在着广泛复杂的相互作用。一个生物个体通常拥有成千上万种基因，例如最简单的原核细胞大肠杆菌就有 3 000 多个基因，真核细胞酵母有 6 000 多个基因，而人的基因数量在 30 000 个以上；基因产物蛋白质的种类和数量更为庞大，例如免疫球蛋白基因只有1 000个左右，经过随机移动、重排，却能产生亿万个不同抗体。同时，这些生物分子也不能够孤立地进行活动和执行生物功能，相互之间有着直接或间接的、物理的也可能是化学的联系。生命系统广泛而复杂的相互作用首先表现在研究对象的不同层次水平的差别，而这种层次又表现在研究对象的几何尺寸上(表 11.1)；其次，生物系统相互作用可以在同一层次上，也可以在不同层次上，因此，形成了一种类似网络的联系。

表 11.1　研究对象的相对尺寸比较

研究对象	跳蚤	原生动物	白细胞	大肠杆菌	T_2 噬菌体	微管	DNA	原子
尺寸	1 mm	0.1 mm	0.01 mm	1 μm	0.1 μm	25 nm	2 nm	0.2 nm

生命系统的另一特点是自组织特性。生命是自复制、自适应、自组织的开放信息系统,它具有进化、对环境作出反应、不断自我更新的属性,这对于理解生命的本质有积极意义。从复杂科学的视角看,遗传与进化是生命的本质特征之一。根据复杂性科学与系统科学的观点,生命的主要特征是: ① 自复制;② 进化;③ 自适应。复杂性科学帮助人们冲破了过去对生命本质认识的局限性,使人们从系统的角度、开放性的角度、信息论的角度重新审视生命。

稳态是生命系统的一种状态,指个体内环境理化性质的相对恒定的状态,存在于生命的各个层次上,细胞、群落和生态系统在没有受到激烈的外界环境因素影响时,都处于稳态。生命系统的稳态实际上是一种动态平衡。一方面这种稳态由于内部代谢过程和外部环境因素的影响而不断遭到破坏,另一方面,通过一定的反馈调节机制,又使生命系统恢复新的平衡。生命系统正是在稳态不断受到破坏而又同时得到恢复的过程中得以维持和发展的。每个生命系统的层次都具有一定的自我调节能力,在不断变化的环境条件下,依靠自我调节机制维持其稳态,实现物质循环和能量流动的相对稳定。稳态是系统的状态,调节是系统的行为,环境是系统的存在依据。

§11.2 生物复杂性问题

如何处理复杂性尤其是生物复杂性问题,一直困扰着科学家。对待科学和工程技术的复杂问题,人们总是想方设法地把问题简单化,然后用解决简单问题的方法得出近似答案,这种方法对于不够典型的复杂问题是可行的。然而对于像生物、生物分子,尤其是生物大分子的结构和功能关系这样的复杂系统,过分的简化,得到的结果已不能反映对象的固有特性。我们必须寻求解决这类复杂性问题的新途径,而这种新途径的操作基础就是非线性数学理论。此外,还必须借助计算机、模型、黑箱、在线研究等方法。

11.2.1 一个悖论

功能是结构的外在表现。生物大分子的结构与功能问题实际上是一个两难问题。一方面结构是在“死”的孤立状态下解析研究的,另一方面功能是在活的有组织状态下表达的。然而,必须注意的是,结构并不顺理成章地告诉我们功能,并且,迄今为止,不同学科的科学家对结构、性质、功能等概念的理解往往持不同看法,例如,在物理学家看来,电路的功能是由电路的结构决定的;在化学家看来,化合物的性质是由该化合物的结构决定的;但在生物学中研究的大分子的结构和功能不但与生物分子的结构有关,还与它们的相互作用以及与上一个层次的联系有关,并且,生物大分子基本上都是柔性的,其结构每时每刻都处于动态变化中。在研究生物大分子的结构和功能问题上,通常采用的方法是从生物体或某些组织或器官中提取这些大分子,然后用物理学、化学方法测定这些分子的结构,这种做法在生物学发展中确实曾经起过极大的作用。但是我们必须看到,这些从生物体中提取出来的大分子,其结构在一定程度上是我们前面所说的孤立的静态结构,由于本身脱离了生物系统,而只能当作是"复杂分子",我们可以研究它们的结构和性质,但不可能离开系统了解其确切的生物学功能。

一般地说,生物大分子的结构可分为两类:孤立的静态结构(如X射线衍射图像)和处于活的生物体内的动态结构。在活细胞里,生物大分子无一不是三维的、动态的。这些生物分子一旦离开活的细胞,就不再具有真正意义上的生物学功能。因此无论人们怎样精细、高明,也无论运用何等先进的设备和技术研究这种分离出来的大分子,我们得到的信息充其量也只是离体情况的"一孔之见"。在面对"生物大分子的结构与功能"这一严肃问题时,我们必须时时提醒自己,既要把握住包括分子结构在内的系统的层次性,又要明确一条原则,即只有在系统的条件下讨论生物大分子的功能才有确定意义。虽然,在分子层次存在着线性结构,有着某种线性对应关系,但总体上看,生物系统是一个开放的、非线性的复杂系统[1]。

11.2.2 非线性问题

生物体不同层次的结构和功能的关系是一个非线性问题。随着非线性数学理论中早已成熟的概念与方法逐步向其他学科领域的扩散与渗透,许多新的数学方法也在不断的产生中,如物理学中关于对称与守恒,对称破缺,相变和重整化群的思想,在许多新领域中得到应用。"非线性"一词已经成为数学中区别与"线性"问题的术语,尽管在各个学科中都有关于自己非线性的问题,但非线性科学却不是这些问题的总和。非线性科学揭示了各种非线性现象的共性,是解决这些问题的普遍方法。非线性科学已成为跨学科研究的前沿。

大量的研究表明,线性系统理论由于相应的数学工具比较成熟,对其分析、辨识等理论已较为完整,因此求解比较容易。但是对于非线性系统(特别是生物系统,其非线性性质更为突出和普遍,且在很多情况下无法线性化)还没有较成熟的方法予以处理,如果用线性系统近似地进行描述，不可能反映该系统的动态特征，这时就必须建立非线性系统近似描述，否则就难以合理地解决实际问题。然而，非线性理论是极其复杂的。在数学上，非线性方程的求解也很困难，这又反过来为解决实际上的非线性问题带来极大的困难。因此在解决生物学复杂性问题时，人们不得不寻求各种具有可操作的理论和方法。

§11.3 处理生物复杂性问题的一些方法

11.3.1. 计算机的应用

近来，在非线性问题的处理中，人们借助计算机的通用性、高计算速度和能进行逻辑运算等特点，在模拟和分析非线性系统方面取得了一定的进展。由于计算机科学尤其是图形学技术的快速发展，人们得以理解和模拟出许多过去无从下手研究的复杂现象。从随机与结构共存的湍流图像，到自然界中各种图案布局的选择与生长，生物形态的发展过程等，都开始展现出内在的规律与联系。复杂系统要研究的是非线性耦合到一起的大量单元或子系统的空间组织及时空过程，这种复杂性研究在以前是没有手段处理的。

11.3.2. 建立模型

科学研究的每一阶段都是人类理性的体现，每一阶段都有相应的理论出现，伴随这个理论的是模型。从各学科的发展历史中，我们看到一个科学模型大致的进化过程：解释模型→结构模型→假说/概念模型→学说/理论模型→预测模型。虽然这个序列不能完全概括所有科学理论的发展，但它基本代表了模型的发展脉络。

生物复杂性研究还可以用建模的方法。在生物学发展过程中，出现过很多模型，如孟德尔的“遗传因子模型”、奥伯林和哥戴科的“细胞质膜起源模型”、拉马克的“进化系谱树”模型、奥斯特瓦尔德的“酶催化机理模型”、桑格的“胰岛素的分子结构模型、蛋白质的结构模型”（α-螺旋、β-折叠片和无规线团）、沃森和克里克的“DNA双螺旋模型”、奥尔特曼和切赫的“RNA催化模型”等。由于计算机功能越来越强大，使我们以前无法建立模型的系统，也有了建立模型的可能性。例如[2]：

用计算机建立的“离散时间系统中的混沌模型”，应用于生物学来描述虫口的动态行为。

“元胞自动机”作为一种离散的动态模型，广泛地应用于生命现象的模拟中。目前正在兴起的一门学科叫“人工生命”(artificial life)，它从理论上研究生命可能存在的形式,而传统生物学只研究生命可以观察到的形式。这一类模型的研究结果表明,局部的相互作用可以带来系统整体的涌现行为。

"人工神经的网络模型"是一种以生物体的神经系统工作原理为基础的计算机模型,它是由许许多多类似的神经元,经一定方式连接起来形成的网络,表现系统的整体行为。目前已被广泛应用于与信息有关的一切领域,包括从简单的信号处理分析到研究人的学习、记忆机制。

"遗传算法模型"处理的是染色体,是一种群体型操作。最简单的遗传算法包括三种遗传操作:选择、交换和突变。在此基础上改进的模型,在科学和工程领域得到了广泛的应用[2]。

然而,模型又有它的局限性,模型的危险在于:模型与理论本身很容易混淆,模型的非本质特征很容易被误认为是理论的本质特征。

总的说来,模型可以分为定性模型和定量模型。一类用途广泛的定性模型具有链结构、环结构、树结构、网络结构。这类模型是描述系统结构的工具,它可以给出各个元素、子系统的相互位置、先后次序、分布情况等。另一类模型是用有关的量来表达的,称为定量模型,如函数、迭代、方程等。定量模型由两种量构成:一种是反应系统本身变化的量,如输入变量、输出变量、状态变量等,系统的行为、特征、未来发展趋势可以通过它们刻画。另一种是控制参量,它们一般反映系统与环境的依存、制约关系,不能由系统本身获得,以输入量、输出量和状态参量的尺度看,这些量可以当作不变量(给定量),因而在数学模型中以常数形式出现[3]。

建立模型是所有科学家和工程师进行科学研究的主要目标之一。

11.3.3 局部研究和整体研究相结合

对于局部和整体的认识一直是还原论和整体论争论的焦点。还原论相信,复杂物质可以还原为所谓的"宇宙转块"的基本元素,而物质的运动形式也可以把复杂运动还原为简单运动理解,即生物运动还原为化学运动,化学运动还原为物理运动,物理运动还原为机械运动。如果把基本元素和机械运动搞清楚,一切高级的物质形态和运动形态就可以理解了。因此,还原论也是一种整体的方法,即所谓的"分析-重构"法。这种方法使自牛顿以来的自然科学的各个学科创造出一整套可操作的科学方法,取得了巨大成功,并对当今的简单问题的处理发挥着作用。这种方法论后来成为一种世界观,统治世界达 400 年之久。

整体论认为，整体由局部构成，整体统摄局部，局部支撑整体。功能是由整体体现的，即所谓“整体涌现性”（整体大于部分之和）。然而局部仍然有它的功能，所有局部功能的贡献构成了整体功能，但局部功能受整体的约束和支配。因此描述整体功能需要把整体和局部很好地结合起来：以整体为背景建立对局部功能的描述，综合所有局部功能的描述建立整体功能的描述。

突变论的创立者托姆认为：用动力学方法研究系统，既要从局部走向整体，又要从整体走向局部。对于从局部走向整体，数学中的解析性概念是有用的工具；对于从整体走向局部，数学中的奇点是有用的工具。一个奇点可以看作由空间中的一个整体图形摧毁成的一点，系统在这点附近的行为是了解系统整体行为和功能的关键。所以托姆认为：“在突变论中交替地使用上述两种方法，我们就有希望对复杂的整体情况作出动态的综合分析。”[4]原则上说，一些动态系统理论都需要交替使用从局部到整体和从整体到局部两种描述方法。

11.3.4　黑箱

内部信息完全不掌握的系统，称为“黑箱”；仅知道部分内部信息的系统，称为“灰箱”；内部信息全部已知的系统，称为“白箱”。人脑是迄今已知的最复杂的物质，在研究人脑的结构和功能时，常用两种方法：其一为解剖，用这种方法给出了“右半脑控制左半身，左半脑控制右半身”的论断。另一种方法为黑箱，在假设不知道脑结构的情况下，给一个刺激（输入），得到一个信号（输出），这个信号就是脑功能的反映。通过改变输入而得到不同的输出，从而推断脑结构。黑箱是一种研究复杂事务广泛应用的模型，它使用输出对输入的响应关系，推断结构。

§11.4　世界观的转变

复杂性科学是研究复杂系统行为与性质的科学，其研究重点是探索宏观领域的复杂性及其演化问题。它涉及数学、物理学、化学、生物学、计算机科学、经济学、社会学、历史学、政治学、文化学、人类学和管理科学等众多学科。不同学科的科学家对结构、性质、功能、复杂性等概念的理解往往持不同看法，所以，从各学科得到的感知和经验都带有本学科的烙印，它们的对象不是纯粹的形式或理念，复杂性研究要求一种普遍性的原理，可以概括各学科的个别的复杂现象，又给它们的具体研究以指导，这就需要一种普适的复杂理论，理论是创造出来的，从概念的外延来看，理论是普遍的、广泛的，而观察的事实是特殊的、狭窄的。

复杂性科学的研究对象是复杂系统，在这种系统中，许多组成的因素在许多方面进行着错综复杂的相互作用。这些相互作用的结果使整体与其中的组成成分具有不同的性质，并使整体产生组织能力，从而获得了智能乃至生命。

在普适的复杂性理论成熟之前，像其他科学形成的早期一样，往往多种假说、多种模型并存。而理论常以模型的形式出现，模型在科学中的作用是巨大的，它在理论形成之前帮助理论形成，在理论形成之后帮助人们直观理解理论，使“公设”有了新的意义，并且可以帮助理论扩大它的应用范围，解释更多的现象。然而复杂性的普遍适用的模型是什么？目前还是未知数。

诺贝尔化学奖得主普里戈金曾一针见血地指出，经典科学不承认演化和自然的多样性。作为科学的一种新范式，演化和多样性的思想是在 19 世纪下半叶的生物学革命中诞生的。20 世纪初的量子力学革命更淋漓尽致地发挥了达尔文的不确定性思想，20 世纪下半叶的复杂科学本质上也与达尔文革命具有一致性，它是以时间不可逆、不确定性（随机性）的世界观为特征的。

参考文献

[1] 刘次全，柳克庭，黄京飞，等. 生物系统中的非线性问题[J]. 大自然探索，1992(11)：41－45.
[2] 许国志. 系统科学[M]. 上海科技教育出版社，2000：37.
[3] 许国志. 系统科学[M]. 上海科技教育出版社，2000：133.
[4] 托姆，R. 突变论[M]. 周仲良译. 上海译文出版社，1989：202.

第 12 章 生命科学诺奖产生的科学环境和人文环境

§12.1 生命科学诺奖产生的历史背景和科学环境

为分析生命科学诺奖产生的历史背景和科学环境,我们统计了生理学或医学奖获奖的国别(表 12.1),从中可以看出四分之三以上的奖项被美国和欧洲的国家获得。关于国家获奖环境,我们将在本书中从不同角度进行分析(见第 13 章)。

表 12.1 1901—2006 年诺贝尔生理学或医学奖获奖国家分布

国别 (获奖总数)	百分比	年代				
		1901—1925	1926—1950	1951—1975	1976—2000	2001—2006
美国(94)	49.7	1	13	32	40	8
英国(30)	15.9	2	7	10	4	7
德国(15)	7.9	5	3	3	4	0
法国(7)	3.7	2	1	3	1	0
其他(43)		13	12	9	7	2
总计(189)		23	36	57	56	17

本章统计了 1957—2006 年有关生命科学获奖的学术单位(表 12.2),拟从一个学术单位的科学和人文环境,分析诺贝尔奖产生的基本条件。

自诺贝尔生理学或医学奖颁发以来,美国约占获奖者的半数,这与国力和对自然科学研究的巨大投资有关。美国用于研究和发展(R&D)的经费在国民生产总值中的比例位居世界第一,足够的研究经费必然产生高水平的研究成果,但是对于某一个具体的研究机构来说却要分析它的历史背景和科学环境。首先要有一个或多个具备很强的科学背景和远见卓识的领导者,在一个相对稳定、相当长的时期有职有权,潜心致力于学术发展,献身科学,筹集资金,延揽人才。以

表 12.2　1957—2006 年有关生命科学的诺贝尔奖项的获奖单位*

国　家	学　术　单　位	年 — 获奖人	获奖项目(内容)
美国	波士顿妇科医院	1990 — 默里(Joseph E Murray)	器官移植
美国	加州理工学院	1958 — 比德尔(George Beadle)	生化遗传学
		1969 — 德尔布吕克(Max Delbruck)	噬菌体遗传学
		1981 — 斯佩里(Roger W Sperry)	大脑半球分工
		1995 — 刘易斯(Edward B Lewis)	胚胎早期发育的遗传控制
美国	冷泉港实验室	1983 — 麦克林托克(Barbara McClintock)	跳跃基因
美国	哥伦比亚大学	1956 — 理查兹(Dickinson W Richards)	心导管技术
		1956 — 库尔南(André F Cournand)	心导管技术
		2000 — 坎德尔(Eric R Kandel)	多巴胺代谢
		2004 — 阿克塞尔(Richard Axel)	嗅觉的分子机制
美国	康奈尔大学	1968 — 霍利(Robert W Holley)	DNA RNA 三联密码子
美国	西雅图哈琴森癌症研究所	1990 — 托马斯(E. Donnall Thomas)	器官移植
		2001 — 哈特韦尔(Leland H Hartwell)	细胞周期及分子机制
		2004 — 巴克(Linda B Buck)	嗅觉的分子机制
美国	哈佛医学院,波士顿	1980 — 贝纳塞拉夫(Baruj Benacerraf)	发现 MHC /HLA
		1981 — 休伯尔(David H Hubel)	视觉系统信息研究

续 表

国 家	学 术 单 位	年 — 获奖人	获奖项目(内容)
		1981 — 维厄瑟尔(Torsten N Wiesel)	视觉系统信息研究
美国	哈佛大学	1961 — 贝凯西(Georg von Bekesy)	耳蜗感音的物理机制
		1962 — 沃森(James Watson)	DNA 双螺旋模型
		1964 — 布洛赫(Konrad Bloch)	胆固醇脂肪酸合成调节
		1967 — 沃尔德(George Wald)	视觉的生理和化学机制
	哈佛大学生物学实验室	1980 — 吉尔伯特(化学奖)(Walter Gilbert)	化学法 DNA 测序
美国	巴尔港杰克逊实验室	1980 — 斯内尔(George D Snell)	发现 MHC /HLA
美国	约翰霍普金斯医学院	2003 — 阿格雷(化学奖)(Peter Agre)	细胞膜水、离子通道
		1978 — 史密斯(Hamiilton O Smith)	限制性内切酶
		1978 — 内赤斯(Daniel Nathans)	限制性内切酶
美国	麻省理工学院(MIT)	1969 — 卢里亚(Salvador E Luria)	噬菌体遗传学
		1975 — 巴尔的摩(David Baltimore)	RNA 逆转录酶
		1987 — 利根川进	抗体多样性分子机制
		2002 — 霍维茨(H Robert Horvitz)	细胞凋亡
美国	国立环境卫生研究所	1994 — 罗德贝尔(Martin Rodbell)	G 蛋白信号转导
	国立卫生研究院(NIH)	1968 — 尼伦伯格(Mashall W Nirenberg)	遗传密码

续 表

国家	学术单位	年—获奖人	获奖项目(内容)
		1970 — 阿克塞尔罗德(Julius Axelrod)	神经末梢激素递质
		1972 — 安芬森(化学奖)(Christian Anfinsen)	RNA 酶生物活性构象
		1976 — 盖达塞克(D Carleton Gajduseck)	库鲁病病因
美国	NE 生物实验室	1993 — 罗伯茨(Richard J Robets)	发现断裂基因
美国	纽约大学医学院	1959 — 奥乔亚(Severo Ochoa)	UUUUU—RNA 聚合酶
美国	北卡罗来纳大学	2007 — 史密西斯(Oliver Smithies)	建立靶向基因技术
美国	洛克菲勒医学研究院	1958 — 塔特姆(Edward Tatum)	生化遗传学
美国	洛克菲勒大学	1972 — 穆尔(化学奖)(Stanford Moore)	RNA 酶活性中心催化活性
		1972 — 斯坦(化学奖)(William H Stein)	与化学结构
		2003 — 麦金农(化学奖)(Roderick MacKinnon)	细胞质膜水、离子通道
		1966 — 劳斯(Peyton Rous)	劳斯肉瘤病毒
		1967 — 哈特兰(Haldan K Hartline)	视觉的生理生化机制
		1972 — 埃特尔曼(Gerald M Edelman)	抗体的结构与功能
		1974 — 德迪韦(Christian de Duve)	亚细胞结构与功能
		1999 — 布洛贝尔(Gunter Blobel)	蛋白转运定位的信号
		2000 — 格林加德(Paul Greengard)	神经系统信号转导

续 表

国家	学术单位	年—获奖人	获奖项目(内容)
美国	孟菲斯圣乔德儿童医院	1996—多尔蒂(Peter C Doherty)	MHC 抗原细胞介导免疫
美国	斯坦福大学医学院	1980—伯格(化学奖)(Paul Berg)	DNA 重组
		2006—科恩伯格(化学奖)(Roger D Kornberg)	真核细胞转录
		1959—科恩伯格(Arthur Kornberg)	DNA 聚合酶
		2006—法尔(Andrew Z Fire)	发现 RNAi
美国	纽约州立大学健康中心	1998—弗奇戈特(Rrobert F Furchgott)	心血管系统信号分子 NO
美国	伯克利分子科学研究所	2002—布伦纳(Sydney Brenner)	细胞凋亡机制
美国	索尔克研究所	1977—吉耶曼(Roger Guillemin)	发现下丘脑激素
美国	斯科利珀斯研究所	2001—夏普勒斯(化学奖)(K. Barry Sharpless)	手性催化
		2002—维特里希(化学奖)(Kurt Wuthrich)	生物大分子结构分析
美国	塔夫茨大学	1979—科马克(Allan M Cormark)	CT 扫描仪
美国	洛杉矶加州大学医学院	1998—伊格纳罗(Louis J Ignarro)	心血管系统信号分子 NO
	洛杉矶加州大学	1997—博耶(化学奖)(Paul D Boyer)	发现钠-钾 ATPase
美国	旧金山加州大学医学院	1989—毕晓普(J Michael Bishop)	发现癌基因
		1989—瓦尔姆斯(Harold E Vammus)	发现癌基因
		1997—普鲁西纳(Stanley B Prusiner)	朊蛋白传染致病机制

续 表

国 家	学 术 单 位	年 — 获奖人	获奖项目(内容)
美国	芝加哥大学癌症研究室	1966 — 哈金斯(Charles B Huggins)	前列腺癌的激素疗法
美国	麻萨诸塞大学医学院	2006 — 梅洛(Craig Mello)	RNAi
美国	普林斯顿大学	1995 — 维绍斯(Eric F Wieschaus)	胚胎早期发育的遗传控制
美国	得克萨斯大学医学院	1998 — 穆拉德(Ferid Murad)	心血管系统信号分子 NO
	得克萨斯大学西南医学中心(UTSMC)	1985 — 布朗(Michael S Brown)	胆固醇调节机制
		1985 — 戈尔茨坦(Joseph L Gordstein)	胆固醇调节机制
		1988 — 戴森霍费尔(化学奖)(Johann Deisenhofer)	细菌的光合作用三维结构
美国	西雅图华盛顿大学	1992 — 费希尔(Edmond H Fischer)	可逆性蛋白磷酸化过程
		1992 — 克雷布斯(Edwin G Krebs)	可逆性蛋白磷酸化过程
		1994 — 吉尔曼(Alfred G Gilman)	G 蛋白及信号转导
美国	麦迪逊威斯康星大学	1958 — 莱德伯格(Joshua Lederberg)	生化遗传学
		1968 — 科勒拉(H Gobind Khorana)	RNA /DNA 三联密码
		1975 — 特明(Howrd M Temin)	RNA 逆转录酶
美国	范德比尔特大学	1971 — 萨瑟兰(Earl W Sutherland Jr.)	cAMP 第二信使
	范德比尔特大学医学院	1986 — 科恩(Stanley Cohen)	神经上皮生长因子

续 表

国 家	学 术 单 位	年 — 获奖人	获奖项目(内容)
美国	新奥尔良退伍军人医院	1977 — 沙利(Andrew V Schally A)	发现下丘脑激素
美国	布朗克斯退伍军人医院	1977 — 耶洛(Rosalyn Yallow)	放射免疫分析
	弗吉尼亚联邦大学	2002 — 芬恩(化学奖)(John B Fenn)	磁共振测定生物大分子
美国	三角园区威尔康研究所	1988 — 希钦斯(George H Hitchings)	一系列治疗药物
		1988 — 埃利翁(Gertrude B Elion)	一系列治疗药物
美国	犹他大学	2007 — 卡佩基(M R Capecchi)	建立靶向基因技术
美国	耶鲁大学医学院	1974 — 帕拉德(George E Palade)	亚细胞结构功能
	耶鲁大学	1989 — 奥尔特曼(化学奖)(Sydney Altman)	RNA 的催化特性的发现
美国	科罗拉多大学	1989 — 切赫(化学奖)(Thomas R Cech)	RNA 的催化特性的发现
英国	卡迪夫大学	2007 — 埃文斯(Sir Martin J Evans)	建立靶向基因技术
英国	伦敦电磁干扰实验室	1979 — 豪恩斯费尔德(Godfery N Hounsfield)	X 射线断层扫描
英国	皇家癌症研究基金会(ICRF)	2001 — 亨特(Tim Hunt)	细胞周期及分子机制
		2001 — 努尔斯(Sir Paul Nurse)	细胞周期及分子机制
	ICRF 实验室	1975 — 杜尔贝科(Renoto Dulbecco)	逆转录病毒的发现
英国	伦敦大学	1962 — 威尔金斯(Maurice Wilkins)	DNA 双螺旋模型
	伦敦大学医学院	1963 — 赫胥黎(Andrew F Huxley)	神经兴奋的膜离子机制

续表

国家	学术单位	年—获奖人	获奖项目(内容)
英国	医学研究理事会(MRC)	1958—桑格(化学奖)(Frederick Sanger)	胰岛素化学结构
		1962—佩鲁茨(化学奖)(Max F Perutz)	血红蛋白肌球蛋白结构
		1962—肯德鲁(化学奖)(John C Kendrew)	血红蛋白肌球蛋白结构
		1962—克里克(Francis Crick)	DNA 双螺旋模型
	分子生物学实验室	1980—桑格(化学奖)(Frederick Sanger)	DNA 测序方法
		1982—克卢格(化学奖)(Aaron Klug)	晶体-电镜确定核酸结构
		1984—米尔斯坦(Cecar Milstein)	单克隆抗体的研制
		1997—沃克(化学奖)(John E Walker)	ATP 合成的酶学机制
英国	威尔康制药公司	1982—文(John R Vane)	前列腺素的发现及研究
	威尔康研究所	2002—苏尔斯顿(John E Sulston)	细胞凋亡
英国	伦敦大学学院	1960—梅达沃(Peter Medawar)	获得性免疫耐受
		1970—卡茨(Sir Bernad Katz)	神经末梢激素递质
英国	剑桥大学	1957—托德(化学奖)(Lord Alexander R Todd)	核酸及辅酶、核酸链的形成
		1963—霍奇金(Alan L Hodgkin)	神经兴奋抑制膜离子说
英国	诺丁汉大学	2003—曼斯菲尔德(Sir Peter Mansfield)	核磁共振成像
英国	牛津大学	1972—波特(Rodney R Porter)	抗体的化学结构功能

续 表

国 家	学 术 单 位	年 — 获奖人	获奖项目(内容)
		1973 — 廷伯根(Nikolaas Tinbergen)	比较行为动物学
英国	格林研究室	1978 — 米切尔(化学奖)(Peter Mitchell)	渗透理论、ATP 光合作用
法国	巴斯德研究所	1965 — 雅各布(Francois Jacob)	乳糖操纵子基因调节
		1965 — 利沃夫(Andre Lwoff)	乳糖操纵子基因调节
		1965 — 莫诺(Jacques Monod)	乳糖操纵子基因调节
法国	巴黎大学免疫血液实验室	1980 — 多塞(Jean Dausset)	MHC /HLA
瑞典	卡罗琳斯卡学院	1967 — 格拉尼特(Ragnar Granit)	视觉的生理化学机制
		1970 — 奥伊勒(Ulf von Euler)	神经末梢激素递质
		1982 — 伯格斯特龙(Sune K Bergstrom)	前列腺素发现及研究
		1982 — 萨米尔松(Bengt I Samuelson)	前列腺素发现及研究
		1988 — 休伯(化学奖)(Robert Huber)	细菌的光合作用三维结构
		1988 — 米歇尔(化学奖)(Hartmut Michel)	细菌的光合作用三维结构
		1964 — 吕南(Feodor Lynen)	胆固醇脂肪酸合成调节
德国	马克斯普朗克研究所	1991 — 内尔(Erwin Neher)	发现膜上单离子通道
		1991 — 扎克曼(Bert Sakmann)	发现膜上单离子通道
		1995 — 尼斯莱因-福尔哈德(Nusslein-Volhard C)	胚胎早期发育遗传控制

续 表

国 家	学 术 单 位	年 — 获奖人	获奖项目(内容)
德国	慕尼黑大学动物研究所	1973 — 弗里施(Karl von Frisch)	比较行为动物学
澳大利亚	澳大利亚国立大学幽门	1963 — 埃克尔斯(Sir John Eccles)	神经兴奋抑制膜离子机制
	螺杆菌研究所	2005 — 马歇尔(Barry J Marshall)	发现溃疡病病因
		2005 — 沃伦(J. Warren Bobin)	发现溃疡病病因
	墨尔本霍尔医学研究所	1960 — 伯内特(Sir. Frank M. Burnet)	获得性免疫耐受
瑞士	巴塞尔免疫研究所	1984 — 耶纳(Niels K. Jerne)	免疫理论方面的贡献
		1984 — 克勒(Georges J. F. Köhler)	单克隆抗体的研制
瑞士	巴塞尔大学生物中心	1978 — 阿尔伯(Werner Arber)	限制性内切酶
日本	岛津公司	2002 — 田中耕一(化学奖)	生物大分子质谱分析
日本	名古屋大学	2001 — 野依良治(化学奖)	手性催化氢化反应
以色列	以色列理工学院	2004 — 赫什科(化学奖)(Afram Hershko)	泛素介导蛋白质降解
		2004 — 切哈诺沃(化学奖)(Aaron Ciechanover)	泛素介导蛋白质降解
比利时	卢维大学(原洛克菲勒大学)	1974 — 克劳德(Albert Claude)	亚细胞结构功能
加拿大	不列颠哥伦比亚大学	1993 — 史密斯(化学奖)(Michael Smith)	寡核苷酸点突变方法
奥地利	布尔德恩普朗克研究所	1973 — 洛伦茨(Konrad Lorenz)	比较行为动物学

* 表中所列获奖单位为获奖人获奖时所在的研究机构,获奖时尚无就职单位者,未列其中,如 1993 年化学奖得主、PCR 的发明者穆利斯,2001 年化学奖得主诺尔斯,2005 年生理学或医学奖得主、幽门螺杆菌的发现者沃伦,获奖时已退休。

下就两个美国建校历史较短的学校得克萨斯大学西南医学中心和加州理工学院的历史、领导者，以及有关科学家的资料作一个简略介绍和分析。

自诺贝尔生理学或医学奖颁发以来，美国约占获奖者的半数，这与国力和对自然科学研究的巨大投资有关。美国用于研究和发展(R&D)的经费在国民生产总值中的比例位居世界第一，足够的研究经费必然产生高水平的研究成果，但是对于某一个具体的研究机构来说却要分析它的历史背景和科学环境。首先要有一个或多个具备很强的科学背景和远见卓识的领导者，在一个相对稳定、相当长的时期有职有权，潜心致力于学术发展，献身科学，筹集资金，延揽人才。以下就两个美国建校历史较短的学校得克萨斯大学西南医学中心和加州理工学院的历史、领导者，以及有关科学家的资料作一个简略介绍和分析。

12.1.1　**得克萨斯大学西南医学中心**(University of Texas Southwestern Medical Center at Dallas，UT Southwestern)

(1) 诺贝尔奖是最高级别的奖项。1985 年的得克萨斯大学西南医学中心，从各项标准来考察都应该说是一个“世界级的学术机构”了。例如该中心在过去 6 年里，已经有 6 名教授被选为美国科学院院士；而且在 1985 年 1 月，已经与资金最雄厚、有卓越声望的非盈利型研究机构美国霍华德·修斯医学研究院(Howard Hughs Medical Institute, HHMI)签署协议，在中心内共建一个研究单位。那一年，一位慈善家拉尔夫·罗杰斯向一个亿万富翁佩罗特(Perot R)筹款，要求一笔相当数目的资金，捐赠给得克萨斯大学西南医学中心，因为他了解佩罗特愿意资助“世界级的学术机构”，也知道不久前佩罗特拿出 8 000 万美元建立了一所现代化的医院，所以并没有想到他的提议会有很大的困难。但是，佩罗特拒绝了这笔捐赠的请求，并且说“我的感觉……这个中心还没有成为世界级的研究机构”。这句话说完没有多久，1985 年 10 月，诺贝尔委员会宣布当年生理学或医学奖颁给得克萨斯大学西南医学中心的布朗和戈尔茨坦以表彰他们“胆固醇代谢调控”研究方面的重大贡献。富翁对科学成就的评价，也许有他自己的观察角度，但无论如何，佩罗特的这次“风险投资”说出的话是不准确的。科学家和富豪有着不同的价值观，他们对于科学问题有着不同的“直觉”，因此在科学成果评价问题上，在科研经费获得问题上会有不同的标准。

(2) 大力支持发展基础研究。就在诺贝尔委员会宣布当年生理学或医学奖颁给布朗和戈尔茨坦二人后不久,《自然》杂志刊登了一小条消息,说曾经有一个更著名的研究机构企图以各种更好的条件邀请他们去就职,但遭到布朗和戈尔茨坦的拒绝。那么,这样的世界级医学研究中心究竟是如何在达拉斯发展起来的?这个医学研究中心具备了什么样的环境,能够激励两位起于微末的助理教授成长和发展,取得如此高的科学荣誉的?他们为什么能够经受各种引诱而坚持在这里作出如此大的成就呢?

得克萨斯大学西南医学中心始建于 1949 年,创建者歇尔登(Seldin D)强调医疗临床和科学研究要统一起来,不能分离,创立了临床学术系(Dept. Clinical Scholar),选出优秀的学生和实习医生送到外校进修后回校任教。戈尔茨坦就是作为该校学生(1962—1966),在承诺学成归来的前提下,于最后一个学年派往哈佛医学院麻省总医院学习遗传学(1966—1968),然后到国立卫生研究院尼伦伯格(1968 年生理学或医学奖得主)实验室学习(1969—1970)。戈尔茨坦在麻省总医院结识宾夕法尼亚大学医学院毕业的布朗,二人后来一起来到得克萨斯西南医学中心开始他们的工作。他们二人的工作成绩前面已有介绍,不再赘述。

1950—1960 年是该校的创办时期,歇尔登院长和他的同事们奋斗于陋室,资金短缺;即使大厦建成之后,尚处于起步之中,研究经费依然捉襟见肘,但大力支持迅速发展基础研究的初衷没有改变。1960 年以后,美国用于研究和发展(R&D)的经费在国民生产总值中的比例居于世界第一,研究经费相对宽松,该校对个人研究计划的竞争性评审机制仍然是青睐于杰出人物。用这样的政策招募青年才俊,得克萨斯大学西南医学中心才可能在 1980 年代后出现四位诺贝尔奖得主,他们是:

1985 年布朗和戈尔茨坦由于在“胆固醇代谢调控”研究方面的重大贡献,获生理学或医学奖。

1988 年戴森霍弗(和德国马克斯·普朗克生物化学生物物理研究所的休伯、米歇尔)由于确定了细菌的光合作用反应中心的三维结构而获得化学奖。

1994 年吉尔曼(和美国国立卫生研究院的罗德贝尔)因发现 G 蛋白及其在细胞内信号转导中所起的作用,获得生理学或医学奖。吉尔曼 1962 年进入萨瑟兰推荐给他的医学-科学博士研究生计划,追随

cAMP 机制的研究，以后到 NIH 尼伦伯格实验室进修，在那里与戈尔茨坦相识，1979 年加盟得克萨斯大学西南医学中心。

(3) 人才政策有四项基本原则。得克萨斯大学西南医学中心年度财政预算从 1949 年的 500 000 美元到 1967 年已经达到 1 000 000 美元，到 1985 年达 1.83 亿美元。临床部分和基础科学研究科系之间相互配合，贯彻了歇尔登院长"临床科研一体化"思想，关系十分融洽，各个系科之间相互尊重、支持、合作，这在很多大学里是不多见的。布朗谈到他和戈尔茨坦共同获奖时就曾经表示过，他们的成就在其他任何研究机构里是不可能达到的。

总结得克萨斯大学西南医学中心的人才政策，有四项基本原则：雄厚的发展资金、世界一流的科研设备、宽松的人事关系、组织上的远见和诺言。

12.1.2 加州理工学院(California Institute of Technology，Caltech)

加州理工学院是一个独立的、规模不大的科学和工程方面的大学，有 900 名博士水准的研究员，300 名教员，在校学生 900 人，研究生 1 000 人。尽管该校小，但却是个世界领先的科研教育机构。

(1) 人才济济、硕果累累。据统计，从 1923 年加州理工学院实验物理学家密立根(Millikan RA，1868—1953)以其精巧的"落滴"实验("falling-drop method")，证明了气体电离后的电子电荷单位，以及在光化学方面的贡献，获得诺贝尔物理学奖开始，到 2006 年共有 17 位诺贝尔奖得主(近 50 年就有 14 位)，这其中包括在哥伦比亚大学开创用果蝇研究染色体基因而后转到加州理工学院的摩尔根。另外应该提到的是化学家鲍林，他经过多年精心研究，特别是受到量子理论的启发，1939 年发表了那部惊世杰作——《化学键的本质》，第一次揭示了化学键的本质。鲍林热心于生物学的研究，并且和加州理工学院的同事德尔布吕克、比德尔等人以及美国和欧洲的生物学家们积极参与他那个时代有关生物学及 DNA 遗传结构的研究与讨论。他于 1950 年代，首次确定蛋白质的 α 螺旋结构，还发表过三链 DNA 模型，并且对于沃森-克里克 DNA 双螺旋模型给予了极高的评价。其他生理学或医学奖获奖者包括：1958 年，建立生化遗传学的比德尔；1969 年，研究噬菌体遗传学的德尔布吕克；1981 年，研究大脑半球分工的斯佩里；1995 年，刘易斯建立了基因控制早期胚胎发育的研究模式，共五位诺贝尔生理学或医学奖得主。

(2) 名流主政建立高级学者访问计划。加州理工学院始建于

1891年，地址在洛杉矶东北部的卫星城帕萨迪纳，规模不大，由芝加哥的一位废奴主义政治家思鲁普(Throop A)出资兴建，最初的校名为思鲁普大学，后又更名为思鲁普工学院，当时只是一种地方性的社区大学，强调职业训练，科系广泛，包括从艺术、工艺到动物学。1908—1920年，当时的校长谢勒(Scherer J AB)联合校董、天文学家霍尔(Hale GE)，邀请美国著名物理学家、社会名流密立根，1923年物理学奖得主和曾任麻省理工学院(MIT)校长的杰出物理化学家诺伊斯(Noyes AA)加盟该校，共同对学校进行了改革，摒弃思鲁普的高等职业学校的建校思想和科目，发展工程学科系，从此更名加州理工学院(1921年后)，逐渐成为美国和世界瞩目的大学之一。有趣的是，霍尔、诺伊斯和密立根三人的"三套马车"在管理该学院的协议是：为重塑该校，霍尔和诺伊斯同意密立根到校任物理学系主任和学院校长(任期：1921—1945)，并承诺可以使用该校资金进行物理学研究，尽可能少地承担学校的管理事务。诺伊斯也从MIT辞职，到校任化学系主任。

密立根到校不久后就首先发起了访问学者计划，邀请欧洲物理学界名流、先后获诺贝尔物理学奖的学者，如狄拉克(Dirac P，1933年物理学奖)、薛定谔、海森伯(Heisenberg W，1932年物理学奖)、洛伦兹(Lorentz H，1902年物理学奖)和玻尔到加州理工访问、指导研究工作。爱因斯坦(Einstein A，1921年物理学奖)曾经连续三年(1931—1933)访问该校。密立根的这些具有深刻影响的学术活动，几乎把世界物理研究的中心搬到了美国的南加州。

爱因斯坦在对加州理工学院学生的讲话中有一段和人文环境很有关系的话，值得我们深思，他说："你们只懂得应用科学本身是不够的。关心人的本身，应当始终成为一切技术上奋斗的主要目标；关心怎样组织人的劳动和产品分配这样一些尚未解决的重大问题，用以保证我们科学思想的成果会造福于人类，而不致成为祸害。在你们埋头于图表和方程时，千万不要忘记这一点！"

霍尔、诺伊斯和密立根三套马车的协调运作相当有成效，1930年代加州理工学院已经成为从生物学果蝇遗传学研究、维生素生物化学到航空学的湍流研究及机翼设计，从癌症的辐射疗法到核物理的放射性研究，到土壤的侵蚀、科罗拉多河的水利工程，从量子力学的应用到化学的分子结构、地震学等包括很多系科的综合性的理工科大学。作为一个学者型校长，密立根具有良好的人际关系，依靠如洛克菲勒、卡内基以及加州一些慈善家的捐款，为学校的发展提供了足够的资金。二战期间加州理工学院成为战争的军械研究基地，研制火箭、低空炸弹、喷气推进研究等，获得八千万美元资助，但是密立根强烈反对政府对学校的干预和投资。

1946—1969 年期间，加州理工学院教职员增加了一倍，校园面积扩大了三倍，新的系科不断建立，包括化学生物学、天文学、天体物理学、地球化学、粒子物理学。在任的校长、物理学家杜勃利奇(DuBridge LA)继往开来，对于加州理工学院的发展也作出了相当贡献，但是却持有与密立根不同的观点，他认为政府有责任支持学校的科学研究。

加州理工学院的发展是一个学者型校长以他的科学的、社会的影响，建立开放性的著名学者访问计划，赢得声誉，吸纳人才和科研基金，营造良好的科学人文环境的典范。

§12.2　生命科学诺奖产生的人文环境

全球化知识经济时代的临近，不仅引发了人文精神讨论，而且人文素质教育的重要性也已为现代社会认识。本书中所谓科学的人文环境，是指科学家的教养和文化、智慧和德性、理解力和批判力等所有有关人性形成的环境。现代科学是在古希腊人开创的“求知”的精神、“理论”的理性、“对象化-主体性”的思想方式的基础上，经过欧洲文艺复兴时代一些伟大的科学家艰苦卓绝努力而建立的，从而整个西方的人文传统自始至终贯穿着“自由”的理念。著名科学社会学家默顿在其经典之作《科学社会学》中将科学发展的基本精神概括为：普遍性、公有性、无私利性和有条理的怀疑主义，这四条精神气质是对希腊所倡导的科学理性精神的一个很好的注解。

下面举出两个事例，说明人文环境对于科学家和他的科研工作的影响和作用。一个是秉承欧洲古希腊精神、理性和思想方式的英国医学研究委员会分子生物学实验室，我们可从该实验室的发展过程、关键领导人物和科学家所营造的环境，得出这样的科研机构取得成就的一些启发；另一个是 1987 年生理学或医学奖日本人利根川进获奖的背景及他的自传中所表达出的一些和人文环境有关的内容，从这两个事例，我们可以发现其中蕴含的一些道理。

12.2.1　英国的医学研究委员会分子生物学实验室

英国的医学研究委员会(Medical Research Council, MRC)分子

生物学实验室从1950年代起,以一个剑桥大学物理系的实验室,应用X射线衍射研究晶体结构,逐步转变成为研究蛋白质、核酸结构,造就一批获得生命科学方面的诺贝尔奖(化学奖和生理学或医学奖)级的科学家,为现代科学、分子生物学作出了巨大贡献。

(1) MRC分子生物学实验室的建立

卡文迪什实验室的变迁:MRC分子生物学实验室的前身是剑桥大学物理系的卡文迪什实验室,建立于19世纪,以捐赠人的名字命名。1930年代的实验室主任是卢瑟福(Rutherford E,1871—1937,1908年化学奖得主),晶体衍射分析部的主任是进行X射线衍射研究的物理学家贝尔纳(Bernal JD,1901—1971),他首先将X射线衍射运用到蛋白质结构的研究。在这个实验室里出现一大批科学家,为分子生物学时代的到来做出了决定性的贡献。如第一个测定蛋白质晶体结构的女科学家霍奇金(1964年化学奖得主),以及研究球蛋白结构的肯德鲁和佩鲁兹等人。佩鲁兹在回忆当时的科研思想时,写道:"那时已经清楚,酶催化所有的生命过程,基因遗传被认为是蛋白质,因此蛋白质结构的研究就是一个生物学的关键问题,而X射线衍射晶体学则是当时唯一的解决方法。"

卢瑟福辞世以后,由X射线衍射晶体学的奠基人小布拉格(Bragg L,1890—1971与其父Sir William Henry Bragg一起因建立X射线衍射分析晶体结构共获1915年物理学奖)出任卡文迪什实验室主任。他十分醉心于X射线衍射晶体学分析工作,也有意要把X射线衍射晶体学分析扩展到大量的、复杂的生命物质的分析中去,并且获得了洛克菲勒基金会的资助,成就了一批科学家的奠基性研究业绩,并导致DNA双螺旋模型的建立,从此开创了分子生物学时代。

MRC分子生物学实验室的建立:英国的医学研究委员会(Medical Research Council, MRC)相当于美国的国立卫生研究院(NIH),1947年,MRC决定由佩鲁兹和肯德鲁在卡文迪什实验室筹建"生物系统分子结构研究部"即后来的"分子生物学部",到50年代初期,这个研究部如同磁石般地吸纳了如克里克、沃森、布伦纳等一大批杰出的心怀高远的青年才俊:桑格小组来自剑桥大学生物化学系,克里克小组、佩鲁兹和肯德鲁小组来自卡文迪什,科鲁格小组来自伦敦大学学院,米尔斯坦来自阿根廷,后来加入桑格小组,并很快就发展成为具有30余名研究员、几十名研究生以及一些访问学者的具有相当规模的研究机构。实验室成立后分为三个研究部:桑格领导的蛋白质核酸化学部，克里克和布伦纳领导的分子遗传部，佩鲁兹和肯德鲁领导的结构研究部。后来分子遗传学部改为细胞生物学部，蛋白质核酸部又包括了免疫学，以及增设了神经生物学部。

由于佩鲁兹和他的全部分子生物学部成员的共同努力，尤其是在科学上做出了令人注目的科学发现，终于在 1962 年初从物理系的卡文迪什实验室迁进了新建的大楼，成立了 MRC 分子生物学实验室，并且在 5 月接待了英国女王的视察，展示了 DNA 和蛋白质结构模型。

(2) MRC 分子生物学实验室的管理

MRC 分子生物学实验室的领导：MRC 分子生物学实验室由克里克、肯德鲁、桑格和佩鲁兹组成理事会，佩鲁兹担任主任。理事会掌管整个实验室科学事务的大政方针，不定期举行很少的会议，也从不过问和指导实验室的研究工作，倒是在吸引杰出青年科学家并且使这些人才能够留在实验室努力工作方面做出了极大的努力，给予了最大的帮助。主任直接对 MRC 负责，具体执行行政、财务有关事宜，因此这些理事会成员科学家都能够进行个人的专业研究。佩鲁兹回忆道："工作进行得很顺利，我有充分的自由时间从事我的研究。看见一个研究部主任站在实验台和 X 射线球管前面进行实验研究总比他坐在老板桌后更能鼓舞士气。"

MRC 分子生物学实验室的人文环境：1947 年后，当时的卡文迪什实验室的负责人佩鲁兹和肯德鲁请求 MRC 邀请工程师给他们设计并配备一台旋转阳极 X 射线球管，结果他们得到了一台功率比市售机器高十倍的大型机器，同时洛克菲勒基金会又捐赠给他们一台高清晰度照相机，这些仪器使他们成为世界上研究设备最精良的研究小组，从而能够进行高清晰度蛋白质晶体分析。MRC 分子生物学实验室成立不久后，佩鲁兹为实验室配备了大型的机械电子车间，开发新实验设备，他们的生物学实验室如同一个物理学实验室。同时还配备了一个照相工作室和一个化学品库，以免研究工作被供货延误。实验室还指定分管仪器的工程师，保证设备的正常运转，而不是依靠制造商派出的工程师来维修。在当时所有的研究机构中这些设施都是相当独特的，这也是他们这个实验室科研成果既多又快、水平又高的原因之一。

佩鲁兹认为，一个研究机构常常因为机构内的研究人员之间缺乏交谈和沟通而延误事业上的蓬勃发展，为鼓励科研人员能够交换研究思路，该实验室建了餐厅，以便科研人员能够在早茶、午餐和下午茶时间聊天交友、相互启发促进科学研究的发展。实验室内的所有仪器设备，不作为私有财产，一律公用，这样既能节省资金又促进了科研人员的经验交流。实验室内经常举行科学研讨会，参加人员不能只限于本研究小组，要邀请全实验室科研人员参加。克里克每年要举行一周的由全实验室科研人员参加的研究汇报会，被称为克里克周。克里克对问题的敏锐洞察和透彻理解以及精明的恰如其分的评论经常为人们称道。1976 年，克里克为追求更复杂的神经系统的进一步研究，离开了 MRC 分子生物学实验室，到美国加州索尔克研究所。1979 年，布伦纳接替佩鲁兹担任实验室主任。

因发现细胞凋亡机制而获生理学或医学奖的霍维茨毕业于哈佛大学数学和经济学本科，生物学博士，曾于 1974—1978 年在 MRC 分子生物学实验室布伦纳研究室做博士后研究，他回忆当时的人文环境，写道："在那里做博士后研究相当刺激，非常有趣，包括那些令人难忘的交谈，都比我在哈佛读博士时要好。三楼分子生物学部的早茶和下午茶是非常重要的，我们聚会在那里交谈、思考、聆听或学习。布伦纳是一个绝顶聪明博学多才的人，午饭以后，我总是要和他坐在茶室里进行那些十分有趣味的谈话，即使我工作到凌晨二三点钟，也不会忘记走进茶室，因为我被那里的交谈声所吸引。我们实验室一致的观点是：凌晨两点是绝好的聊天时间！午餐时间也是一个学术交流的绝佳机会。每个人那时都会走进由佩鲁兹夫人管理的自助餐厅，用什么餐并不重要，关键是有机会接触像克里克、亨特(2001 年因细胞周期调控而获生理学或医学奖)那些有成就的著名科学家，要接受最新的科学思想。"霍维茨回国后进入 MIT 做助理教授，利用遗传突变的方法寻找细胞凋亡基因，经过 10 多年的艰苦努力终于克隆出控制细胞凋亡的基因。

12.2.2 利根川进说，如果他是在日本国内工作就不可能得奖

1987 年，利根川进荣获生理学或医学奖。他的主要成绩是：结合免疫学和分子生物学两个不同领域的研究，运用基因工程方法揭示了抗体的遗传密码在染色体上可以随机移动、重排，从而使 1 000 个左右的基因产生亿万个不同抗体的机制，不仅解决了不同抗体分子是如何形成的难题，也阐明了生命过程中遗传基因的形成是随着生物个体的成熟而要产生巨大的变化。

(1) 教育背景。利根川进回忆父亲对他的教育，不是采用日本传统方式，而是采取"自由放任主义"，由儿子做主。按日本传统的标准，

这位著名科学家的父亲是一位“不负责任的家长”。

利根川进1963年毕业于京都大学理学部化学系后,进入京都大学病毒研究所渡边格教授的实验室。大学时期,利根川进深受法国学者雅各布-莫诺的“乳糖操纵子”学说的影响,立志要研究分子生物学,但是由于他具有刚强的个性及不妥协、不服输的精神,与日本以协调为第一的研究环境显得格格不入。他所敬佩的指导教授渡边格表示,他的个性很强,缺少做人处世的概念,以协调为主的日本研究单位无法接受像利根川进这样的人,因此渡边建议他:“你不能留在日本,如果真想学好分子生物学最好到美国去。”于是他离开京都大学到了美国,1968年在加州大学圣迭戈分校以研究λ噬菌体的转录控制而获得博士学位之后,进入美国索尔克研究所杜尔贝科实验室从事博士后研究。那时候的索尔克研究所事业兴旺,杜尔贝科研究室又挤满了世界级顶尖的博士后研究人员。但是利根川进对当时生物学研究状况具有十分敏锐透彻的分析,相信建立在噬菌体、大肠杆菌原核细胞分子生物学的黄金时代即将结束,以后将是对真核细胞高级生物的研究。充分认识到高级生物的复杂性,必须要寻找新的研究对象,开发新的研究工具。

(2) 利根川进获奖研究工作是在巴塞尔研究所完成。1971年因为签证到期,他在杜尔贝科的推荐下,转往瑞士的巴塞尔免疫研究所耶纳实验室。巴塞尔研究所是由罗氏(Roche)制药公司全额出资支持的研究单位,经费十分充裕。利根川进有一句座右铭:“要作研究的话,30岁是决定胜负的年龄。”因此,他在巴塞尔研究所夜以继日努力地作研究,而没有心情与时间去应酬,很多由日本远道到瑞士拜访他的人都认为利根川进是个很冷漠的人。除了研究以外,他心无旁骛,充分发挥出年轻人的冲劲。利根川进自1971年起的十年间都在巴塞尔免疫研究所,直到1981年,他又回到美国,进入麻省理工学院继续他的研究工作。

利根川进同事形容他是个积极进取、工作勤劳、并且有才气的研究者。他常在午餐后进实验室,就一直工作到凌晨三四点钟,甚至到早上七点钟,是个典型科学理性的追求者,他决不会轻易放弃任何已着手研究的工作。尽管利根川进在研究上成绩斐然,但他并没交到很多朋友。麻省理工学院的另一位免疫学家格夫特(Gefter M)说道:“他经常踩在许多人的脚趾上,但是对他个人而言,那正是他赢得这个生理学或医学奖的本钱。”利根川进不屈不挠及积极进取的精神,更加强了他在竞争激烈的分子生物学领域中的认知。若一位研究人员想完全认识此领域中的某个新发现,他必须立刻追踪探讨新发现所提出的决定性实验。

(3) 获奖者的人文环境。到现在,日本人获得诺贝尔自然科学奖的包括利根川进已有 7 位。根据报载,利根川进获奖时,日本大加庆祝。但利根川进发表讲话却说,如果他要是在日本国内工作,就不大可能获奖。这话倒也实在有道理,因为他幼年时期的家庭教育充满了"空间和自由",中学在京都开始受到良好的教育。大学毕业之后,虽然进入自己向往敬佩的教授的研究室,但教授根据他的素质建议他,"要想出成绩就得去美国"。在美国获得博士学位后,很快就进入世界级的顶尖分子生物学研究室(索尔克研究所杜尔贝科实验室),并且得到了分子生物学世界级人物(杜尔贝科)的赏识和帮助。两年后,又进入世界级的顶尖免疫学研究室,又得到免疫学世界级人物耶纳的指导和帮助。此后经过他不屈不挠及积极进取的努力,在他第一次接触到与免疫反应相关的遗传学时,就用一连串困难的实验证实了他的论点。就是在他 1981 年回到美国的 MIT 的事情上,他也得到了 MIT 癌症研究中心主任卢里亚极大的帮助,"不但开始时给予他教授的职务,而且还给他配备了一个很理想的实验室"。

诸如此类的人文关系在诺贝尔奖获奖者中相当多见,择列于下。

DNA 重组的发明者伯格 50 年代追随科恩伯格(Kornberg A),由圣路易华盛顿大学到斯坦福大学组建新的生物化学系,研究兴趣从经典生物学转向分子生物学的研究领域。

小科恩伯格(Kornberg RD, Kornberg A 之子)斯坦福博士毕业后,到 MRC 与 DNA 结构的发现者、分子生物学的奠基人、诺奖得主克里克一起进行有关染色体结构的博士后研究。

G 蛋白的发现过程与肝糖原分解的研究有着密切的关系,这其中孕育着至少三代师生的生理学或医学奖。圣路易华盛顿大学的科里夫妇因为阐明了肝糖分解的机制 1947 年获生理学或医学奖。科里的学生萨瑟兰继续科里的研究工作,在探讨激素调控肝糖原分解机制过程中,建立第二信使学说,开创了细胞调控的分子医学,1971 年获生理学或医学奖。肾上腺素如何经由细胞质膜表面的受体来活化腺苷酸环化酶,则由萨瑟兰研究小组的吉尔曼继续进行,由于发现 G 蛋白及其在细胞内信号转导中所起的作用,于 1994 年获得生理学或医学奖。

杜尔贝科、卢里亚和蒙塔尔奇尼同为意大利一个解剖实验室的同学，都是著名解剖学家里维的学生。

杂交瘤技术的创始人米尔斯坦刚刚步入生物学界时，曾获桑格赏识，并在其指导下进行肽链和免疫球蛋白氨基酸序列的研究工作，受益匪浅。

布伦纳、苏尔斯顿和霍维茨曾经是师徒三人，分别在发育和程序性细胞死亡（细胞凋亡）方面做出了连续的、开创性的工作，但是每个人都有新的思想和令人钦佩的成绩。

这样的人文环境，必然会造就出杰出的人物，必然能在科学研究方面作出令人注目的成就。利根川进在回忆他的科学生涯时写道："我的运气非常好，我不但能够与某一个科学领域中的最高级的人物共事，而且还能得到他们有独特见地的忠告和友好无私的帮助。我感谢我京都大学的导师渡边教授、索尔克研究所的杜尔贝科、巴塞尔的耶纳、MIT 的卢里亚以及我的很多的同事，请接受我的永恒的感谢。"这正是他在日本为他开的庆功会上，令在场和不在场的日本人感到十分难堪的那句话的真实内容，也是他对于科学研究的人文环境深刻理解和充分的肯定。

第 13 章　国人的诺贝尔奖情结

这是一个充满奖励的时代,科学、文化、艺术、商业、产品的成就往往被名目繁多的奖金、奖章和奖状等统称奖励的东西所包围。然而,在科学界没有哪种奖励可以和诺贝尔奖相比,受到世人如此的关注,因为自然科学诺贝尔奖代表了当今科学的最高成就,它不仅是获奖者本人的荣誉,也是获奖者所在国家的荣誉。

科学是一种国际性活动,但它的奖励系统却是围绕各国科学共同体组织起来的。荣誉性的外国院士和诺贝尔奖是正式授予科学家的主要国际性奖励。一般说来,科学家的研究成果能够得到本国同行的承认就很满足了,能够得到国际的承认,将是一个巨大的荣誉。

从 1901 年开始,诺贝尔奖每年颁发一次。第一次物理学奖授予 X 射线的发明者、德国人伦琴(Rontgen, WK);第一次化学奖授予溶液化学动力学和渗透压定律的发明者、荷兰人范托夫(Van't Hoff, J H);第一次生理学或医学奖授予血清疗法防治白喉病从而发展了预防医学的德国人贝林(Behring E A von)。由于战争或其他原因,在 20 世纪的一百年中,物理学奖有 6 年、化学奖有 8 年、生理学或医学奖有 9 年未颁发。21 世纪的前五年,每年颁发一次。我们统计了 1901—2006 年的 106 年自然科学诺贝尔奖 475 位获得者的国籍,列于表 13.1。

表 13.1　1901—2006 年诺贝尔物理学、化学、生理学或医学奖得主国籍分布

序　号	国　别	物理学	化学	生理学或医学	总计	(%)
1	美	75	50	80	205	43.2
2	德	21	27	15	63	13.3
3	英	18	22	23	63	13.3
4	法	9	7	9	25	5.3
5	瑞典	4	3	8	15	3.2
6	瑞士	2	6	6	14	2.9

续 表

序 号	国 别	物理学	化学	生理学或医学	总计	(%)
7	俄	10	1	2	13	2.7
8	荷	7	2	3	12	2.5
9	丹麦	2	2	5	9	1.9
10	日	4	4	1	9	1.9
11	意	3	1	4	8	1.7
12	奥地利	3	1	3	7	1.5
13	加拿大	2	3	1	6	1.3
14	澳大利亚	0	1	5	6	1.3
15	比利时	0	1	3	4	0.8
16	阿根廷	0	1	2	3	0.6
17	匈牙利	0	1	1	2	0.4
18	以色列	0	0	2	2	0.4
19	印度	1	0	0	1	0.2
20	西班牙	0	0	1	1	0.2
21	爱尔兰	1	0	0	1	0.2
22	巴基斯坦	1	0	0	1	0.2
23	芬兰	0	1	0	1	0.2
24	捷克	0	1	0	1	0.2
25	挪威	0	1	0	1	0.2
26	葡萄牙	0	0	1	1	0.2
27	南非	0	0	1	1	0.2

到目前为止,华裔科学家杨振宁、李政道(1957)、丁肇中(Samuel Chao Chung Ting,1976)、朱棣文(Steven Chu,1997)、崔琦(Daniel C Tsui,1998)曾获诺贝尔物理学奖;李远哲(Yuan T Lee,1986)曾获诺贝尔化学奖,而中国科学家在自己国土上取得的研究成果还没有得过奖。对于我们这样一个有 13 亿人口的大国,在近 300 年的近代科技史上,很少有世界意义的重大理论发明和技术突破,实在是令人惭愧和不可想象的。造成这一结果的原因很多,我们试图从几个方面进行分析。

(1) 自然观、方法论

诺贝尔奖基本可以分为科学发现、技术发明、科学理论三大类,其共同点是都包含了“科学性”要素。“科学性”实际上是精确性、客观性、普遍性，甚至公正性的统称。

近代科学的根源可以追溯到古希腊。古希腊科学思想的特质，正如亚里士多德所说，就是对人类生活环境进行理性的理解，试图超越具体个别的现象，而进入一般的认识。这一点，也是古希腊科学思想与东方强调具体、个体和技巧的科学技术思想的重大差别。如果把公元前 6 世纪古希腊脱离神话自然观，开始确立科学和自然哲学视为自然科学的形成时期，那么距离第一次物理学革命的完成——牛顿力学的建立，经历了 2 000 多年的历史。文艺复兴前的欧洲，科学研究方法主要为“理性主义”（演绎法），逻辑、数学为主要工具。文艺复兴后，“经验主义”（归纳法）的研究方法兴起，观察、实验、解剖（统称分解）为主要工具，并因此带来了自然科学的革命。与此同时，科学哲学、自然哲学蓬勃发展，试图寻求自然界的普遍规律，并以此为基础形成了欧洲人特有的自然观。从诺贝尔奖得主的成果中，处处可见这种自然观和方法论的影响。也就是说，这种自然观和方法论是产生诺贝尔奖深刻的文化背景，而诺贝尔奖的成果反过来又丰富了这种自然观和方法论。这样一种历史文化氛围，使得欧洲科学家“先天”地受到科学方法论和认识论的熏陶。而这正是取得自然科学成就，获得诺贝尔奖的基础。

中国的科技发展走的是另一条道路。中国古代的“天人合一”观是以人为本、“天人合一”的宇宙观。中国古代哲学，对研究人世现实社会的政治、伦理道德、人世变迁的兴趣，大于对自然界、逻辑、数学的研究兴趣。因此，虽然我国古代直观的辩证思维十分丰富，比西方毫不逊色，但在自然科学方面显得不足。西方科学的兴起，思维方式得力于“形而上学”以及逻辑学和数学的发展，这些正是我国古代所缺乏的。

西方的近代归纳逻辑是在近代实证科学基础上兴起的一种科学方法，而中国没有经过这个阶段。就说演绎，中国古代的逻辑虽然也讨论了逻辑中的几乎所有问题，但毕竟没有迈出形式化、公理化的一步。

诺贝尔物理学奖获得者杨振宁在一次座谈会上谈到，中国留学生到美国后，学习成绩在克服了语言障碍后往往名列前茅，但在做论文、搞研究时没有信心。他说：“中国是演绎法，先有许多定理，然后进行推演。美国对物理的理解是从现象出发，是倒过来的，物理定理是从现象归纳出来的，是归纳法。演绎法是学考试的人用的办法，归纳法是做学问的方法。”中国上千年的教育如果说有方法，就是演绎法：对圣人思想的、合乎统治者口味的演绎；而“八股取士”的科举制度也是演绎：对所谓圣人“经典”的阐发。杨振宁教授的这段话深刻反映了传统、方法论对中国人的影响[1]。

自然观和方法论的影响虽然是深刻的，但不是不能改变的，毕竟在诺贝尔奖得主中有华人。

(2) 社会历史状况

中国科学技术发展到明、清出现了几部在中国科技史上集前代成果之大成的著作：李时珍《本草纲目》(1596)，徐光启《农政全书》(1639)，宋应星《天工开物》(1637)，梅文鼎《数理精蕴》(1723)，汪昂《医方集解》(1682)，吴谦《医宗金鉴》(1742)，王清任《医林改错》(1830)，吴其浚《植物名实图考》(1848)，《四库全书》(1772)。由于缺乏逻辑和数学的支持，上述著作没有发展成近代意义的科学，它们是中国在植物学、动物学、农学、工学、医学等方面的经验总结，而不是在普遍科学原理指导下的科学。近代科学意义上的学科是“舶来品”。

西方的自然科学知识在中国的传播是很缓慢的，例如牛顿力学直到 19 世纪中叶才介绍到中国，整整晚了 200 多年。19 世纪的一些自然科学的重大发现，如 30 年代的细胞学说，60 年代的元素周期律，80 年代的微生物学说，90 年代的放射性元素的发现等传入中国，已是 20 世纪的事了。严格说来，近代自然科学在中国土地上生根发芽、成长繁殖，也是 20 世纪的事，比西方晚了 300 年。

知识的积累和创新是一个过程，表 13.2 列出了诺贝尔奖得奖工作的平均投入时间[2]。

表 13.2　诺贝尔奖科学分类的比例和投入时间

诺贝尔奖类型	物理学	化　学	生理学医学
科学发现：科学发明：科学理论	1：0.4：0.4	1：1：1	1：0.2：0.2
得奖工作平均投入时间*	10.3 年	11.6 年	12.5 年

* 不完全统计。

由表中数据不难看出，每一项得奖工作的平均投入时间都在十年以上。诺贝尔奖的获得是一个不断继承和创新的过程，也是水到渠成的必然结果，急功近利地追求诺贝尔奖欲速而不达。

然而，20 世纪的前半叶是中国社会的动荡时期，尤其是日本发动的侵华战争对中国的破坏是灾难性的。新中国成立后，“文化大革命”使中华民族的思考力和创造力一度停顿下来，拉开了中国科学技术水平与世界的差距，而思考和创造是获得诺贝尔奖的先决条件。

改革开放后的 30 年时间对于一个科学技术基础比较薄弱的中国，要想获得诺贝尔奖似乎短了些。毕竟欧洲是近代科学技术的发源地，从文艺复兴到 1901 年第一次颁发诺贝尔奖，经历了 200 多年的时间。然而，不能因此说中国至今没有得到诺贝尔奖是必然的，造成这个结果还有其他原因。

(3) 创新意识

任何一项诺贝尔奖工作都是创新的典范。创新首先是理论创新，即观念创新。自然科学史上大量的事实说明，技术创新来源于理论、观念的创新。例如美国人约翰·冯·诺伊曼首先提出了现代计算机的基本原理，在他的大力倡导下，美国于 40 年代制成了世界上第一台电子计算机。技术发明表面看来是科学的物化形态，事实上，在“物化”之前，很多“概念”就已被人们创造出来。

基础研究是理论创新之源。人类科学知识的来源有两条途径：观察(经验)和猜想(理性)，这两种方法缺一不可。在人类知识，特别是科学知识问题上，“理性”表现为一些基本前提、方法论规则、推理规则、评价规则等，科学合理性在于依据这些前提(如自然划一原理)、符合这些规则(如逻辑)、满足这些标准，以达到科学研究的目的。理论创新是一个理性思维过程，需要独立思考精神，还需要对超自然力的浓厚兴趣，需要不着边际的想象，需要向外开拓的精神，需要执着的信仰，这些都需要科学工作者的思考。

近年来，“科学发展观”的提出具有划时代的意义。“科学发展观”的主要内容之一是“创新”。按照国际惯例，衡量一个国家创新成果的量化指标之一是每年申请的专利数量，我国每年受理 30 多万项科技发明专利的申报(含实用新型、发明专利、外观设计)。据统计，中国转化和应用专利技术发明每年约有 9%，而其中真正的技术发明专利应用却连 1%也不到[3]。

(4) 竞争意识

竞争是自然界和社会发展的动力，20 世纪 80 年代兴起的“协同学”的研究指出，不但在生物界、人类社会存在着竞争，就是无机分子也存在着竞争[4]，可见，竞争是自然界和人类社会的一个普遍规律。

诺贝尔奖本质上体现了科学研究中的一种竞争。美国著名科学社会学家朱克曼(Zuckerman H)精辟地说:“现代科学必须寻找其灵感的源泉,否则它会毁灭。有三个原因推动科学前进:① 技术应用;② 棋赛(即竞争、奖金、奖章);③ 通向上帝之路(即寻找真理,寻找是什么东西把世界统一为一个整体)。第二个原因的含义是什么呢?这是把科学当作一种对智慧的挑战,或者是解开大自然的又一个新的秘密,或是科学家之间争取成为‘首创者或在科学上得到承认’的一种乐趣。这也许公开地反映为奖金或奖章。就像象棋大师们争夺冠军一样,科学家中间也有这种智力竞争。科学家为了得到科学界的承认而进行斗争,最终意味着争夺‘第一名’,谁第一个做出了发现,谁第一个公开发表了一种观点。尽管在这以合作方式工作的时代,这种形式看起来是荒谬的,但却不能忽视科学中竞争愈演愈烈的事实。科学家人数很多,但他们的科学才智和发现崭新东西的机会却是有限的,这使竞争进一步加剧。在任何一个领域中最终都是‘适者生存’。正因为如此,如同在物理学中只有一种激光震动能生存并在竞争中得胜,在竞争中也只有一个名字、一部著作获胜。这名字、这著作将被一再引用,并深入到众多科学家的意识中,最终也许深入到广大群众的意识中。”[5]

一些大国的科学家有意识或无意识地采取一些不正当手段参与竞争,一些科学家集团常常互相引用论文,而对别的科学家集团完全不提及,或仅偶尔引用,他们试图用这种方法引起评奖机构的注意,拔高他们在人们中的形象[6]。

与其他竞争一样,首先要有竞争意识,其次要有竞争实力。由表13.1的数据可以看出,获奖者大部分来自经济实力雄厚的发达国家,但也有发展中国家获奖的,如阿根廷、印度、巴基斯坦等。所以仅从实力分析是不够的,文化传统可能是一个重要的原因。

(5) 文化传统

亚里士多德在《形而上学》中说到的哲学和科学产生所需的三个条件,即惊异、闲暇、自由,在当时的古希腊真正具备了。希腊奴隶制提供思想家以闲暇,希腊城邦民主制向他们提供自由,个性因此得到充分发展。而希腊人热爱生活、天性乐观,他们每4年举办一次奥林匹克竞技会,足见他们享有欢乐的生活,这点又使他们对自然界时常感到惊异,由此引发他们的求知欲。因此,希腊人崇尚智慧,崇尚理性,且由于自由,使得这种对真理和理性的追求很少带有功利主义色彩。古希腊是西方科学的发源地,古希腊虽然远离我们的时代,但它与近代科学理性的内在关联,如同古希腊其他科学成果一样,使近代西方的科学成就深深植根于古希腊的科学理性,其科学思想与科学精神,至今仍影响着我们的科学研究。

另外,坚守契约精神是西方文化的显著特点,他们构建并发展了相当完善的信用评价体系、道德约束机制,从政府的公信力到企业的债信体系乃至公民的守信精神,使得可度量标准化管理(包括国家治理)作为民主人权的主要实践形式。这显然区别于东方特别是儒家作为主流文化的大中华文化圈。众所周知,“中庸”之道、“和”文化组成儒家文化的主要观念,外化为人们的处世之道,其结果产生了与西方国家截然不同的文化理念和行为模式。儒家文化的影响和熏陶造成了中国科学家的竞争意识薄弱。中国是一个崇尚“中庸”的国家:“不偏不倚”是中国人为人处世的准则,“枪打出头鸟”是中国人处事的格言,任何新思想、新发明因不合“祖训”而被扼杀。竞争是在“西学东渐”后逐渐为国人认识的。在当前复杂多变的科学竞争日益激烈的形势下,中国如何应对,是特别值得政府有关部门和科学家群体研究的问题。

诺贝尔奖的获得需要良好的人文环境,其中最重要的是思想解放、互相交流和自由讨论。科学发现和科学理论不仅需要艰苦的工作,而且需要开放、平等、尊重、理解的学术氛围。诺贝尔奖的获得不是偶然的、单因素的,它是检验创新、社会进步、物质实力和人文精神的重要尺度之一。

信息流动也体现在国民图书阅读率上。2006 年 4 月 23 日《新京报》公布的中国第四次“全国国民阅读调查”提供的数据显示,中国国民图书阅读率连续 6 年持续走低。2005 年我国广义的国民图书阅读率为 42.2%(有阅读行为的读者群体在全体国民中〈包括不识字者〉所占比例);而狭义的识字者阅读率为48.7%(指每年至少有读一本书行为的读者总体与识字者总体之比),比 2003 年下降 3%,比 1999 年则下降了 11.7%。在读书的人群中,读书的时间也在不断减少。2005 年,在读书者总体中,25%的人读书时间比原来减少。人们把其中的原因归结为“没钱、没时间、没兴趣”,在社会大众普遍只对金钱感兴趣而对知识不感兴趣的今天,与诺贝尔奖的距离只能越来越遥远。

(6) 选题

在科学竞争中,存在着默顿(Merton RK,美国科学社会学家)所说的“马太效应”。在圣经《新约》中，马太写道：“因为凡有的，还要加给他……，没有的也要夺过来……”默顿用很多例子证明了在科学研究选题上也存在“马太效应”。在科学界，一个名字一旦显赫起来，那么这个名字将由于各种理由而被其他人不断引用。这种效应又通过颁发奖金而进一步加强，如果这种奖金是公众所熟悉的，“马太效应”则更强。由于科学家人数众多，几个科学家同时独立地发现新成果的情况越来越经常发生。如果其中之一得奖，那么最终很可能只引述他的成果，并把所有发现归功于他，甚至把那些属于他的同事的成果也包括进去。同时，评奖委员会本身也不是生活在真空中，一旦有了代表某种思潮或成果的获奖者，往往会产生一种倾向，即那些有与其相似建议、思路的人也会获奖。于是奖金常常集中于十分相近的领域和“学派”。这是美国诺贝尔奖集中的一个原因。在自然科学领域，获奖者的工作既是当代科学的前沿，也引领了科学研究的潮流（如 20 世纪 70 年代对“超导现象和应用”的研究，90 年代对“复杂现象”的研究等）。

在科学观念与文化潮流、科学潮流之间，有着密切的相互关系。中国科学家和政府面临着抉择：是紧跟这个潮流，还是另辟蹊径。如果仅从获诺贝尔奖看，似乎是前者；如果从中国的经济社会发展的实际需要看，似乎是后者；两者兼顾应该是明智的选择。

(7) 科学管理机构和基金分配方式

科学是一个自组织系统，我们不能确定或迫使科学家明天就有什么发明和发现。然而，科学毕竟是一项集体的事业，能否成功取决于多种因素，在相当程度上取决于我们能否将正确思想综合起来，取决政府对科学研究的组织和管理，尽管这种经验使得科学规划和科学政策的制定非常困难。中国政府在科学、技术管理上有过良好的表现。20 世纪“人工合成胰岛素”、“两弹一星”等计划的成功实施是管理的成功的范例。改革开放以后，管理模式有了显著改变，但是，那些对科研项目也要求快餐式的“短、平、快”，并以经济效益为主要考核目标的管理，使得基础科学、基础理论的研究受到压制，而低水平的、重复的所谓“应用研究”却充斥市场。作为创新源泉的中国理论研究正在倒退。中国每年发表的论文数量和专利数量已经排在世界前列，但其质量令人堪忧。

在科研经费分配方式上，缺乏“公正、透明”，“靠关系、商业化”也带来了学术界的不正之风。管理官员缺乏活力，不能紧跟世界科技发展的前沿。哈肯说:“科学家,尤其是杰出科学家具有一种特别的直觉,知道什么是重要的、恰当的、可完成的和可操作的。让缺乏洞察力,甚至对科学一窍不通的人不断吩咐科学家应该发现什么,那是一件十分糟糕的事。由于做出发现的能力要在那些前途有望的领域内去探索,因此除了别的条件之外,还需要丰富的科学经验、机缘和直觉。”[7]

据2006年3月7日《科技日报》报道:一位搞科学研究、兼做管理工作的全国人大代表坦陈自己可能拿到项目经费时,激烈的思想斗争过程:“凭良心说,我真的没有把握能够做出真正创新性的成果来。我现在哪里有创新的能力、激情和勇气?……,最终还是会去拿。”这位代表说,政府工作报告让他兴奋,因为报告首次明确提出,今年科技投入要达到716亿元,还提出了今后5年重点发展的领域。但他也很担心,像他这样“经不住诱惑”的科研人员大有人在。“中国的钱并不多,集中起来用在某些地方,如果产生不了预期的成果,而是只产生一些很富裕的科学家,一些很富裕的小团体,显然并不是国家投入的本意,更不是我们制订规划的目的。”这里提出了几个问题:获得经费的标准是什么?如何考察和监督经费的使用情况?如何考察申请者的能力和诚信度?

在“短期经济行为”指导下,“金钱崇拜”、“官本位”使很多知识分子热心于功名利禄、身份、地位,而不愿埋头工作,也不愿献身专业研究,甚至弄虚作假,2006年3月10日的《中国青年报》报道一些有良心的科学家呼吁“学术不端到了非整治不可的时候”。

据《中国青年报》2006年6月30日报道,世界著名数学家、哈佛大学教授丘成桐院士在北京举行的2006年“国际弦理论大会”上,提及弦理论已经到了重大的革命性的前夜,但是中国在这个领域进行研究的人非常少,还不如印度和韩国的多。在回答南开大学师生和媒体记者提问时,丘成桐认为造成这种局面的原因是,中国学者功利思想严重,研究弦理论需要在物理、数学上下工夫,但是一般中国学者只是做容易写出文章的研究。他批评有些中国学者过度追求名利、不踏实做学术研究,并认为这种功利思想严重阻碍了中国科学的发展。

(8) 教育目标

中国的基础教育基本上是“应试教育”,尽管近年来,由于社会各方面的努力、很多相关政策的出台,但由于诸多因素的制约,“应试教育”并没有根本改观。中国的高等教育在“扩招”前,远没有达到“素质教育"的目标;"扩招"后,大量不具备大学资格的学校纷纷升格为大学,于是大学越来越不像大学。我们的教育,从小学到中学到大学,重知识灌输、轻能力养成的倾向几乎成为顽症,而且忽视学生潜能的挖掘和个性的发展,满足于制造平庸。致使学生的实践动手能力、创新创造创业能力、人际关系协调能力、融入社会服务社会的能力、甚至生活自理能力普遍不强已是不争的事实。

中国的研究生教育问题更多,据统计,近几年中国每年研究生扩招的比例达到 25%～30%,全国在校研究生数量飞速增长(表 13.3)[8]。

表 13.3 中国历年在校研究生数量表

时　间	90 年代中期	1998 年	2001 年	2005 年	2006 年
研究生人数	3 万	7 万	16 万	30 万～35 万	127.5 万(报考)

由表 13.3 可知,10 年的时间,研究生数量增长了十几倍,这在世界大学史上是绝无仅有的。2002 年以来,国内一些重点大学开始把研究生培养的 3 年制缩短为 2 年。这使学生疲于奔命,而有限的教育资源也无法保证每个研究生享受到真正的研究生教育,这就把充满个性化教育的研究生教育变成批量化、模式化的生产,其"产品"质量可想而知。

2005 年 7 月 8 日《文汇报》报道,知名华人数学家、哈佛大学教授丘成桐,与我国一群高考数学尖子对话后,大失所望,他对中国学生的评价是"大多数学生对数学根本没有清晰的概念,对定理不甚了了,只是做题的机器。这样的教育体系,难以培养出什么数学人才"。丘成桐教授认为,"国内不是缺少投入,而是缺少做学问的热情和对科研的大视野","应该追求最前沿的课题,虽然研究一些二三流的课题可以比较容易出论文,但是这样的论文再多也比不上一篇一流课题的论文"。

《光明日报》2006 年 2 月 15 日报道,著名美国教授、中国地质大学客座教授、地质学家格瑞高利·爱伦·戴维斯批评中国高教的"论文拜物教"。戴维斯已在中国工作 20 年,在学校为他举办的 70 岁生日庆祝会上,对中国地学教学、科研状况提出了一些中肯的批评和友好的建议。他说:"科研人员发表论文的数量,而不是他研究工作的质量,往往被视为晋级和提薪的最重要因素。这使得中国青年地质学家对野外研究失去了兴趣。因为这种研究要一两年才发表一篇文章。但是中国还有那么多的地方需要靠野外研究,进行准确的地质填图才能真正弄清地质演化历史。如果青年一代对野外研究的激情越来越下降,对你们的国家和世界地质科学的发展都不是好事。”

目前在青年学生中流行这样一句话,“只求暂时、不求永恒”,因而肤浅、短视的“快餐文化”流行,这种思潮也深深地影响着科技界,人们仅追求科学技术带来的物质成果,而对于产生这些成果的思想、文化基础不予理会。在这种思潮影响下,人类几千年来的科学、哲学、文化精髓被遗忘,对于科学哲学研究的缺乏以及教育界对于哲学教育的忽视,使我们科学家缺乏科学大视野,这种状况与科学研究需要的素质有着天壤之别,又如何能获得需要在继承人类科学、文化遗产的基础上,经过长期艰苦努力才能得到的诺贝尔奖?

(9) 语言因素

17世纪以后,科学家往往把自己的研究成果(现象和规律)以论文、报告、讲演等形式向专业人士和社会大众公开,而成为社会的“公有财产”。17—18世纪,科学文献用拉丁文;18—19世纪,科学文献用德文;如今科学的世界语言是英语。像美国这样的大国,凭着科学出版物的数量和质量已成为世界出版物的主流,即英文出版物是主流。不管科学家发表论文用什么文字,必须配有英文的全文,至少是文摘。在有些欧洲科学家看来,诺贝尔奖并没有完全而正确地反映真实的科学成就。一些欧洲的科学家认为他们的成就未得到公正的评价,似乎所有都来自美国[9]。然而,不容否认的是,语言表达在公开研究成果时起着重要作用,中国学者英语表达能力的欠缺使他们的成就不能及时、准确地被报道,这也是在自己国土上工作的中国科学家至今没获得诺贝尔奖的原因之一。

(10) 结语

每年10月公布诺贝尔奖得奖名单对中国人都是一种刺激,国内掀起一股诺贝尔奖热,有人称为中国人的“诺贝尔奖情结”。获得诺贝尔奖不是目的,通过对这个奖项的追求,提高全民族的科学素质,以达到认识真理,造福人类的目的,才是我们的目标。

以上分析了中国国土上取得的研究成果至今没有获诺贝尔奖的九个原因,我们相信这不是全部,对这个问题见仁见智,希望通过讨论,剖析真正的、关键的问题所在,以实现创新国家的目标。

参考文献

[1] 1984年1月21日杨振宁在美国戴维斯与中国学者和留学生座谈会上的发言(N). 光明日报.1984年5月18日.

[2] 陈洪,孙宝国,刘次全.论科学研究的层次[J].北京工商大学学报,2005(4):57-61.

[3] 观察:治了世界头疼难题的发明专利竟然无人理[N].市场报,2005年6月7日.

[4] 赫尔曼·哈肯.协同学——大自然构成的奥秘[M].凌复华译.上海译文出版社,2005:40-61.

[5] Harriet Zuckerman Scientific Elite[M]. New York: The Free Press, Macmillan Publishing Co. Inc., 1977: 56.

[6] 赫尔曼·哈肯.协同学——大自然构成的奥秘[M].凌复华译.上海译文出版社,2005:183.

[7] 赫尔曼·哈肯.协同学——大自然构成的奥秘[M].凌复华译.上海译文出版社,2005:184.

[8] 侯建国.研究生教育走向本科化[J].中国新闻周刊,2006(36):15.

[9] 赫尔曼·哈肯.协同学——大自然构成的奥秘[M].凌复华译.上海译文出版社,2005:186.

第 14 章　诺 奖 学

1. 科学和学科

诺贝尔奖(以下简称诺奖)从 1901 年颁发至今已经有了 100 多年的历史。诺奖的成果与整个 20 世纪的科学技术发展是平行的,其中很多科学发现,不但使人类对自然的认识更加深刻,而且引起了世界观的革命;很多技术发明不但提高了人类的生活质量,也改变了人类的生活方式。对于诺奖的研究,不但可以研究具体的内容,还可以研究其方法,甚至研究其中包含的自然哲学和科学哲学的思想。像世界其他事物一样,诺奖的产生和历史必然存在着一些规律性的东西,挖掘、研究、利用这些规律对于我国科技发展有着指导性意义。

(1) 科学和非科学:如果我们把人类的全部知识看成是一个连续区间,区间的两端用赫赫大字标示着“科学”和“非科学”,然后按一定的划分标准把不同的学科置于这个区间之中,在这区间的科学一端我们所看到的是某种“硬的”自然科学,如物理学和化学,在与之相邻的地方我们找到“较软的”科学,如生物学、地质学和宇宙论等;在这区间的另一端我们可以找到艺术、文学等等。历史和所有社会科学分布在这两端中间的某个地方,很有可能是更靠近科学的一端,而不是在靠近非科学的一端。

在人类的历史长河中,还有一些学问虽然不是原创性的,但对这些学问的研究过程和研究成果在丰富人类的知识宝库中也是不可或缺的。例如,称为“儒学”的对于孔子及其著作的研究;称为“红学”的对于曹雪芹和“红楼梦”的研究等等;诺奖作为一种社会现象,其内容是极其丰富的。因此,有必要把诺奖作为一门学问研究,使它成为一门科学。

(2) 什么是“科学”:“科学”一词的本意是指揭示一般真理和必然真理的经过逻辑证明的结论。现在这种证明更多的是与数学和几何学联系在一起。科学是一个理论体系,在这个体系中最重要的是“公理”,公理来自人类直觉,也可以来自科学实验。第二重要的是“逻辑”,人们应用逻辑进行推理,从而创造出一个“理论体系”,而数学是逻辑推理最重要的工具。“形式化”(符号化)可以大大提高逻辑推理的效率,因此,“公理化”和“形式化”就成为自然科学的主要特征。

科学大体上分为两大类:自然科学和社会科学。自然科学的特点是,以观察、实验、解剖为基础(经验主义)的研究方法和以逻辑、数学为基础(理性主义)的分析方法保证了结论的精确性、唯一性、预测性和可重复性。自然科学的说明体系和逻辑方法也成为社会科学研究领域竭力效仿的对象。那么,诺奖学是自然科学范畴,还是社会科学范畴呢?显然,“诺奖学”属于两个学科的交叉,研究具体诺奖成果属于相应的自然科学范畴,然而,研究它们的产生背景、文化环境、人文环境应该属于社会科学范畴。

(3) 自然科学:在五个诺奖中,自然科学奖占三个,和平奖一个,文学奖一个。自然科学研究自然法则,或自然的规律,例如万有引力定律、热力学定律,它们描述了某种严格的、不会变更的规律性。假如不知道某一种自然法则是正确的还是错误的,常称它为“假说”。如果假说被更多的事实证明,就上升为理论,理论是自然规律的正确陈述。自然规律是不能被更改的,对它来说不存在例外,因此,自然法则是“刚性的”。假如我们确信已经发生了与之相矛盾的事情,我们不说存在一个例外,或对这条规律有了某种修改,而说“假设”被反驳了,因为这个例外已经证明了这条假设的、严格的规律性并不成立,或者说,这条假设的自然法则并不是一条真正的自然规律,而是一个错误的陈述。既然自然规律是不可变更的,所以它们既不能被打破,也不能被强制施行。它们超越了人类的控制之外,尽管它们可能会被我们为技术目的而加以运用,并且尽管我们可能因不了解它们或忽视了它们而陷入困境之中。探讨自然规律(法则)的科学是自然科学。在三个自然科学诺奖中,无一例外的是这种“刚性”的学问。这些学问像在知识空间中的一些点,将这些点连接起来才能看出趋势,即某一学科甚至整个科学的发展趋势。

(4) 学科:自然科学的所有科学都与本学科的一些基本定律相联系,这些基本定律有一些特点[1]:首先,它不能从其他原理推导和证明,它的推论可以经受实践检验,但它本身不可能被证实。第二,它通常可以用否定形式表达,而否定形式往往比肯定形式的作用更强、更广。第三,每个基本定律通常与一个基本常数相联系。物理学、化学、生物学是传统的、基础的自然科学学科,在这些学科中发现的定律、定理、规则为其他学科利用,从这些学科衍生出来的分支,并没有发现新的原理，所以，诺奖实质上是对发现新的自然规律，以及利用这些规律产生的技术发明的奖励。

"诺奖学"目前不是一门学科，正如"儒学"、"红学"不是一门学科一样，但是，这并不妨碍对其中规律的探索。这些规律尽管不是基本的，但对于丰富人类的知识库、对于深化诺奖的认识仍然是有帮助的，这种探索也将有助于中国科技界提高自己的研究动力、深化科研体制、奖励机制的改革、确定科研目标，并最终获得诺奖。

2. **诺奖学的研究内容**

"诺奖学"作为一门学问，首先必须确定自己的研究内容。我们认为以下四方面是最基本、最重要的研究内容。

(1) 研究历史：历史是一面镜子。研究历史是为了现在，研究死人是为了活人。研究诺奖史是为了给我们提供 100 多年科研的经验和教训，以指导我们的工作。诺奖史可以分为"内部史"和"外部史"。"内部史"主要研究获奖工作的内容，内容间的联系——如何继承和发展的，研究获奖工作的硬件和软件。"外部史"研究获奖当时的生产力发展水平、社会背景、学派之争、传统思维和科学革命、获奖成果的社会影响等。

诺奖主要产生于三个地区：欧洲大陆(哥本哈根学派)、英国(剑桥学派)和美国，这三个学派的形成有着深刻的社会文化背景、历史传统和人文精神。研究诺奖历史就是要挖掘这些东西作为我们的借鉴。

(2) 获奖成果和环境：获奖成果环境研究和历史研究不同，这项研究主要涉及所在实验室的环境(科研环境和人文环境)，所在国政府、企业对获奖成果的支持程度，所在国民众的科学意识、科学知识普及程度对获奖工作的影响。当前，世界各国，尤其是发达国家，把巨大的人力、物力、财力投入到科学研究上，并制定出各种激励政策加快科学技术向生产力的转化，因此，科学研究已经不是科学家少数人在实验室的个体行为，而变成政府、资本、大众共同参与的社会行为。科学研究也不再是少数人感兴趣的事业，而变成一种经济效益可观的产业，科学研究的目的也不仅仅是自然规律的发现，而是把科学成果技术化，进而产业化和商品化。因此科学研究是一种多层次的结构体系，这种变化带来了两种后果：一方面，与 18、19 世纪相比，现在的科学家更功利化；另一方面，科学向技术转化，进而产业化、商品化的速度加快。第二个后果与诺奖的目标是有偏离的。如果科学研究一开始就强调成果的应用性，很可能使研究者急功近利，甚至出现学术腐

败现象,这不利于人类对自然规律的探索和追求。在一种宽松的文化环境中,人们既能自觉自愿地探讨与自然界有关联的问题,与此同时,又允许思想毫无限制地自由发展,而不必去考虑是否能立刻解决人类及其世界所面临的问题。人类对于自然规律的探索和追求有两个主要目的:一种是非功利的,这是对自然的规律性、和谐性、人与自然的关系的认识和理解,是为了满足人类的好奇心,满足人类对于自己的来源和归途的关心;第二种是功利的,这个目的使人类把科学转变为技术,并利用技术提高自己的生活品质。诺奖的宗旨显然是前者。

(3) 研究获奖者:获奖者生平研究,包括家庭、教育、导师等,此外获奖者心理学研究也很重要,因为科学是人类理性的产物,而人类理性的形成与教育、心理有很大关系。科学家在进行科学活动时有自己的思维逻辑,他们在选题、选人、经费支配、成果发表、成果转化等问题上有自己的独特的方法,而这些方法存在着一定的规律性。对获奖者人物的研究,就是要把这些科学精英的经验总结出来,提供给中国科技界官员,使他们决策时更加符合科学研究的规律;提供给科技工作者,使他们的研究少走弯路。

(4) 方法论研究:诺奖获得者都是在本领域研究中造诣颇深的学者。在自然科学史上,很多优秀的自然科学家对自己的科学成就都有哲学上的总结,并成为后来的影响深远的世界观和方法论。爱因斯坦的科学成就为辩证唯物主义增添了新的论据,他本人对相对论的哲学内涵也做过探讨。爱因斯坦的科学成就表明唯物辩证法是自然科学研究的有力武器。

1977 年化学奖获得者普里戈金是“耗散结构”理论的创始人。在对“耗散结构”理论进行哲学总结时,普里戈金认为,历史是发展的,不断出现新情况和新事物,将来并不包括在过去之中,而统计性和概率在事物发展过程中起着关键作用,它反映了客观世界存在着的随机性和偶然性。此外,他还对时间的性质和层次、世界的简单性和复杂性、决定论和非决定论等很多哲学问题进行了讨论。杰出的科学家不仅要注重本学科的科学发明、科学理论和模型的建立,也注重支撑这些知识的哲理精神,优秀的科学家都有哲学思考的自觉性。

研究诺奖获得者工作里所包含的科学方法和哲学思想是诺奖学的一个重要内容。这方面的探索将使我们形成一种科学大视野,在更深的层面上看待科学的社会功能。

3. *诺奖学的研究方法*

(1) 借鉴自然科学方法：实验、解剖、观察、数学、逻辑是自然科学的研究方法，这些方法在诺奖学研究中都可以借鉴，但更重要的是统计方法，统计方法可以找出一些统计规律。人类几乎所有的精神和物理特征都具有统计性，并且都呈现正态分布。

社会现象太精细、太复杂，以致超出了我们知识所把握的程度。诺奖这种社会现象，看起来似乎是无序、无规律的，但从统计研究中能够得到一些规律，本书第 7 章就是这种尝试。

(2) 借鉴社会科学方法：社会科学的研究方法可以归纳为四类，即实验法、调查法、参与观察法和形式化方法。实验法最早被心理学家所采用，后广泛应用于社会心理学，而其他社会科学学科后来也普遍采用这种方法；调查法是政治学、社会学、心理学和经济学(尤其是市场研究)共同使用的方法；形式化方法最初产生于经济学，后来被广泛地运用于社会学、政治学和心理学(经济学在这方面对许多社会科学产生了示范效应)；参与观察最初来自人类学，目前在社会学、政治学、组织理论等领域中有大量的运用。

诺奖学作为一门主要研究与诺奖成果、诺奖得主和诺奖社会效应有关的学问，主要成分属于社会科学的范畴，因此社会科学的研究方法都可以被借用，其中调查法是最重要的。最近，很多西方学者采用调查法发表的一些著作非常有影响力，例如，(美) 米歇尔·沃尔德罗普著《复杂：诞生于秩序与混沌边缘的科学》(陈玲译，三联书店，1997 年版)；(美) M. 克莱因著《西方文化中的数学》(张祖贵译，复旦大学出版社，2005 年 10 月第 1 版)。(美) 霍勒斯·贾德森著《创世纪的第八天》(上海科学技术出版社，2006 年 1 月第 1 版)。第一本书用纪实文学的手法，描述了 20 世纪 80 年代美国圣菲研究所的科学家对于“复杂”研究的历程；第二本书用历史学家的眼光叙述数学对于西方文化的影响；第三本书也用纪实文学的手法，描述了现代生物学的进展历程，读来让人受益匪浅。

(3) 交叉方法：自然科学和数学方法的应用以及各社会学学科方法的相互借鉴，一方面使社会科学学科的科学化、形式化的程度日益增强，另一方面使它们的独特性削弱，学科的差距缩小、逐步靠拢或趋同。

各个社会科学学科普遍地应用自然科学及数学的方法，如观察、实验、归纳、类比、概括、模型化等；随着战后科技革命的展开以及科学方法论研究的进展,各门社会科学学科纷纷借助于系统分析、控制论、运筹学、数理统计、计算机模拟、博弈论等当代科学的方法论及分析技术。

诺奖学目前还不是一个独立的学科,因此其他学科的研究方法都可以拿来使用,用这些方法来达到诺奖学的研究目标。

4. 诺奖学的研究目标

(1) 揭示科学、技术发展的规律:科学技术已经成为现代社会生活的一部分,其发展规律一直是科学史学家、科学社会学家、自然科学家研究的对象。奥地利科学哲学家卡尔·波普,美国社会学家罗伯特·金·默顿和美国科学史家托马斯·库恩是20世纪三位著名科学哲学家。他们从宏观角度研究、考察科学发展的规律,并提出相应的理论。波普的“证伪方法论”,默顿的“科学社会学”和库恩的“科学革命”把人们对科学的认识提高到一个新水平,并逐渐被人们理解和接受[2]。诺奖学在于从科学发展的一个局部——诺奖,研究科学、技术发展的规律。诺奖至今已经有100多年的历史,如果近代科学从欧洲文艺复兴算起,到现在有300多年的历史,诺奖颁发时间约占整个近代科学的1/3。其间人类经历了两次世界大战,尤其是现代,科学技术的发展突飞猛进,新概念、新思想、新学科层出不穷,总结如此丰富多彩的科学实践,找出其发展规律,不仅是必要的,而且是可能的。掌握规律、利用规律一直是人类理性的追求。诺奖学的第一个目标就是发现、探索、研究这些规律,进而指导具体的科学研究项目。

(2) 科学精神、科学规范和科学评价:诺奖实际上是一种科技成果的评价和奖励系统,而评价和奖励系统的基础是科学规范,它是指科学家在科学活动中所遵守的行为规范。这是美国著名的社会学家默顿在1942年发表的短论《科学和民主的札记》中首次提出的概念。默顿提出的科学规范包含平等性、公有性、无私利性和有条理的怀疑四个方面[3]。人类文明已经走过了几千年,今天,当回顾科学研究的历史,展望科学活动的未来,解读默顿的科学规范,仍有重要的现实意义。

诺奖是世界性的科技成果的评价和奖励系统,是在科学规范的基础上进行的一种科学活动。尽管其中有较少的不令人满意的事件,但从它的程序和结果讲,基本是公平的,也符合默顿提出的科学规范。中国不乏这种评价和奖励系统,然而,现实中的许多科学研究工作,掺杂了太多的功利,由此产生科技腐败挫损了正直的科学研究人员的积极性，扭曲了许多科学研究人员的心灵，当然破坏了科学研究活动的健康、有序、持续的开展。

诺奖学的任务之一就是提倡一种科学精神，倡导默顿提出的科学规范，建立一种公正、平等、客观的科学评价体系。

(3) 促进中国科技进步：改革开放之后，我国科学技术取得了举世瞩目的成果。然而，至今在自己国土上工作的中国科学家与诺奖无缘，对于一个想要屹立于世界民族之林的 13 亿人口的大国，这是不可想象的。虽然，诺奖与一个国家的科技整体实力不直接相关，但是诺奖的获得对于振奋民族精神、促进民族崛起仍然是有积极作用的。每年 10 月在诺奖颁布名单后，诺奖获得者所在国的政府、科学家、民众无不欢欣雀跃，笔者在美国亲眼见过这种场面。显然，诺奖并不是科学研究的目的，但诺奖是世界科学界，尤其是科学同行对于某一成果的承认，这不但增加了获奖者的“心理收入”，还将吸引人才和资金投入新一轮的研究，这些都将对中国的科技发展起到巨大的推动作用。

参考文献

[1] 郝柏林. 混沌与分形[M]. 上海：上海科学技术出版社，2004：159-160.
[2] 陈洪，曾义勇，马清仪，等. 20 世纪三个著名的科学哲学家[J]. 当代科学研究，2006(1)：116-119.
[3] (美) 杰里·加斯顿. 科学的社会运行——英美科学界的奖励系统[M]. 顾昕等译. 光明日报出版社，1988：2.